中级注册安全工程师职业资格考试辅导教材

安全生产专业实务

道路运输安全技术

全国安全工程师考试研究组　编

黄河水利出版社

图书在版编目(CIP)数据

安全生产专业实务. 道路运输安全技术／全国安全工程师考试研究组编. — 郑州：黄河水利出版社,2019.3
(2023.12 修订重印)
中级注册安全工程师职业资格考试辅导教材
ISBN 978 - 7 - 5509 - 2303 - 4

Ⅰ. ①安… Ⅱ. ①全… Ⅲ. ①公路运输 - 交通运输安全 - 资格考试 - 教材 Ⅳ. ①X93

中国版本图书馆 CIP 数据核字(2019)第 048254 号

出 版 社:黄河水利出版社
地 址:郑州市金水区顺河路黄委会综合楼 14 层
邮 编:450003
发行单位:黄河水利出版社
发行电话:0371 - 56623217 66026940
承印单位:河南承创印务有限公司
开 本:16K
印 张:17
字 数:413 千字
版 次:2019 年 3 月第 1 版
印 次:2023 年 12 月第 6 次印刷
定 价:68.00 元

前 言

　　为贯彻落实习近平新时代中国特色社会主义思想,适应我国经济社会安全发展需要,提高安全生产专业技术人员素质,客观评价中级安全生产专业技术人员的知识水平和业务能力,同时根据《注册安全工程师分类管理办法》规定,要求相关企业必须配备相应数量和级别的安全工程师。为满足国家对安全工程师的需求,国务院人力资源社会保障和应急管理部门共同组织实施中级注册安全工程师职业资格考试,考试合格者,可取得中华人民共和国注册安全工程师职业资格证书(中级)。由此可知,注册安全工程师的地位进一步得到提升,重视安全生产已成为政府和社会各领域的基本共识。

　　全国注册安全工程师职业资格考试实行全国统一大纲、统一命题的考试制度,原则上每年举行一次。

　　为了帮助考生顺利通过全国注册安全工程师职业资格考试,安全工程师考试研究组在深入研究考试大纲的基础上,剖析大纲要求,紧抓考试重点、难点,精心编写了本套教材。教材包括三门公共课《安全生产法律法规》《安全生产管理》《安全生产技术基础》和七门专业课《煤矿安全技术》《金属非金属矿山安全技术》《化工安全技术》《金属冶炼安全技术》《建筑施工安全技术》《道路运输安全技术》《其他安全技术(不包括消防安全)》。

　　本书具有以下特点:

　　一、紧贴大纲,内容全面,有利于考生掌握考点

　　本书包含了考试大纲要求的重难知识点和考点,内容翔实,层次分明。本书分为两部分,第一部分共七章,每章由知识框架、考点精讲、案例分析和参考答案

及解析四部分组成,第二部分共七章,第一至第六章由知识框架、考点精讲两部分组成,第七章由案例分析题组成。有利于考生掌握考试内容,把握重点,全面复习。

二、考点明确,语言简洁,具有很强的实用性

本书对大纲要求的重要知识点进行精简汇编,考点以表格形式呈现,有利于考生理清学习重点,高效掌握知识的重难点,从而提高学习效率,备考更得力,达到最佳的学习效果。

三、添加知识框架,章节思维脉络清晰,方便考生理清思路

本书每一章前面都添加有知识框架。知识框架是对章节考试要点的提炼,能帮助考生快速掌握考试要点,理清自己的学习思路,从而达到快速备考、科学备考的目的。

四、添加案例分析,方便考生检验学习成果

本书添加了案例分析练习题,并且题后有详细的参考答案及解析,方便考生快速检验对知识点的掌握程度和学习效果。

由于时间和编者水平有限,本书难臻完善,不足之处,敬请广大考生予以指正。同时希望本书能够帮助各位考生顺利通过考试!

编　者

目 录

第一部分 专业安全技术

第二部分　安全生产案例分析

第一部分

专业安全技术

第一章　道路运输安全技术基础

知识框架

- 道路运输安全技术基础
  - 道路运输相关知识
    - 道路运输基础知识
    - 道路运输基本特点
  - 道路运输系统重大危险源
    - 危险源辨识及控制
    - 道路运输系统安全隐患
  - 驾驶员操作失误和运输车辆安全隐患
    - 驾驶员操作失误
    - 车辆安全管理措施
  - 道路运输信息化及事故调查处理
    - 道路运输信息化
    - 道路运输事故报告及调查处理
  - 道路运输中劳动防护安全及消防安全
    - 道路运输中驾驶员劳动防护安全
    - 汽车运输中消防安全设施和器材
  - 道路安全设施
    - 道路安全设施的作用
    - 道路安全设施的设置要求
  - 特殊道路和环境车辆安全运行及紧急情况处理
    - 特殊道路车辆安全运行
    - 特殊环境车辆安全运行
    - 紧急情况应急处理

考点精讲

第一节　道路运输相关知识

考点1　道路运输基础知识

项目	具体内容
道路运输的概念	道路运输是指在公共道路(包括城市、城间、城乡间、乡间能行驶汽车的所有道路)上使用汽车或其他运输工具,从事旅客或货物运输及其相关业务活动的总称

项目	具体内容
汽车运输的含义	汽车运输一般指公路运输,是在公路上运送旅客和货物的运输方式,是交通运输系统的组成部分之一。主要承担短途客货运输。在地势崎岖、人烟稀少、铁路和水运不发达的边远和经济落后地区,公路为主要运输方式,起着运输干线作用

考点2　道路运输基本特点

项目	具体内容
道路运输基本特点	1. 机动灵活,适应性强 　　由于道路运输网一般比铁路、水路网的密度要大十几倍,分布面也广,因此道路运输车辆可以"无处不到、无时不有"。道路运输在时间方面的机动性也比较大,车辆可随时调度、装运,各环节之间的衔接时间较短。尤其是道路运输对客、货运量的多少具有很强的适应性,汽车的载重吨位有小(0.25 t~1 t)有大(200 t~300 t),既可以单个车辆独立运输,也可以由若干车辆组成车队同时运输,这一点对抢险、救灾工作和军事运输具有特别重要的意义。 　　2. 可实现"门到门" 　　由于汽车体积较小,中途一般也不需要换装,除了可沿分布较广的路网运行外,还可离开路网深入到工厂企业、农村田间、城市居民住宅等地,即可以把旅客和货物从始发地门口直接运送到目的地门口,实现"门到门"直达运输。这是其他运输方式无法与道路运输比拟的特点之一。 　　3. 中、短途运送速度较快 　　在中、短途运送中,由于道路运输可以实现"门到门"直达运输,中途不需要倒运、转乘就可以直接将客、货运达目的地,因此,与其他运输方式相比,其客、货在途时间较短,运送速度较快。 　　4. 原始投资少 　　道路运输与铁、水、航运输方式相比,所需固定设施简单,车辆购置费用一般也比较低,因此,投资兴办容易,投资回收期短。据有关资料表明,在正常经营情况下,道路运输的投资每年可周转1~3次,而铁路运输则需要3~4年才能周转一次。 　　5. 驾驶技术较易 　　与火车司机或飞机驾驶员的培训要求相比,汽车驾驶技术比较容易掌握,对驾驶员的各方面素质要求相对也比较低。 　　6. 运量较小、成本较高 　　目前,世界上最大的汽车是美国通用汽车公司生产的矿用自卸车,长20多米,自重610 t,载重350 t左右,但仍比火车、轮船少得多;由于汽车载重量小,行驶阻力比铁路大9~14倍,所消耗的燃料又是价格较高的液体汽油或柴油,因此,除了航空运输外,就属汽车运输成本最高。

续表

项目	具体内容
道路运输基本特点	7.运行持续性较差 据有关统计资料表明,在各种现代运输方式中,道路的平均运距是最短的,运行持续性较差。 8.安全性较低,污染环境较大 据统计,自汽车诞生以来,已经有3 000多万人死于汽车交通事故,而汽车所排出的尾气和引起的噪声也严重地威胁着人类的健康,是城市环境污染的最大污染源之一

第二节　道路运输行业重大危险源

考点1　危险源辨识及控制

项目	具体内容
危险源概念及分析	1.概念 危险源是具有潜在危险的源点或部位,是爆发事故的源头,是能量、危险物质集中的核心,是能量传出或爆发的地方。危险源存在于确定的系统中,不同的系统范围,危险源的区域也不同。 2.分析 例如: (1)道路运输企业中的加油站就是一个危险源。 (2)在一个企业系统中,货运站存储危险货物的仓库是危险源。 (3)一个车队系统中,高速行驶的汽车是危险源。 因此,分析危险源应按系统的不同层次来进行
危险源辨识的目的	道路运输企业的危险源辨识,就是找出生产经营活动中存在的根源危险源、状态危险源以及不符合安全的管理或者组织因素(如组织程序、组织文化、规则、制度等),这类包含管理组织人的不安全行为和失误的危险源,辨识包含识别和确定特性两个过程。 识别危险源是为了确定系统中存在的危险因素;确定危险源特性是为了根据其性质采取相应的控制措施,使根源危险源得到有效控制,处于相对安全的状态,同时消除状态危险源,减少管理组织人的不安全行为和失误
危险源辨识	1.不安全因素 (1)人的不安全行为:驾驶员、其他交通参与者、其他岗位人员。 (2)物的不安全因素:装备设施本身(车辆、锅炉等的技术状况)。 (3)道路的不安全因素:典型道路、特殊路段、路面通行条件。 (4)环境的不安全因素:夜间、特殊天气、自然灾害。 (5)道路运输企业安全管理不完善:安全管理(制度不完善)。

项目	具体内容
危险源辨识	**2. 驾驶员危险源辨识** (1)驾驶员生理异常。 ①疲劳。 长时间行车,使驾驶员出现瞌睡、注意力不集中、反应变慢等疲劳状态,容易使驾驶员无意识操作和错误操作,甚至昏睡。 ②药物不良反应。 驾驶员服用某些药物后出现反应迟钝、嗜睡、兴奋等不良反应,不利于安全行车,易引发事故。 ③疾病。 驾驶员在行车过程中出现心脏病、脑出血、耳病、头痛头晕、急性肠胃炎等疾病,失去对车辆的操控能力,易引发事故。 (2)驾驶员违章驾驶。 ①一般性违章,不指向他人。 为了赶时间,驾驶员抢黄灯通过路口,驾驶员逆行、违法停车、超速行驶、酒后驾驶、违法倒车、违法掉头、违法会车、违法牵引、违法装载、货车超载、客车超员等。 ②违规指向他人,具有攻击性、报复性。 a.故意和前面车辆靠得很近,以示意前面的驾驶员提高车速或赶紧让路。 b.对妨碍自己行驶的车辆,如行驶缓慢或"加塞车辆"感到非常气愤,使劲按喇叭、爆粗口表示不满,甚至故意超车后紧急制动,强行变更车道。 (3)驾驶员操作错误。 ①危险性错误,如操作不当、操作失误。 a.在湿滑的路面上紧急制动,或车辆侧滑时紧急制动,急打方向盘。 b.遇到紧急情况时错把加速踏板当作制动踏板。 c.变更车道,没有观察后视镜。 d.由主路驶入辅路时,没有注意视觉盲区内的行人、非机动车。 e.转弯时,未注意车辆内外轮差,车轮落入边沟等。 ②(短期)无危害性错误。 分道口行驶路线选择错误等。 (4)驾驶员注意力分散。 ①主观原因。 驾驶员在驾驶过程中打电话、走神、与人热烈交谈、观察其他交通事故或者过度关注新奇事物等。 ②客观原因。 高速公路环境单一,驾驶员注意力无法持续集中等。 **3. 其他交通参与者的不安全行为危险源辨识** (1)违反通行规则。 ①其他机动车驾驶员逆向行驶、违规占道行驶、违法超车、超速行驶、酒后驾驶等。

项目	具体内容
危险源辨识	②行人、非机动车不按交通信号通行、逆行、违规占用机动车道等。 ③竞技驾驶。 (2)行为不自知、不自觉。 ①老年人行动迟缓,行走时不注意观察路况,遇到危险情况来不及躲避。 ②儿童行为不自知,不具备道路安全意识,嬉戏打闹、闯入道路。 ③其他交通参与者在经过路口时,忽视危险,突然出现。 ④行人打伞,遮挡住视线,不顾及周围车辆等。 (3)专注于其他事。 ①行人边走边交谈、接打电话或听音乐、忽视车辆靠近。 ②路面施工工人专注于施工工作。 ③道路维修人员专注于清理道路工作等。 **4. 车辆本身特点的不安全因素** (1)结构存在风险。 ①车体庞大(车身较大、较宽、较高),满载总质量较大。 a. 转弯、倒车、停车、超车等占用多车道。 b. 重心高、容易侧翻。 c. 遇软路肩、危桥、易压垮道路设施。 ②车身存在视觉盲区。 驾驶员看不到盲区内行人、其他机动车。 (2)行使特点存在风险。 ①与其他车辆之间存在速度差。 高速公路小客车与大货车、大客车的设计车速及限制行驶车速不同,存在绝对速度差,迫使其他车辆频繁变更车道、超车、风险亦加大。 ②内外轮差大。 转变时碰撞、刮擦内侧行人、其他车辆等。 ③加速性能差。 加速慢、被后车追尾。 ④惯性大、制动距离长。 前方有紧急情况,不能及时减速停车。 **5. 技术状况不良因素辨识** 技术状况不良。 ①制动劣化或失效。 不能及时制动。 ②转向不良或失效。 不能按意图转向。

项目	具体内容
危险源辨识	③照明、信号装置故障。 a.前照灯损坏,照明受到影响,夜间时驾驶员无法观察路况。 b.转向灯不良,转向意图不能传递等。 ④侧向稳定性差。 车辆在横向坡道行驶,或进行超车、转弯灯操作时,易发生侧滑或侧翻。 ⑤车辆悬架、减震系统缺陷。 车辆经过坑洼路面时,颠簸严重,使驾驶员或乘客感觉不适,还可能使装载货物掉落。 ⑥车速表故障。 驾驶员不能准确掌握行驶速度。 ⑦轮胎磨损严重、有裂纹或扎入杂物。 a.车辆在行驶过程中形式附着力不够,制动距离延长。 b.易发生爆胎等。 ⑧发动机故障。 a.车辆无法启动。 b.车辆抛锚、应急停车,影响其他车辆通行。 c.车辆中途熄火,无法正常操作。 6.安全装置失效因素辨识 (1)主动安全装置失效。 ①后视镜损坏。 后视镜损坏,驾驶员观察道路交通情况受到影响。 ②刮水器失效。 雨雪天刮水器无法使用,视线受影响。 ③喇叭失效。 喇叭不响,其他驾驶员或交通参与者听不到车辆靠近的信号。 ④遮阳板掉落。 驾驶员眼睛被太阳光直射,影响观察。 ⑤制动防抱死系统等安全装置失效。 车轮抱死、车辆侧滑。 (2)被动安全装置失效。 ①安全气囊损坏。 车辆发生碰撞等事故时,安全气囊不能弹出。驾驶员头部直接撞到转向盘或前风窗玻璃上。 ②安全带损坏。 车辆发生碰撞等事故时,无法束缚驾驶员或乘客,致使他们受伤。 ③保险杠损坏。 发生碰撞事故,无法吸收,缓和外界冲击力,防护车体。 ④座椅安全头枕损坏或掉落。 紧急制动或车辆发生事故时,驾驶员头部得不到保护,颈椎易受伤害。

项目	具体内容
危险源辨识	⑤风窗玻璃损坏。 影响驾驶员视野,易使驾驶员受伤。 ⑥灭火器、警告标志、安全锤、应急门开关损坏或缺失。 出现紧急情况时,无法及时有效处理。 **7. 特殊路段的不安全因素辨识** (1)临时修建道路。 ①建设等级较低、压实度低、沉降不足、平整度差。 车辆易倾翻、沉陷。 ②周边地形复杂及交通情况混乱。 a. 畜力车、人力车、低速汽车、摩托车等频繁出现,带来风险。 b. 无道路交通标志标线,车辆、行人随意行走,带来风险。 (2)交叉路口。 车辆、行人汇集,交通流量大,行驶轨迹交叉: 驾驶员忽视盲区,易碰撞,刮擦交叉路口其他车辆行人等。 (3)隧道。 ①长隧道内照明差,可见度低。 驾驶员未开启前照灯、车辆抛锚易引发碰撞事故。 ②隧道较窄,限制高速。 a. 驾驶员强行超车,易引发撞车事故。 b. 超高货车易碰撞出入口。 ③隧道口结冰。 车辆容易失控,发生侧滑。 ④隧道出入口明暗变化。 驾驶员出现短暂"失明",无法观察道路信息。 ⑤出口横风。 影响驾驶员对车辆的操控。 (4)立交桥、环岛。 方向多,出口多,车流量大: ①易迷失方向、选择错误道路。 ②错过出入口。 (5)桥涵。 ①路宽限制。 车流量大或路面情况不良(如湿滑、结冰等),车辆易驶出桥面,坠落桥下等。 ②限制轴重。 重载大型车辆载重超过限制,使桥梁垮塌。 ③横风影响。 较大横风影响车辆的正常行驶轨迹。

项目	具体内容
危险源辨识	(6)路旁有高大的建筑、树木的道路。 ①驾驶员视线被遮挡。 驾驶员容易忽略路口拐入的车辆、闯入的行人或骑车人,易发生碰撞事故。 ②交通信号灯、标志灯被遮挡。 a.驾驶员未注意到被遮挡的信号灯,误闯红灯。 b.驾驶员未注意到被遮挡的标志,发生危险。 (7)城乡接合部路段。 ①各种交通工具汇聚,人车混杂。 三轮车、畜力车、骑车人、行人多,驾驶员无力全面观察,易发生碰撞、刮擦事故。 ②交通安全设施不完善。 交通信号、标志标线缺乏或毁损,通行无指示,易发生碰撞等事故。 ③临时市场占道经营。 买卖双方不注意来往车辆。 ④交通参与者安全意识差。 交通参与者不懂交通规则,或没有遵守交通规则的习惯,给安全行车带来威胁。 8.特殊天气的危险源辨识 (1)雨天。 ①光线昏暗,能见度低。 视线受影响,无法清晰观察路况。 ②常伴有雷电、大风。 雷电劈倒或大风刮倒路边树木,形成路障或砸中过往车辆。 ③路面湿滑、泥泞。 a.降雨使得道路塌陷或变得松软,车辆容易陷入。 b.车辆发生侧滑。 c.车辆制动距离延长。 ④气温低于0℃,形成冻雨。 a.车辆制动距离延长。 b.车辆侧滑。 ⑤水网地区路面积水反光。 远处驶来的车辆误以为是正常道路,容易高速驶入,易发生侧滑。 (2)雪天。 ①视线不良。 驾驶员视线被影响,无法清晰观察路况。 ②路面被积雪覆盖或有融雪。 a.车辆启动时,车轮打滑,启动困难。 b.车辆行驶过程中易发生侧滑。 c.车辆在平坦、两侧无建筑和树木、积雪覆盖的道路行驶,辨识不出分道线、路侧边缘等。

项目	具体内容
危险源辨识	(3)大雾天气,能见度低。 ①看不清路况,追尾事故频发,易连环追尾。 ②驾驶员长时间雾中驾驶,注意力持续集中,易疲劳等。 (4)高温天气,温度过高。 ①驾驶员易疲惫、困倦、脾气暴躁。 ②轮胎压力高,易发生爆胎。 ③车辆电气元件、(货车)货物易自燃。 ④水温过高,损坏发动机。 ⑤制动易失效等。 **9. 行李物品、车载货物的不安全因素辨识** (1)(客车)行李物品存在危险。 乘客行李、随身物品存在危险或摆放方式和位置不合适: ①乘客携带危险品上车,未被发现,易产生危险后果。 ②放在行李架上的物品掉落,砸伤乘客。 ③放置在椅子下的行李部分露出,绊倒乘客等。 (2)(货车)物装载存在危险。 ①装载的货物重心过高、货物偏载(过于靠前、靠后,过于偏离中心线等)使车辆的稳定性降低,转弯时车辆易侧翻。 ②超载。 a.车辆负荷过大,转弯、下长坡时使车辆制动失效。 b.车辆负荷过大,易引发爆胎、传动轴断裂、钢板弹簧断裂等车辆结构损坏,引发事故。 c.车辆负荷过重,导致路面损毁、桥梁垮塌等。 (3)其他。 ①客车地板、台阶湿滑。 客车刚刚经过清洁或雨雪天,致使车内地板、上下车台阶湿滑,使乘客摔倒。 ②座椅损坏。 a.座椅损坏后露出尖锐金属架,碰伤驾驶员或乘客。 b.座椅扶手损坏或缺失,不能保护乘客。 **10. 典型道路的不安全因素辨识** (1)山区道路。 ①连续上下坡。 a.车辆连续上下坡转弯,频繁制动,易导致制动失效。 b.车辆上下坡,使发动机温度过高,或换挡不当,引起发动机熄火或溜车。 ②路窄弯急。 a.山体遮挡,无法全面观察来车情况。

续表

项目	具体内容
危险源辨识	b.控制不合适,车辆驶出路外。 c.超车、会车危险性大等。 ③安全防护设施不完善。 道路安全防护设施不完善、车辆易冲出道路。 ④山体滑坡。 阻挡道路或直接造成事故。 ⑤云雾缭绕。 a.秋冬季节或高海拔山路常有云雾,视线受影响,无法观察路况。 b.速度高,制动停车距离长,易发生连环撞车事故。 (2)高速公路。 相对封闭、控制出入、单向行驶、无平面交叉、路况好、车速高、车流量大: ①速度高,制动停车距离长,易发生连环撞车事故。 ②车辆在高速公路上长时间高速行驶,驾驶员极易疲劳,车辆性能也易发生变化。 ③长时间在高速路上驾驶,驾驶员对速度的感知力下降,易超速行驶。 ④客货车辆重心较高,速度快,遇突发情况极易侧滑、侧翻。 ⑤平直路面在阳光照射下易产生"水面"效应,对安全行车产生干扰。 11.道路通行条件不良因素辨识 (1)施工道路。 ①道路中断或变窄。 a.行车道减少,车辆急减速。 b.通行车辆多,通行速度突然减慢,车辆不及时减速易发生追尾等事故。 ②路面有沙石。 车辆制动距离延长或弯道易侧滑。 ③施工标志不明显或未设置。 距离施工地点很近时才发现道路有施工,应急处置不当易引发事故。 (2)故障。 ①道路上有掉落或卸载的货物。 ②故障车未及时移开或交通事故车辆停在路中。 ③农作物占道晾晒。 此三种情况的后果是: a.未发现路障,躲避不及易发生事故。 b.躲避车辆时,与其他车辆发生轨迹交叉等。 (3)冰雪路面。 ①路面摩擦系数低、平整度差。 车辆易发生侧滑。 ②对阳光的反射率极高。 大雪后,雪地反射日光,刺激眼睛,导致雪盲症,影响正常观察。

项目	具体内容
危险源辨识	(4)涉水路面,如漫水桥、过河路、积水道路等。 ①水过深。 未查清水情即涉水行驶,易使车辆熄火,电气设备受潮。 ②水下有泥沙。 车辆打滑或陷于水中。 ③水中有尖锐物。 车辆轮胎被尖锐物扎破。 ④水流速度快。 车辆行驶轨迹发生偏移被冲走。 (5)凹凸路面。 ①路面凹凸不平。 a.车辆颠簸,使驾驶员或乘客不适,或使货物掉落。 b.车辆长时间在凹凸不平路面行驶,性能易下降等。 ②路面有较大凸起、深坑等。 由于道路失修或局部地壳活动使路面出现凸起和深坑,躲避不及易引发事故
危险源控制方法	危险源一般可从三个方面进行控制,即技术控制、人行为控制和管理控制。 1. 技术控制 技术控制即采用技术措施对固有危险源进行控制,主要技术有消除、控制、防护、隔离、监控、保留和转移等。比如在加油站安装摄像头,实施24小时监控以便及时发现异常情况。 2. 人行为控制 人行为控制即控制人为失误,减少人不正确行为对危险源的触发作用。 (1)人为失误的表现形式主要包括: 指挥错误、操作失误、判断错误、缺乏判断、粗心、厌烦、懒散、疲劳、紧张、疾病或生理缺陷,错误使用防护用品和防护装置等。 (2)人行为的控制包括: ①加强教育培训,做到人的安全化。 ②应做到操作安全化。 3. 管理控制 管理控制可采取以下管理措施,对危险源实行控制: (1)建立健全危险源管理的规章制度。 (2)明确责任、定期检查。 (3)加强危险源的日常管理。 (4)抓好信息反馈,及时整改隐患。 (5)搞好危险源控制管理的基础建设工作。 (6)搞好危险源控制管理的考核评价和奖惩

考点2　道路运输系统安全隐患

项目	具体内容
道路运输系统安全概念与分类	1.概念 安全隐患是指生产经营单位(运输企业或单位)违反安全生产法律、法规、规章、标准、规程、管理制度的规定,或者其他因素在生产经营活动中存在的可能导致不安全事件或事故发生的物的不安全状态、人的不安全行为、场所的不安全因素和管理上的缺陷。 2.分类 事故隐患分为一般事故隐患和重大事故隐患。 (1)一般事故隐患,是指除重大隐患外,可能导致安全生产事故发生的隐患。 (2)重大事故隐患,是指极易导致(道路运输)重特大安全生产事故,且危害和整改难度较大,需要全部或者局部停产停业,并经过一定时间整改治理方能排除的隐患,或者因外部因素影响致使生产经营单位自身难以排除的隐患
安全隐患与危险源的关系	安全隐患与危险源的关系有以下两面内容: (1)一般来说,危险源可能存在安全隐患,也可能不存在安全隐患,对于存在安全隐患的危险源一定要及时加以整改,否则随时都可能导致事故。 (2)通常,对安全隐患的控制管理总是与相关的危险源联系在一起;而对危险源的控制,实际就是消除其存在的安全隐患或防止其出现安全隐患
道路运输不安全因素	道路运输不安全因素主要有五个方面: (1)人的不安全行为:驾驶员、其他交通参与者、其他岗位人员。 (2)物的不安全因素:装备设施本身(车辆、锅炉等的技术状况)。 (3)道路的不安全因素:典型道路、特殊路段、路面通行条件。 (4)环境的不安全因素:夜间、特殊天气、自然灾害。 (5)道路运输企业安全管理不完善:安全管理(制度不完善)
治理方法	道路运输企业应重视对运输经营活动的现场排查,在运输经营现场更能贴近生产经营实际,有利于在运输经营过程中发现事故隐患,并及时进行纠正和修订完善相关管理制度,实现安全管理与运输经营的紧密结合。 (1)道路运输经营现场事故隐患排查应遵守三项基本原则: ①重大事故隐患未彻底整改,不应该重新从事运输经营活动。 (从业人员发现事故隐患或者其他不安全因素,应当立即向现场安全生产管理人员或者本单位负责人报告;接到报告的人员应当及时予以处理。) ②运输经营过程中出现事故隐患,必须立即暂停运输经营,进行事故隐患整改。 ③交班时,必须将事故隐患向下班交代清楚。 (2)安全隐患的治理应遵循"及时消除"的原则。 ①能够立即整改的一般安全隐患,由企业立即组织整改,及时纠正,如: a.通过GPS系统提醒和警告驾驶员控制好车速。 b.采用视频监控设备防止客车超员和驾驶员疲劳驾驶。 c.用安检仪对旅客行李进行安检,防止违禁物品上车。 ②对不能立即整改的,企业应组织制定安全治理方案,依据方案及时进行整改。

项目	具体内容
治理方法	③对于自身不能解决的重大安全隐患,道路运输企业应立即停产停业,上报上级政府主管部门,及时进行人员疏散,加强安全警戒等相应措施,并制定整改预案。依据有关规定进行整改,切实做到整改措施、责任、资金、时限和预案"五到位"。 (3)道路运输企业在事故隐患治理过程中,应当采取相应的安全防范措施,防止事故发生。同时进行分析评估,确定隐患等级,按照事故隐患的等级进行登记,建立事故隐患信息档案。 (4)企业应当每季、每年对本单位不安全因素排查治理情况进行统计分析,并向安全监管监察部门和有关部门报送书面统计分析表。统计分析表应当由生产经营单位主要负责人签字。 (5)道路运输企业应当组织安全生产管理人员和其他相关人员,根据本单位的生产经营特点,紧密结合道路运输企业的特点和事故规律,明确排查内容,定期排查。重点针对驾驶员、营运车辆、通行条件、设施设备、环境因素、企业内部安全管理等方面进行排查

第三节 驾驶员操作失误和运输车辆安全隐患

考点1 驾驶员操作失误

项目	具体内容
驾驶员操作失误	驾驶员是当前诱发交通事故的主要原因,驾驶员在公路驾驶中的操作失误,主要有驾驶员内在因素和客观存在的外在因素引起的。在大部分的道路交通事故中,诱发驾驶员操作失误的因素主要分为驾驶的自身因素(即内在因素)和外界因素两大因素。 1.内在因素 (1)驾驶能力。 驾驶能力是指驾驶员对道路信息正确理解和正确决策的能力。驾驶员作为交通工具的使用者,必须具备熟练的驾驶技能。当前有部分人群,在没有拿到驾照就直接参与汽车驾驶的,由于对交通基础知识不够扎实,同时自身驾驶技能还相当有限,这是有可能造成交通事故的。这给当前交通环境带来了重大危险性。交通事故中有一部分因素是由于驾驶员对交通基础知识不够,同时自身驾驶技能还不够娴熟。 (2)驾驶习惯。 驾驶员在驾驶过程中如若自身存在的一些不良的驾驶习惯这将有可能引发交通事故。首先,酒后驾车即是喝酒后驾驶车辆,它存在着很大的风险。其次,驾驶员疲劳驾驶,它是指驾驶员在行车中,由于驾驶作业使生理上或心理上发生某种变化,和在客观上出现驾驶技能低落的现象。一般指机动车驾驶人员每次驾车超过8小时,或者从事其他劳动体力消耗过大或睡眠不足,以致行车中困倦瞌睡、四肢无力、不能及时发现和

续表

项目	具体内容
驾驶员 操作失误	准确处理路面交通情况的违章行为。驾驶疲劳也是引起交通事故的重要原因之一。再次，就是驾驶员闯红灯、逆向行驶、超速等不良行为习惯等。我国交通法明确规定不准闯红灯，可是在现实生活中闯红灯的现象仍然存在着，部分驾驶员认为人行路上没人就可以通过，虽然没有造成人员伤亡，但是其行为也是一种违反交通规则的行为，更是一种不良的驾驶习惯，若不予以纠正终有一天会酿成交通事故。第四，就是没有系安全带的习惯，生活中仍然存在着不少驾驶员在驾驶过程中没有系安全带的习惯，这是对自己生命安全不负责的行为习惯。第五，就是部分司机为了在输送过程中提高利润从而超载货物，超载货物远远超过了车身所能承受的范围，这样在驾驶过程中容易引起车祸，在我国社会由于货车超载的原因而引起的交通事故不可忽视。 （3）心理因素。 驾驶员的心理因素在驾驶过程中起到重要性的作用，不同的心理因素对事故应变能力也不同。在生活中仍然存在着一部分人具有恐速症，像这类人员就不适合当驾驶员，这类人对车速存在着惧怕感，若在驾驶过程中，对周边驾驶环境的应变比较低下，同时又容易产生恐慌感，在这种状态下最容易发生交通事故。一个合格的驾驶员必须要具备对周边驾驶环境的感知、能够做出准确的判断、健康灵敏的反应等。在判断错误就是指驾驶员通过思考所做出的判断和决定与交通环境中的实际情况不符。判断错误必然导致操作错误，因而容易引发事故。驾驶员在形成中的判断主要是对道路路线、两车距离、前后车辆速度、超车时机其他车辆行人的交通行为的判断等。若判断一旦出现错误就有可能引起交通事故的形成。 （4）品质因素。 不同的道德品行，展示着驾驶员驾驶的态度。在驾驶的过程中因驾驶员自身品质和品德的各异，对行人让路也各不相同。具有优良品德的驾驶员在路上遇到路人，会对其进行礼让或者减速，这种行为能够避免引发交通事故。反之将成为交通事故引发点。 （5）生理原因。 生理原因首先它体现于生理节律。生理节律是存在于人体固有生物节奏，它对人的行为和健康有一定的影响。循环处于高潮期时，人处于最佳状态；循环处于低潮期时，人处于较差状态；循环处于临界日的时候，体力或情绪或智力处于不稳定状态，容易出现差错，容易使脾气暴躁，从而简单的处理交通情况，容易出现感知，判断，反应错误，因而容易引起交通事故。其次它体现于驾驶员的年龄，道路交通事故与肇事驾驶员年龄呈"U"字形关系，驾驶员年龄对交通事故的影响主要有两方面：第一是驾驶员身心机能的影响；第二是驾驶员经验和技术熟练程度的影响。我国普遍都是混合型交通，交通环境复杂，青年驾驶员在驾驶经验和技术熟练程度方面的成长周期较长，青年驾驶员喜欢冒险，自我控制能力差，驾车经验少，紧急应变能力差，因此容易发生交通事故。另有相关测试表明，驾驶员认知、判断和动作协调能力在45岁以前比较平稳，45岁以后开始下降，50岁以后下降迅速。低龄机动车驾驶员成为交通事故的主要主体尤为突出再次表现在驾驶员服药上。目前，大脑对中枢神经系统有影响的药物使用比较普遍，这些药物

续表

项目	具体内容
驾驶员 操作失误	按其影响可以分为三类即兴奋剂、镇静剂和致幻剂。兴奋剂,这类药物是一种刺激中枢系统以抵抗疲劳的兴奋剂,能使中枢神经系统保持较长时间的兴奋状态。但是这种药物在发挥作用时,也会带来副作用,如情绪急躁,焦虑不安,机体的某些协调因素失控和减退,影响判断力,甚至越来越冲动,以致丧失警惕性和过高估计自己的能力。镇静剂,这类药物是一种抑制中枢神经系统以调节心理的镇静剂。这种药物能冲淡感受外界事物的情绪,使人表现出冷淡消极、并出现睡意,全身疲软,头晕目眩,注意力分散等,导致驾驶能力明显下降。致幻剂,这类药物能使人产生梦幻感觉,神经错乱,并出现与精神分裂症相似的症状。目前广泛用于治疗感冒等常见病的解热、镇痛、止咳等药物。其副作用会导致人们感到乏力、注意力减退、反应灵敏度下降。 2. 外在因素 (1)机车原因。 在当代车辆是现代交通运行中的主要元素。首先,机车原因引起的交通事故是指,由于机车在长期使用过程中处于各种各样的环境,承受着各种应力,导致机车的性能减弱部分机车零件失灵,如刹车失灵、爆胎、方向盘出问题等原因,从而引起驾驶员正常的发挥驾驶技能,无掌控机车的运行,从而引发的交通事故。其次,当前我国机动车的数量增长情况已经大大超过了我国道路规范速度。使众多车争挤着一条道,从而导致交通事故急剧增加。 (2)天气原因。 当前因天气原因造成的交通事故也频频发生,这种事故多发生于冬天的冰雪和多雨的天气,路面湿滑致使机车对路面的附着力降低,极易导致交通事故在道路系统中,人、车、路在特定时间内变化较小,而道路环境中的气候是随着时间不断的推移变化。因此在道路网中,已知距离间的道路气候状态就有所不同,冰雪天气下道路的摩擦力降低。影响车辆的机动性,道路通行慢,路面承载能力极低,极易引发交通事故。同时这种气候的差异性是很难预测的,从而严重影响驾驶员的行驶安全。 (3)道路原因。 道路作为交通运输的基础设施,是影响道路交通安全的重要因素之一。道路建设逐步加大,公路里程增加,高等级公路增加幅度明显,交通的客货用量增加,道路结构和交通条件日益改善,为道路交通安全改善打下了基础。但是,在我国尤其是城市道路交通构成不合理,交通中车型复杂,人车混行问题严重。部分地方公共交通不发达,服务水平低,部分道路因年久失修而损坏,安全性差,驾驶员若不加以重视将有可能引起交通事故。目前我国部分地区因没有合理地对道路进行规划导致道路等级搭配不科学,路网密度不足,交通流向不均衡,个别道路交通负荷过大,从而减低了交通的安全性。所有这些不利因素都将导致交通事故频繁发生

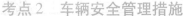

考点2　车辆安全管理措施

项目	具体内容
驾驶人员与车辆安全管理措施	1.一般道路安全行车要求 (1)一般情况下车辆应按交通法规规定的分道行驶原则行驶。 ①如在前面无来车,后面无超车的路段,应设法使车辆在道路中间行驶,以减轻各机件负荷。 ②如在视线不良的弯道上必须靠右侧行驶,以防撞车。 ③借道行驶的车辆驶回原车道时,须查明情况,开转向灯,确认安全后再驶回原车道。 (2)在行驶中,当前方突然发生危险情况,为了保证安全,驾驶员必须运用紧急制动,使汽车在最短的距离内停车。 (3)在一般道路上行驶,由于受机动车、非机动车、行人、道路条件、气候环境等因素的影响,交通情况比较复杂,驾驶员应该根据道路条件和交通情况的变化,合理控制行车速度。因为车速越快视野越窄,不易处理左右横向突发的危险,不利于安全行车。 (4)同向行驶的前后车辆必须保持一定的安全间隔距离,以防前车紧急制动而后车未及时刹车,造成追尾撞车。前后车辆间隔距离的长短主要应根据行车速度、天气、路面状况等条件而定。一般可按车速的公里数为跟车距离的米数的原则来保持间距。 (5)行车时,车辆之间必须保持一定的侧向间距,因为: ①汽车行驶中存在着左右晃动现象,车速越快,装载越高,晃动幅度越大,这种晃动改变着车辆之间的侧向间距。 ②车厢里松动的货物,飘起的篷布和绳索都可能突然超出车厢。所以,行驶中的车辆与车辆,以及车辆与路边树木、行人、非机动车等的侧向间距过小,容易发生侧面刮擦。汽车侧向安全间距与车速有关,车速越快,间距应相应增大。若道路条件不允许保持足够的侧向安全间距时,则应减速慢行,谨慎行驶。 2.道路安全行车的禁止行为 驾驶机动车不得有下列行为: (1)在车门、车厢没有关好时行车。 (2)在机动车驾驶室的前后窗范围内悬挂、放置妨碍驾驶员视线的物品。 (3)拨打接听手持电话、观看电视等妨碍安全驾驶的行为。 (4)下陡坡时熄火或者空挡滑行。 (5)向道路上抛撒物品。 (6)连续驾驶机动车超过4小时未停车休息或者停车休息时间少于20分钟。 (7)在禁止鸣喇叭的区域或者路段鸣喇叭。 3.运输危险货物的行车人员的规定 (1)运输危险货物的驾驶人员、押运人员和装卸管理人员应持证上岗。 (2)从业人员应了解所运危险货物的特性、包装容器的使用特性、防护要求和发生事故时的应急措施,熟练掌握消防器材的使用方法。 (3)运输危险货物应配备押运人员。押运人员应熟悉所运危险货物特性,并负责监管运输全过程。 (4)驾驶人员和押运人员在运输途中应经常检查货物装载情况,发现问题及时采取措施。 (5)驾驶人员不得擅自改变运输作业计划

第四节　道路运输信息化及事故调查处理

考点 1　道路运输信息化

项目	具体内容
道路运输信息化	道路运输信息化的相关内容： (1)道路运输信息包含道路旅客信息、道路货物信息,还有一些与道路运输相关的行业等信息。 (2)道路运输信息化是把与道路运输相关的信息进行综合分析,对这些信息做出处理,从而为道路运输企业提供服务,使道路运输行业利益最大化,推动国内道路运输行业发展。因此,建立起一个高效的、智能化的道路运输信息化体系非常重要。道路运输的信息化建设是推动道路运输行业更好更快发展的必然趋势。 (3)道路运输信息化建设就是通过应用、服务及网络三个层面,运用最新的软件和网络技术,结合道路运输管理业务的实际特点,按照"一个中心(信息中心)、两个系统(道路运输管理信息系统和道路运输经营管理系统)、三个层次(省—市—县三级运管机构联网)"的建设思路,建成道路运输管理信息系统,供交通运管部门及有关部门使用,具有业务办理、管理监控、流程许可与控制、业务统计为一体并实现全省数据共享的行政管理网络系统(含道路客运管理、道路货运管理、机动车维修管理、驾驶员培训管理、执法监督管理、规费征收管理、交通行业统计等业务功能);满足交通运管部门对运输市场主体(运输企业、客运站、汽车性能综合检测站、维修企业、驾校等)行政管理控制需要的业务系统或接口支持,并与行政管理网络系统联网应用。 (4)道路运输管理系统实现业务的计算机管理,可减轻管理人员的工作量,提高工作效率,彻底改变以往靠人工完成业务工作的状况

考点 2　道路运输事故报告及调查处理

项目	具体内容
参与者与道路交通安全	驾驶员特征： (1)驾驶员的视觉特征。 ①视力:视力分为静视力、动视力、夜间视力、立体视力。 ②动视力:是指人和视标处于运动(其中一方运动或两方都运动)时检查的视力。 (2)驾驶员的心理特征。 ①情感可分为道德感、理智感、美感。 ②人的气质类型可分为:胆汁质、多血质、黏液质,抑郁质四种
参与者行为及其与道路交通安全	**1.驾驶员疲劳驾驶行为** 疲劳驾驶及产生的原因： ①睡眠:睡眠不足是引起驾驶疲劳的重要因素。 ②驾驶时间:长途或长时间驾驶是造成驾驶疲劳的主要原因之一。

项目	具体内容
参与者行为及其与道路交通安全	③驾驶员身体条件:疲劳驾驶与驾驶员的年龄、性别、身体健康状况、驾驶熟悉程度等有着密切的关系。 ④车内外环境:驾驶室内的温度、湿度、噪声、振动、照明、粉尘、汽油味、乘坐的姿势与坐垫的舒适性等,都会对大脑皮层有一定的刺激,超过一定的限度都会导致驾驶员过早疲劳。 2.驾驶员超速行驶行为 (1)概念。 所谓超速行驶,是指车辆的行驶速度超过一定道路条件所允许的行车速度,而不应简单地理解为高速行驶。 (2)超速行驶与交通安全的关系及对策。 关系:车速的快慢对事故发生的可能性及其严重性有着直接的影响,超速行驶所带来的危害是多方面的。归纳起来主要有以下几条: ①超速行驶车辆发生机械故障的可能性大大增加,直接影响驾驶员操作的稳定性,很容易造成爆胎、制动失灵等机械故障事故。 ②超速行驶过程中,如遇紧急情况,驾驶员往往措手不及,容易造成碰撞、翻车等事故,而且由于冲击破坏力大,多为恶性事故。 ③超速行驶使驾驶员视力降低、视野变窄、判断力变差,一旦遇到紧急情况,采取措施时间少,发生事故的可能性大大增加,而且会加重交通事故造成的后果。 ④超速行驶时,驾驶员精神紧张,心理和生理能量消耗量大,极易疲劳。 ⑤超速行驶使驾驶员对相对运动速度的变化估计不足,从而造成措施延迟,影响整个驾驶操作的及时性和准确性。 ⑥超速行驶使车辆的制动距离增长,车速每增加一倍,制动距离约增加四倍,特别是在重载和潮湿路面上,制动距离更长,一旦前车突然减速,极易造成追尾事故。 ⑦在弯道上行驶时,车速越高,横向离心力越大,从而使操作难度增加,稍有不慎,车辆就会驶入别的车道或发生车辆倾覆,极易造成道路交通事故。 对策:合理地限制车速是确保道路行车安全、高效运营必不可少的措施
汽车性能对交通安全的影响	1.道路运输车辆行驶的安全性 道路运输车辆行驶的安全性包括主动安全性和被动安全性。 (1)主动安全性指机动车本身防止或减少交通事故的能力,它主要与车辆的制动性、动力性、操纵稳定性、舒适性、结构尺寸、视野和灯光等因素有关。 ①主要包括:视认性、驾驶操作性和制动效能。此外,还包括减轻驾驶员的疲劳程度,行人的安全性等。 a.视认性。 视认性是指可以看见和看清道路、其他车辆、交通信号及仪表的程度。 b.驾驶操作性。 驾驶操作性是指驾驶操作方便、灵活的程度。

续表

项目	具体内容
汽车性能对交通安全的影响	c.制动效能。 制动效能是指汽车在高速行驶中进行制动的能力。不仅要能减速和停车,而且不能出现跑偏、侧滑、甩尾等。 ②大致包括以下九种系统:AWS(辅助驾驶预警系统)、TCS(牵引力控制系统)、ESP(电子稳定装置)、VSA(车辆稳定性控制系统)、ABS(防抱死系统)、EBD(电子制动力分配)、LCA(变道辅助系统)、ASR(驱动防滑系统)、SAS(座椅震动预警)。 (2)被动安全性是指发生车祸后,车辆本身所具有的减少人员伤亡、货物受损的能力。主要包括:结构吸能性、内饰软化、安全防护装置及安全玻璃等。 ①结构吸能性。 指汽车在发生碰撞时,汽车结构吸收大部分冲击能量,从而保证座舱变形最小,不挤伤乘员的能力。通常在汽车侧面车门设有加强刚性的横梁,以防止车门在碰撞后变形。 ②内饰软化。 汽车座舱内部的各种器件表面无凸起,材质柔软有弹性,尽可能减少尖角、突棱和突出的零件,在发生碰撞时能减少乘员所受的伤害。 内饰软化的范围包括转向盘、仪表板、侧围、顶篷、座椅、地板以及遮阳板等突出的附件。有的汽车的转向盘在碰撞时可以收缩,有的座椅加有头枕,以防后部被撞时头部受伤。 ③安全防护装置。 主要包括:安全带、安全气囊等。 ④安全玻璃。 玻璃受碰撞后只裂不碎,或碎块不呈尖角,可以减少对乘员或行人的伤害。同时,在碰撞后玻璃仍能保持一定的能见度,避免妨碍驾驶员的视线而造成第二次事故。在汽车撞上行人时,安全玻璃也可以减少对行人造成的伤害。 (3)提高机动车被动安全性的措施有:配置安全带、安全气囊,安装安全玻璃,设置安全门、配备灭火器等。 2.汽车的制动性能及其对道路交通安全的影响 (1)制动性能对道路交通安全的影响。 汽车的制动性能是汽车主要安全性能之一。重大交通事故通常与制动距离太长、紧急制动时发生侧滑及前轮失去转向能力等情况有关。制动跑偏、侧滑及前轮失去转向能力是造成交通事故的重要原因。 (2)轮胎的侧偏性能。 侧偏刚度是决定汽车操纵稳定性的重要参数。 (3)轮胎的水滑效应。 当汽车在具有一定厚度水膜的路面上以较高的速度行驶时,轮胎会浮在水面上打滑,丧失汽车的操纵性、制动性和驱动性,这种现象叫作轮胎的水滑效应。

项目	具体内容
道路交通条件与交通安全	3.道路设计主要内容 （1）平面线形。 超高：道路工程部门在设计与施工中，把弯道的外侧提高，使路面在横向朝内一侧，有一个横坡度来抵挡离心力的作用，即道路超高。 （2）视距。 视距是驾驶员在道路上能够清楚看到的前方道路某处的距离，是道路几何设计的重要因素。 ①停车视距：驾驶员在行驶过程中，看到同一车道上前方的障碍物时，从开始制动至到达障碍物前安全停车的最短距离，称为停车视距。 ②会车视距：两车在同一车道上相向行驶，发现时来不及或无法错车，只能双方采取制动措施，使车辆在相撞之前安全停车的最短距离，称为会车距离。会车距离一般是停车距离的两倍。 ③错车视距：汽车在行驶中发现同迎面车辆在同一条车道上行驶，立即靠右行驶，而从来车左边绕至另一车道并与对面来车在平面上保持安全距离时，两车所行驶的最短距离称为错车视距。 ④超车视距：在双车道道路上，汽车绕道到相邻车道超车时，驾驶员在开始离开原行车路线能看到相邻车道上对向驶来的汽车，以便在碰到对向行驶的车辆之前能超越前车并驶回原来车道所需的最短距离，称为超车视距。 超车视距有两种情况：不等速超车视距和等速超车视距。 （3）路面。 ①路面按力学特性分为柔性和刚性两类：各种沥青路面与碎石都属于柔性路面；水泥混凝土路面属于刚性路面。 ②路面病害对交通安全的影响。 a.泛油 由于油石比过大，矿料用量不足，在气温高时就会形成泛油，轻则形成软黏面，重则形成"油海"。油粘在轮胎上，降低了行车速度，增加了行驶阻力。雨天，多余的沥青降低了路面的防滑性能，影响行车安全。 b.油包、油垄 由于石料级配不当，油量过大，使得路面在车辆水平力作用下推移变形。车辆制动或启动时摩擦力比匀速行驶时要大，故这种病害多发生在路口、停靠站的路面上。油包、油垄严重影响行车的舒适性，同时也加快了机件的磨损。 c.裂缝 由于施工不良、路基沉陷，路面整体性能不好；或沥青材料老化、沥青质量降低、油石比过小等原因，路面出现龟裂、网裂或纵横裂缝，影响路面的平整度，干扰车辆正常行驶。 d.麻面 主要是施工不符合规范要求、油石比小、搅和不均匀等造成的，严重时可使行驶车颠簸，对于自行车交通影响更大。 e.油滑 石料磨光、磨损或泛油形成表面滑溜，危及行车安全，对交通影响很大

续表

项目	具体内容
交通量与交通事故	路面上交通量的大小对交通事故的发生有着直接的影响。交通量与交通流饱和度直接相关,而交通流饱和度影响交通事故发生的频率和严重程度,因此交通事故与交通量的大小有密切关系
事故分级及相关处罚	1.特别重大事故 造成30人以上(含30人)死亡,或者100人以上(含100人)重伤(包括急性工业中毒,下同),或者1亿元以上(含1亿元)直接经济损失的事故。 2.重大事故 造成10人以上(含10人)30人以下死亡,或者50人以上(含50人)100人以下重伤,或者5 000万元以上(含5 000万元)1亿元以下直接经济损失的事故。 3.较大事故 造成3人以上(含3人)10人以下死亡,或者10人以上(含10人)50人以下重伤,或者1 000万元以上(含1 000万元)5 000万元以下直接经济损失的事故。 4.一般事故 造成3人以下死亡,或者10人以下重伤,或者1 000万元以下直接经济损失的事故。 5.相关处罚 依据《生产安全事故报告和调查处理条例》的规定,一般事故,处10万以上20万以下的罚款;较大事故,处20万以上50万以下罚款;重大事故,50万以上200万以下罚款;特别重大事故,处200万以上500万以下罚款
道路运输事故报告基本要求	道路运输事故报告基本要求主要有: (1)发生道路运输事故后,现场有关人员应立即采取有效的措施组织抢救,同时应当立即报告本单位主要负责人。 (2)事故发生单位负责人接到事故报告后,应当立即启动事故相应应急预案,或者采取有效措施,组织抢救,防止事故扩大,减少人员伤亡和财产损失。 (3)道路运输安全事故报告的内容包括:事故发生单位概况,事故发生的时间、地点、伤亡情况、财产损失金额、事故简要经过、采取的施救措施、事故发生的初步原因、报告单位、报告人及其他应当报告的事项
道路运输事故调查处理基本要求	道路运输事故调查处理基本要求主要有: (1)事故发生单位在事故发生后应成立事故调查小组,对事故发生的原因、经过、损失等情况进行调查。调查小组应将调查情况和处理建议以书面形式向单位和上级有关部门汇报。 (2)事故处理要坚持"四不放过"的原则,即事故原因没有查清不放过;事故责任者没有严肃处理不放过;责任人员和群众没有受到教育不放过;防范措施没有落实不放过。 (3)在进行事故调查分析的基础上,事故责任部门应根据事故调查报告中提出的建议,制定整改措施。 (4)每起事故处理结案后,应将事故调查处理资料收集整理后实施归档管理。事故档案包括:事故快报表;事故调查报告;事故现场照片、示意图、亡者身份证、死亡证、技术鉴定等资料;事故认定书;对事故责任者的处理决定;整改措施;其他有关的资料

项目	具体内容
道路运输事故原因调查分析	(1)道路运输事故的原因非常复杂,有主观(内因)原因,有客观(外因)原因;有直接原因,有间接原因。从我国交通安全的实际情况出发,分析交通事故的原因,可从人、车、路、环境、管理五个方面。但人是主导因素。 ①人的原因:人是指参与交通行为的所有的人,如驾驶员、骑自行车的人、行人、乘车人等。这些人的交通安全意识和他们的心理素质、职业道德、文化程度等有关。 ②车辆原因:主要是指车况是否符合技术要求。 ③道路原因:路况差、混合交通、路面障碍多和道路建筑本身就不符合标准。 ④交通环境原因:主要表现在交通秩序混乱、道路通过能力低,碰撞机会多,车辆的速度差大、道口标准不符合要求以及气候条件的影响。 ⑤交通管理的原因:对现有交通法规执行不严,对道路交通的监控、管制、指挥、通信设备不适应当前交通发展的需要。 (2)在事故原因分析时通常要明确以下内容: ①在事故发生之前存在什么样的征兆。 ②不正常的状态是在哪儿发生的。 ③在什么时候首先注意到不正常的状态。 ④不正常状态是如何发生的。 ⑤事故为什么会发生。 ⑥事件发生的可能顺序以及可能的原因(直接原因、间接原因)。 ⑦分析可选择的事件发生顺序
道路运输事故防范措施	道路运输事故防范措施主要有: (1)开展道路交通安全隐患专项治理。 (2)落实新建、改扩建道路建设项目安全设施"三同时"制度(生产经营单位新建、改建、扩建工程项目的安全设施,必须与主体工程同时设计、同时施工、同时投入生产和使用),推广新建、改扩建道路建设项目安全风险评估制度。 (3)加强班线途经道路的安全适应性评估。完善客货运输车辆安全配置标准。 (4)开展车辆运输车、液体危险货物运输车等安全治理。 (5)强化电动车辆生产、销售、登记、上路行驶等环节的安全监管,严禁未经许可非法生产低速电动车等车辆。 (6)加强对道路运输重点管控车辆及其驾驶人的动态监管。 (7)完善危险货物运输安全管理和监督检查体系。 (8)落实接驳运输、按规定时间停车休息等制度。 (9)规范非营运大客车注册登记管理,严厉打击非法改装、非法营运、超速超员、超限超载等违法行为。 (10)改革大中型客货车驾驶人职业培训考试机制,加强营运客货车驾驶人职业教育

第五节 道路运输中劳动防护安全及消防安全

考点 1 道路运输中驾驶员劳动防护安全

项目	具体内容
驾驶员劳动安全管理	(1)贯彻《中华人民共和国劳动合同法》和各省市劳动安全条例及劳动保护法规,保护劳动者的安全和健康,改善劳动条件,预防工伤事故。 (2)劳动保护用品的管理及发放。根据原国家经贸委制定的《劳动防护用品配备标准》,结合企业实际情况采购、管理、发放。 (3)对从事特种货物运输岗位,必须经过专门培训,取得特种作业资格,持证上岗。 (4)对运输场所照明、噪声、通风、防寒、降温进行监控,必须达到国家标准,对粉尘,有毒、有害气体,压力容器,易燃、易爆物品、材料配件及废料运输和管理,必须严格执行劳动保护规定
驾驶员行车安全防护	(1)驾驶员必须严格考核,持证上岗,遵守交通法规,服从安全管理,严禁"三超"(超速、超载、超疲劳)。 (2)发车前对随车携带证照、标志、车辆燃油、冷却液、润滑油、制动液、轮胎气压、机件润滑、各部件螺丝紧固程度、消防器材进行自检。 (3)配合安检员对营运车辆进行安检,安检合格方可出车。 (4)严禁私自越线(改线、绕道)行驶,严禁私自将车交他人行驶。 (5)驾驶人员白天连续驾驶时间不得超过 4 h,夜间连续驾驶不得超过 2 h,驾驶员一次连续驾驶 4 h(夜间 2 h)应休息 20 min 以上,24 h 内实际驾驶车辆时间累计不得超过 8 h。 (6)驾驶员在行车时必须严格遵守《中华人民共和国道路安全法》《中华人民共和国道路交通安全法实施条例》和安全操作规程

考点 2 汽车运输中消防安全设施和器材

项目	具体内容
消防器材种类	消防器材主要包括灭火器、火灾探测器等。 1. 灭火器 灭火剂:灭火剂是能够有效地破坏燃烧条件,中止燃烧的物质。 (1)水和水系灭火剂。 水是最常用的灭火剂,它既可以单独用来灭火,也可以在其中添加化学物质配制成混合液使用,从而提高灭火效率,减少用水量。这种在水中加入化学物质的灭火剂称为水系灭火剂。 不能用水扑灭的火灾主要包括: ①密度小于水和不溶于水的易燃液体的火灾,如汽油、煤油、柴油等。苯类、醇类、醚类、酮类、酯类及丙烯腈等大容量储罐,如用水扑救,则水会沉在液体下层,被加热后会引起爆沸,形成可燃液体的飞溅和溢流,使火势扩大。 ②遇水产生燃烧物的火灾,如金属钾、钠、碳化钙等,不能用水,而应用砂土灭火。 ③硫酸、盐酸和硝酸引发的火灾,不能用水流冲击,因为强大的水流能使酸飞溅,流出后遇可燃物质,有引起爆炸的危险。酸溅在人身上,能灼伤人。

项目	具体内容
消防器材 种类	④电气火灾未切断电源前不能用水扑救,因为水是良导体,容易造成触电。 ⑤高温状态下化工设备的火灾不能用水扑救,以防高温设备遇冷水后骤冷,引起形变或爆裂。 (2)气体灭火剂。 由于二氧化碳的来源较广,利用隔绝空气后的窒息作用可成功抑制火灾,因此气体灭火剂主要采用二氧化碳。 ①二氧化碳不含水、不导电、无腐蚀性,对绝大多数物质无破坏作用,所以可以用来扑灭精密仪器和一般电气火灾。它还适于扑救可燃液体和固体火灾,特别是那些不能用水灭火以及受到水、泡沫、干粉等灭火剂的玷污容易损坏的固体物质火灾。 ②二氧化碳不宜用来扑灭金属钾、镁、钠、铝等及金属过氧化物(如过氧化钾、过氧化钠)、有机过氧化物、氯酸盐、硝酸盐、高锰酸盐、亚硝酸盐、重铬酸盐等氧化剂的火灾。 ③因为二氧化碳从灭火器中喷射出时,温度降低,使环境空气中的水蒸气凝聚成小水滴,上述物质遇水即发生反应,释放大量的热量,同时释放出氧气,使二氧化碳的窒息作用受到影响。因此,上述物质用二氧化碳灭火效果不佳。 (3)泡沫灭火剂。 泡沫灭火剂有两大类型:化学泡沫灭火剂和空气泡沫灭火剂。 ①化学泡沫是通过硫酸铝和碳酸氢钠的水溶液发生化学反应,产生二氧化碳,而形成泡沫。空气泡沫是由含有表面活性剂的水溶液在泡沫发生器中通过机械作用而产生的,泡沫中所含的气体为空气。空气泡沫也称为机械泡沫。 ②空气泡沫灭火剂种类繁多,根据发泡倍数的不同可分为低倍数泡沫、中倍数泡沫和高倍数泡沫灭火剂。高倍数泡沫的应用范围远比低倍数泡沫广泛得多。高倍数泡沫灭火剂的发泡倍数高,能在短时间内迅速充满着火空间,特别适用于大空间火灾,并具有灭火速度快的优点。 (4)干粉灭火剂。 干粉灭火剂由一种或多种具有灭火能力的细微无机粉末组成。 ①干粉灭火剂中的灭火组分是燃烧反应的非活性物质,当进入燃烧区域火焰中时,捕捉并终止燃烧反应产生的自由基,降低燃烧反应的速率,当火焰中干粉浓度足够高,与火焰的接触面积足够大,自由基中止速率大于燃烧反应生成的速率,链式燃烧反应被终止,从而火焰熄灭。 ②干粉灭火剂与水、泡沫、二氧化碳等相比,在灭火速率、灭火面积、等效单位灭火成本效果三个方面有一定优越性,因其灭火速率快,制作工艺过程不复杂,使用温度范围宽广,对环境无特殊要求,以及使用方便,不需外界动力、水源,无毒、无污染、安全等特点,目前在手提式灭火器和固定式灭火系统上得到广泛的应用。 **2. 火灾报警探测器** 火灾报警探测器是可以自动探测火灾险情的设备,起到预警的作用,尽早发现火情、消灭险情、保护人身财产安全。还可以探测失火处的温度、离子浓度等信息,并自动发送给报警装置。 (1)作用。 火灾自动报警系统是由触发装置、火灾警报装置以及具有其他辅助功能装置组成的。它具有能在火灾初期,将燃烧产生的烟雾、热量、火焰等物理量,通过火灾探测器变成电信号,传输到火灾报警控制器,并同时显示出火灾发生的部位、时间等,使人们能够及时发现火灾,并及时采取有效措施,扑灭初期火灾,最大限度地减少因火灾造成的生命和财产的损失。

项目	具体内容
消防器材种类	（2）分类。 目前常见的性能稳定的火灾报警探测器有：离子感烟式探测器、光电感烟探测器、红外光束感烟探测器、空气采样烟雾探测器等。 ①离子感烟式探测器。 它是在电离室内含有少量放射性物质，可使电离室内空气成为导体，允许一定电流在两个电极之间的空气中通过，射线使局部空气成电离状态，经电压作用形成离子流，这就给电离室一个有效的导电性。当烟粒子进入电离化区域时，它们由于与离子相结合而降低了空气的导电性，造成离子移动的减弱。当导电性低于预定值时，探测器发出警报。 ②光电感烟探测器。 光电感烟探测器又分为遮光型和散光型两种。它是利用起火时产生的烟雾能够改变光的传播特性这一基本性质而研制的。 ③红外光束感烟探测器。 红外光束感烟探测器又分为对射型和反射型两种。它是对警戒范围内某一窄条周围烟气参数响应的火灾探测器。与前两种感烟探测器的主要区别在于红外光束感烟探测器将光束发射器和光电接收器分为两个独立的部分，使用时分装相对的两处，中间用光束连接起来。 感烟式火灾探测器适宜安装在发生火灾后产生烟雾较大或容易产生阴燃的场所；它不宜安装在平时烟雾较大或通风速度较快的场所。 ④空气采样烟雾探测器。 通过采样管网从危险区域主动采集空气样品，如果需要，会对空气进行过滤和处理，对空气中的不可见烟雾粒子进行分析，确定发生火灾的区域（采样管），设置4级可编程报警阈值，通过继电器输出或通信网络发出报警。 3.消防安全锤 （1）消防安全锤是一种封闭舱室里的辅助逃生工具，它一般安装于汽车等封闭舱室容易取到的地方，在汽车发生火灾或者落入水中等紧急情况下，方便砸碎玻璃以顺利逃生。 （2）逃生锤又称安全锤，常见的有三种： ①普通单头的逃生锤，也是最简单的，在一般的公交车、长途车等车上都有配备，由把柄和一个破窗锤头组成。 ②普通双头逃生锤，有两个破窗的尖头，两头都可以使用。 ③多合一逃生锤，这种逃生锤不仅有应急破窗锤，还有应急爆闪灯、应急手电、应急断绳刀。这是实用性很强的一种逃生锤。 安全锤主要是利用其圆锥形的尖端，由于尖头的接触面积很小，因此当用锤砸玻璃时，该接触点对玻璃的压强（不是压力，而是单位面积上的压力）相当大，这个跟图钉的原理有点相似，膜很容易就被刺破，且使车玻璃在该点受到很大的外作用力而产生轻微开裂。而对于钢化玻璃而言，一点点的开裂就意味着整块玻璃内部的应力分布受到了破坏，从而在瞬间产生无数蜘蛛网状裂纹，此时只要轻轻地用锤子再砸几下就能将玻璃碎片清除掉。 另外，钢化玻璃的中间部分是最牢固的，四角和边缘是最薄弱的。最好的办法是用安全锤敲打玻璃的边缘和四角，尤其是玻璃上方边缘最中间的地方，一旦玻璃有了裂痕，就很容易将整块玻璃砸碎

续表

项目	具体内容
消防设施维护和保养	（1）消防设施器材应每月进行一次维护保养，每年至少进行一次功能检测，确保其正常使用。 （2）消防设施器材实行专人或定人管理制度。灭火器保养做到无灰尘、喷嘴通，位置摆放符合规定，压力值正常，四周无其他物品堆放。对消防设施、器材应进行登记，建立维护、管理档案，记明消防设施、器材的类型、数量、部位、检修或充装记录和维护管理责任人。 （3）发现消防器材有损坏丢失等问题，及时报告并查清原因后进行维修和更换。 （4）消防设施器材严禁挪作他用，对擅自挪作他用的，要给予处理。灭火器材的设置位置要保证方便可取，严禁随便改变位置。 （5）凡使用过和失效不能使用的灭火器，必须委托维修单位进行检查，更换已损件和重新充装灭火剂和驱动气体。落实灭火器报废制度，超过使用期限的灭火器予以强制报废，重新选配灭火器。建立灭火器档案资料，记明配置类型、数量、设置位置、检查维修单位（人员）、更换药剂的时间等有关情况。 （6）每两年对消防水池、消防水箱全面进行检查，修补缺损和防腐处理；每年对水源的供水能力进行一次测定；每季度对报警阀进行一次放水试验，对管道控制阀进行一次检修；每两个月利用末端试水装置对水流指示器进行试验；每月对消防水池、消防水箱及消防气压给水设备的水位和压力进行一次全面检查；消防水泵每月启动运转一次并模拟自动控制启动运转一次；电磁阀每月检查一次并作启动实验；每月对全部喷头进行一次外观检查；室外消火栓、室内消火栓、水泵接合器每月进行一次检查。 （7）室内消火栓、室外消火栓系统每半年至少进行一次全面检查，检查要求为： ①室内消火栓箱应经常保持清洁、干燥，防止锈蚀、碰伤和其他损坏。 ②消火栓和消防卷盘供水闸阀不应有渗漏现象。 ③消防水枪、水带、消防卷盘及全部附件应齐全良好，卷盘转动灵活。 ④报警按钮、指示灯及控制线路功能正常，无故障。 ⑤消火栓箱及箱内配装的消防部件的外观无破损、涂层无脱落，箱门玻璃完好无缺。 ⑥消火栓、供水阀门及消防卷盘等所有转动部位应定期加注润滑油。 （8）灭火器维护管理要求： ①灭火器应保持铭牌完整清晰，保险销和铅封完好，应避免日光暴晒、强辐射热等环境影响。 ②灭火器应放置在不影响疏散、便于取用的指定部位，摆放稳固，不应被挪作他用、埋压或将灭火器箱锁闭。 （9）消火栓维护管理要求： ①消火栓不应被遮挡、圈占、埋压。 ②消火栓应有明显标识。 ③消火栓箱不应上锁。 ④消火栓箱内配器材应配置齐全，系统应保持正常工作状态。 （10）地面消防水池、井上下消防管路、消防水袋等其他消防设施应当每天安排专人进行巡回检查和维护保养
汽车运输消防安全措施	**1. 防止高温天气汽车机器聚热自燃起火** 高温天气里，汽车上的油、电易燃性增高，稍有不慎就可能发生火灾。 （1）在高温季节到来之前，要对汽车进行及时检修，检修油路、电路，仔细查看电路有无胶皮老化、接点是否松动、线路是否发热等现象。

续表

项目	具体内容
汽车运输消防安全措施	(2)夏季高温天气里,要避免汽车在烈日下暴晒,要保持发动机通风散热,要注意防止发动机温度过高,不要用遮挡物遮挡和蒙盖发动机,不要长时间连续高速行驶,发现和预感发动机温度过高要停车降温和处置。 **2.防止电源设施引发火灾** (1)汽车的电源设施要保持完好,对发动机和各种电源设施要经常检查,发现电源线破损和陈旧要及时更换,发现电气设施发生故障、电器线路过热和打火现象要及时维修和处置。 (2)不要随意改装电气设施,不要违章操作,以免发生电气火灾。 **3.防止燃油爆燃起火** (1)对汽车燃油系统要经常检查和保养,认真检查燃油油管、制动液油管和动力转向油管的密封性,如果发现这些油管有渗漏现象要及时处理。 (2)做好汽车油路保养,要请专业人员对汽车进行定期维护,燃油设施和管线老化和损坏要及时维修和更换。油管接头松动要及时紧固,不要随意改动油路,防止漏油,发动机运转时,不要往化油器口倒汽油,避免造成回火,烧伤人员和烧坏车辆。 **4.注意运载易燃易爆物品车辆的消防安全** 车上载有易燃易爆物品是汽车火灾的一个重要诱因。 (1)车辆在行驶中颠簸摩擦可能形成静电火花,一旦将车内的易燃易爆物品引爆,就会发生爆炸火灾。 (2)装有油类和化学危险品的车辆装卸和运输要严格遵守消防安全规定,要有专业人员经常进行消防安全检查,要防止器具和设施碰撞,注意防止产生静电,载有易燃易爆物品的车辆要低速行驶,车内和附近严禁烟火,装卸易燃易爆物品时,装卸人员要严守岗位,认真看管,严格遵守安全规定。 **5.防止车上吸烟和随意用火引发火灾** 汽车上不要随意吸烟和用火。 (1)不要在车内乱扔未熄灭的烟头,其中营运出租车、公共电汽车禁止吸烟。 (2)不要把打火机放在仪表台上,以防暴晒后发生爆炸引起燃烧。 (3)禁止携带易燃易爆物品,禁烟车辆上应有明确的禁止烟火警语和标志。 (4)一些质量较差的汽车冬季遇冷打不着火时,不要用火烘烤,以防烤着车上的易燃可燃物引发火灾。 **6.防止违章行车引发火灾** (1)驾驶车辆必须时刻注意安全,严守交通规则,行车注意观察瞭望,防止汽车油箱碰撞发生交通事故火灾。 (2)油箱一旦碰撞起火,要立即采取扑救措施和及时报警,在一时难以扑救的情况下,要远离车体,防止燃烧爆炸造成伤亡。 **7.停车时注意预防火灾** (1)停车时要注意周围的消防安全环境,不要停在易燃可燃物的区域和附近,要远离燃放鞭炮、烧纸等火源区。 (2)停车时不要停在杂草、纸片、树叶等可燃物旁边,防止排气管高温引燃起火。 (3)车体下面要保持清洁,及时清理车体下面的油垢,防止燃放鞭炮等火源引燃车辆。 (4)停车后不要长时间打开点火开关,严禁在高压电线下停车和加注燃料。 **8.汽车火灾自救逃生的技巧** (1)当汽车发生火灾时,要立即停车救人灭火,一旦灭不了火,要迅速离开现场,以免爆炸造成伤亡。

续表

项目	具体内容
汽车运输消防安全措施	(2)当汽车在加油过程中发生火灾时,要立即停止加油,将车开出加油站迅速灭火。 (3)当汽车被撞后发生火灾时,首先要设法救人。同时报警,车门没有损坏,应打开车门让乘车人员逃出。 (4)当停车场发生火灾时,应在扑救火灾的同时,组织人员疏散周围停放的车辆。 (5)当公共汽车发生火灾时,要迅速救人和报警,开启所有车门,让乘客下车,快速组织救火。如果车上线路被烧坏,车门开启不了,乘客可从就近的窗户下车。如果火焰封住了车门车窗,因人多不易下去,可用衣物蒙住头从车门处冲出去。 (6)开车时发现车身有异味,冒出烟雾等,要马上找安全的地方停车检查。 (7)如果发生自燃,迅速用灭火器、水或者衣物覆盖进行灭火
危险品道路运输车辆行驶消防安全要求	**1.** 危险品道路运输车辆驾驶员与押运员 在道路运输危险货物过程中,除了驾驶人员外,专用车辆上应当另外配备押运人员。押运人员应当对运输全过程进行监管。危险货物道路运输企业或者单位应当聘用具有相应从业资格证的驾驶人员、装卸管理人员和押运人员。驾驶人员、装卸管理人员和押运人员上岗时应当随身携带从业资格证和道路运输证。从事道路运输危险品的驾驶员、押运员和装卸管理人员,应当选择符合下列条件的人员担任: (1)专用车辆的驾驶人员取得相应机动车驾驶证,取得经营性道路旅客运输或者货物运输驾驶员从业资格2年以上或者接受全日制驾驶职业教育,3年内无重大以上交通责任事故,接受职业相关知识与技能的培训,了解危险货物的知识和事故应急措施,具备相应的从业资格证件,押运员还需具备初中以上的学历。 (2)熟悉道路情况和道路运输安全知识,熟知所运危险品的物理化学性能和槽车、罐车的技术性能以及装卸作业的安全操作规程,熟知防火、灭火知识和发生火灾事故的处置办法,能够熟练使用车上的灭火器材与紧急切断装置。 (3)对于经过考试合格并且取得资格证书的驾驶员,如果精神状态不佳、连续行车处于疲劳状态,也不准驾驶运输危险品的车辆。 (4)汽车长途运输爆炸品时,车上无押运人员不得单独行驶。每车押运人员不得少于1人。押运员要懂得爆炸品基本知识和应急措施,并且要求坐在车上,如特殊原因需要在驾驶室内乘坐时,要经常停车检查车上货物状况。车上严禁捎带无关人员和危及所运爆炸品安全的其他物品。 **2.** 危险品道路运输车辆的行驶 (1)爆炸危险品道路运输的行车路线,应当事先报请当地公安部门批准。原则上尽量绕过城市、村镇和居民较多的地方,在车辆较少的道路上行驶,以免发生事故时造成重大伤亡。 (2)车辆行驶时,除了必须严格遵守交通规则,服从交通管理人员指挥外,还应当对行车路线认真选择,尽可能选择宽阔平坦的道路,避开繁华闹市集镇,按照公安交通管理部门指定的路线、时间和车速行驶。夜间运输时,车辆前后应当有红色信号。车辆不准带拖挂车,押运员必须随车到达目的地,并且不得让其他无关人员搭乘。车上禁止吸烟,在通过隧道、涵洞、立交桥时,要注意标高,限速行驶。 (3)运输危险品的车辆对天气应当有所选择。一般在雨天、雪天、大雾天、雷雨天、大风沙天,酷暑干热天,禁止运输危险品。对于怕冻危险品在遇寒流时也不宜运输(有保暖措施的除外)。

项目	具体内容
危险品道路运输车辆行驶消防安全要求	(4) 液化燃气槽车、汽油罐车不准携带其他易燃易爆危险品,当罐体内液温达到40 ℃时,应当采取遮阳、罐外泼冷水降温等安全措施。对于低沸点的易燃液体、气体和对热较敏感的易燃易爆危险品,在夏季的酷暑季节宜选择夜间运输,以避开阳光的曝晒。 (5) 运输爆炸品的车辆,在厂内、库内行车速度不得超过15 km/h,出入厂区大门及倒车速度不得超过5 km/h,在拐弯及视线不良的地方行驶应当减速。在厂外公路上行驶时,运输火工品的车速不得超过30 km/h,运输火箭弹的车速不得超过40 km/h,运输其他爆炸品的车速不应超过50 km/h。多辆车队列队运输爆炸品时,车与车之间应当保持50 m以上的安全距离,上、下坡时还要加大距离,通常情况下不得超车、追车及抢行会车,非特殊情况不准紧急刹车,以免爆炸品受到过大惯性的撞击力。在道路不平、视线不好、人员较多的地方行驶时,还应当采取相应的减速措施。横过铁路时,必须"一慢、二看、三通过",做到"宁停三分,不抢一秒"。 (6) 运输其他危险品的车辆,在经过交叉路口、行人稠密地点,通过城门、桥梁、隧道、狭路、村镇、车站、急弯及下陡坡时,在冰雪道路上行驶时或者遇到牲畜群、下雨、下雪、车辆的刮水器损坏或遇大风、大雾、大雨及大雪视距在30 m以内时,以及遇有警告标志时等,其时速均不应超过15 km。同一方向行驶的载有危险品的车辆与其他机动车辆之间至少应当有30 m的距离,冬季行经冰雪路面时,至少应当保持50 m的距离。 3. 危险品道路运输车辆的停放 (1) 道路运输危险品的车辆在运输途中,一般不宜停留,若必须停留,应当沿公路边依次停放。停放的车辆之间至少应当保持2 m的距离,并不得与对侧车辆平行停放。应当远离机关、学校、工厂、仓库和人员集中的场所,以及交叉路口、桥梁、牌楼、狭路、急弯、陡坡、隧道、涵洞等易于发生危险的地点。 (2) 停车位置应当通风良好,10 m以内不得有任何明火和建筑物。运输爆炸品的车辆,应当与其他车辆、高压线、重要建筑物、人口聚集地方等保持100 m以上的安全距离,并由押运员看守。如途中停车需超过6 h,应当与当地公安部门取得关系,并按照指定的安全地点停放。 (3) 夏季应当有遮阳措施,防止阳光曝晒。驾驶员和押运员如有事需要离开车辆时,不能同时远离车辆,可轮换看护。在途中需停车检修时,应当使用不产生火花的工具,并不准有明火作业。 (4) 在途中如遇雷雨,应当停放在宽敞地带,远离森林和高大的建筑物,以防止雷击。如用畜力车拉运,应当注意防止牲畜受惊,酿成事故。 4. 危险品道路运输车辆运输途中的着火应急措施 因为在运输行驶途中,车辆完全处于动态之中,如遇火灾等危险事故,如果处置稍有不当就有可能导致车毁人亡。 (1) 驾驶员与押运员一定要沉着冷静,不要惊慌。 (2) 对初期火,应当根据着火物质的性质,迅速用车上所配制的灭火器扑灭。 (3) 如火已着大,应当立即向当地公安消防部门报警,并且将车辆开至不危及周围安全的地方,设法控制火势蔓延。 (4) 液化石油气槽车或者石油罐车发生泄漏时,应当采取紧急措施止漏,一般不得启动车辆,同时立即与有关单位和公安消防部门联系,采取防火和灭火措施,切断一切火源,设立警戒区,断绝交通,并且组织人员向逆风方向疏散。 (5) 当气体槽车大量泄漏而起火时,在没有可靠止漏措施时,千万不要将火扑灭,应当在立即报警的同时,将车辆开至不危及周围安全的地方,并且设法控制火势蔓延和加强对罐体的冷却降温,等待专业消防人员赶到时采取有效的措施

第六节　道路安全设施

考点 1　道路安全设施的作用

项目	具体内容
道路的概念	道路指公路、城市道路和虽在单位管辖范围但允许社会机动车通行的地方,包括广场、公共停车场等用于公众通行的场所
道路安全作业	道路作业区的概念及区域划分 (1)概念:道路作业区是指在道路交通事故处理和道路养护维修的过程中临时关闭一个或几个车道形成的一段禁行区域。 (2)划分:警告区、上游过渡区、作业区、下游过渡区、终止区。 1.路面安全作业 (1)路面作业中,各类机械设备(压路机、摊铺机、运输车辆等)应有序靠边停放在锥形交通路标、标志牌设置的范围内,工作设备宜停放于作业点前方 10 m 以外。 (2)路面作业中,一般情况下施工车辆不可逆向行驶;确需逆向行驶时,必须有专人在现场指挥车辆,禁止随意逆向行驶;施工车辆倒车时要有专人指挥,机械设备作业时不得超出标志设置范围。 (3)施工作业或作业完成后现场无法及时清理,或由于技术原因不能立即开放交通,需较长时间占用行车道时,应按规定布设作业控制区标志。 (4)为保证通行车辆有足够的通行空间,锥形交通路标摆放位置不得超过车道线20 cm。路面临时定点及移动作业中应使用移动式标志车或警示车,并与作业车辆保持 50~100 m 的安全距离。 (5)夜间或白天视线不良时,应开启警示灯,以提醒过往车辆注意安全。 (6)凡在道路上进行作业的人员必须穿着带有反光标志的橘红色工作装,管理人员必须穿着带有反光标志的橘红色背心。 (7)道路路面作业必须按作业控制区交通控制标准设置相关的装置和标志,并指派专人负责维持交通。 (8)在山体滑坡、塌方、泥石流等路段作业时,应设专人观察险情。在高路堤路肩、陡边坡等路段作业时,应采取防滑坠落措施,并注意防备危岩、浮石滚落。 (9)坑槽修补应当天完成,若不能完成须按相关规定布置作业控制区。 (10)在视距条件较差或坡度较大的路段进行作业时,应设专人指挥交通,作业控制区应增加有关设施。 (11)控制区的施工标志应与急弯路标志、反向弯路标志或连续弯路标志等并列设置。 2.雨季和雾天安全作业 (1)现场道路应加强维护,斜道和脚手板应有防滑措施。 (2)暴雨台风前后,应检查工地临时设施、脚手架、机电设备、临时线路,发现倾斜、变形、下沉、漏电、漏雨等现象,应及时修理加固。 (3)在雨季作业时,作业现场应及时排除积水,人行道的上、下坡应挖步梯或铺砂,脚手板、斜道板、跳板上应采取防滑措施。加强对排架、脚手架和土方工程的检查,防止倾斜和坍塌。 (4)在雨季施工时,处于洪水可能淹没地带的机械设备、材料等应做好防范措施,施工人员要提前做好安全撤离的准备工作。

项目	具体内容
道路安全作业	(5)长时间在雨季中作业的工程,应根据条件搭设防雨棚。作业中遇有暴风雨应停止施工 (6)雾天不宜进行作业。雾天需要进行抢修时,宜会同有关部门,封闭交通进行作业,所有安全设施上均须设置黄色施工警告信号灯。 3.清扫、绿化及道路检测安全作业 (1)严禁在能见度差(如夜晚、大雾天)的条件下进行人工扫路。 (2)凡需占用车道进行绿化作业时,必须按作业控制区布置要求设置有关标志。 (3)遇大风、大雨、下雪、雾天等特殊天气时必须停止绿化作业。 (4)高速公路、一级公路中央分隔带绿化浇水作业时,浇水车辆尾部必须安装发光可变标志牌或按移动作业控制区布置。 (5)道路检测车在高速公路、一级公路进行道路性能检测时,凡行进速度低于 50 km/h 时,均应按临时定点或移动作业控制区布置,或应在检测设备尾部安装发光可变标志牌
道路安全设施作用	交通安全设施对于保障行车安全,起着重要作用。良好的安全设施系统应具有交通管理、安全防护、交通诱导、隔离封闭、防止眩光等多种功能。道路交通安全设施包括:交通标志、路面标线、护栏、隔离栅、照明设备、视线诱导标、防眩设施等。 (1)交通标志。 道路交通标志有警告标志、禁令标志、指示标志、指路标志、旅游区标志、道路施工安全标志、辅助标志等。设置交通标志的目的是给道路通行人员提供确切的信息,保证交通安全畅通。 (2)路面标线。 路面标线有禁止标线、指示标线、警告标线,是直接在路面上用漆类喷刷或用混凝土预制块等铺列成线条、符号,与道路标志配合的交通管制设施。 路面标线的作用是向道路使用者传递有关道路交通的规则、警告、指引等信息,可以与标志配合使用,也可以单独使用。 (3)护栏。 道路上的安全护栏既要阻止车辆越出路外,防止车辆穿越中央分隔带闯入对向车道;同时还要能诱导驾驶员的视线。 (4)隔离栅。 隔离栅使道路全封闭得以实现,并阻止人畜进入道路。它可有效地排除横向干扰,避免由此产生的交通延误或交通事故。 (5)照明设备。 照明设备主要是为保证夜间交通的安全与畅通,照明设备大致分为连续照明、局部照明及隧道照明。照明条件对道路交通安全有着很大的影响。 (6)视线诱导标。 诱导标是一种沿车行道设置的,显示车行道边界和公路线形的安全标。视线诱导标的材料是用透光率较高的耐温、耐老化、耐冲击、高强级反光材料制成,反光颜色通常为白色、黄色和红色。 高速公路的诱导标分为:分道标(通常为白色)、轮廓标(左侧为黄色,右侧为红色),形状为圆形或梯形。

续表

项目	具体内容
道路安全设施作用	(7)防眩设施。 防眩设施的用途是遮挡对向车前照灯的眩光。目前使用防眩光设施的形式主要有植物防眩、防眩网和防眩板三种。防眩网通过网股的宽度和厚度阻挡光线穿过，减少光束强度而达到防止对向车前照灯眩目的目的；防眩板是通过其宽度部分阻挡对向车前照灯的光束
道路安全设施维修安全	道路安全设施维修安全规定： (1)交通安全设施维修作业前，应按规定布设作业控制区和交通标志，并可根据交通流量情况，增设信号旗手给路面行驶车辆以积极引导。 (2)路面标线维修作业用涂料、液化石油气应按有关规定进行储放，遵守安全使用规则，同时应确保所用材料不出现跑、冒、滴、漏的现象。 (3)对液化石油气等危险品、灭火器、熔解釜、作业机械等设备和装置，应由专人负责保管和使用，防止发生误操作事故。 (4)施工结束后应清除一切施工火源，关闭液化石油气容器阀门，释放所有机具设备及其管路中的压缩空气。 (5)护栏、标志、标牌、高杆照明灯等构件及其施工机械设备装运时必须固定可靠、绑扎牢固，严禁人货混装和野蛮装卸。 (6)标牌基坑开挖后，需设置交通安全防护标志，夜间悬挂警示红灯，以防止行人、车辆误掉入坑内。 (7)标志支撑结构件及标牌、高杆照明灯杆起吊前，必须了解其重量、形状、起吊位置、使用吊具及捆绑情况，观察周围的地面及空间环境，严禁违章操作

考点2 道路安全设施的设置要求

项目	具体内容
道路安全设施的设置要求	1.交通标志 (1)公路交通标志应以不熟悉周围路网体系但对出行路线有所规划的公路使用者为设计对象，为其提供清晰、明确、简洁的信息。 (2)交通标志应针对具体路段情况，在交通安全综合分析的基础上进行系统布局和综合设置，与路段的实际交通运行状况相匹配。同一位置的交通标志数量不宜过多，交通标志之间不得相互矛盾。 (3)警告标志应设置在公路本身及沿线环境存在影响行车安全且不易被发现的危险地点，并应在充分论证的基础上设置，不得过量使用。 (4)禁令标志应设置在需要明确禁止或限制车辆、行人交通行为的路段起点附近醒目的位置。其中限制速度标志应综合考虑公路功能、技术等级、路侧开发程度、路线几何特征、运行速度、交通运行、交通事故和环境等因素，在交通安全综合分析的基础上，确定是否设置以及限速值和限速标志的形式，经主管部门认可后实施设置。 (5)指示标志应根据交通流组织和交通管理的需要，在驾驶人、行人容易产生迷惑处或必须遵守行驶规定处设置。 (6)指路标志应根据路网一体化的原则进行整体布局，做到信息关联有序，不得出现信息不足、不当或过载的现象。应根据公路功能、交通流向和沿线城镇分布等情况，依距离、人口和社会经济发展程度，优先选取交通需求较大的信息指示。 (7)旅游区标志设置时应根据旅游景区的级别、路网情况等合理确定指引范围。当旅游区标志与其他交通标志冲突时，其他交通标志具有优先设置权限

项目	具体内容
道路安全设施的设置要求	(8)告示标志的设置,不得影响警告、禁令、指示和指路标志的设置和视认性。 (9)公路平面交叉处的交通标志应在综合考虑平面交叉的交通管理方式、物理形式、相交公路技术等级、交通流向等因素的基础上,遵循路权清晰、渠化合理、导向明确、安全有序的原则,合理确定不同交通标志综合设置方案,并与交通标线相互配合,引导车辆有序通过。 (10)除特殊情况外,交通标志应设置在公路前进方向的车行道上方或右侧,其他位置的交通标志应仅视为正常位置的补充。交通标志设置具体位置应符合现行《道路交通标志和标线》(GB 5768)的规定,对于单向车道数大于或等于三条、交通量较大、大型车辆较多、视认条件不良等设置条件,应根据交通工程原理对交通标志的具体设置位置进行计算论证。 2. 交通标线 一般路段的交通标线设计应符合下列规定: (1)高速公路和一级公路的一般路段应设置车行道边缘线、同向车行道分界线;二级及二级以下公路,除单车道外,应设置对向车行道分界线;二级及二级以下公路的下列路段应设置车行道边缘线: ①公路的窄桥及其上下游路段。 ②采用最低公路设计指标的曲线段及其上下游路段。 ③交通流发生合流或分流的路段。 ④路面宽度发生变化的路段。 ⑤路侧障碍物距车行道较近的路段。 ⑥经常出现大雾等影响安全行车天气的路段。 ⑦非机动车或行人较多的机非混行路段。 (2)二级公路设置慢车道时,应设置列向车行道分界线、同向车行道分界线和车行道边缘线。 (3)车行道边缘线应设置于公路两侧紧靠车行道的硬路肩内,未设置硬路肩的公路车行道边缘线应设置于公路两侧紧靠车行道的外边缘处。同向车行道分界线应设置于同向行驶的车行道分界处。 特殊路段的交通标线设计应符合下列规定: (1)经常出现强侧向风的桥梁路段、隧道出入口路段、急弯陡坡路段、平面交叉驶入路段、接近人行横道线的路段,应设置禁止跨越同向车行道分界线。 (2)隧道出入口路段宜作为独立的设计单元,交通标线的设计应与交通标志、护栏、视线诱导等设施统筹考虑,综合设置。 (3)当公路中心或车行道中有上跨桥梁的桥墩、中央分隔带端头、标志杆柱及其他可能对行车安全构成威胁的障碍物时,应设置接近障碍物标线。 (4)在靠近公路建筑限界范围的跨线桥、渡槽等的墩柱立面、隧道洞口侧墙端面及其他障碍物立面上,中央分隔墩、收费岛、实体安全岛或导流岛、灯座、标志基座及其他可能对行车安全构成威胁的立体实物表面上,应设置立面标记或实体标记。 (5)学校、幼儿园、医院、养老院门前的公路没有行人过街设施的,宜施画人行横道线。 (6)在公路宽度或车行道数量发生变化的路段应设置过渡标线。 (7)需要车辆减速的路段可设置纵向或横向减速标线。 (8)设置减速丘的路段,应在减速丘前设置减速丘标线。

续表

项目	具体内容
道路安全设施的设置要求	(9)穿城公路交通标线的设置除应满足本规范的要求外,尚应考虑城市道路交通标线的设置要求。 互通式立体交叉、服务区、停车区出入口交通标线的设计应符合下列规定: (1)互通式立体交叉、服务区、停车区出入口交通标线应准确反映交通流组织的原则,公路出入口路段(加减速车道)适当位置宜设置禁止跨越同向车行道分界线。 (2)互通式立体交叉、服务区、停车区出入口处,应设置导向箭头,箭头的规格、重复次数应符合现行《道路交通标志和标线》(GB 5768)的规定。出口导向箭头应以减速车道渐变点为基准点,入口导向箭头应以加速车道起点为基准点。 (3)服务区、停车区场区范围内,应根据场区交通组织设计及功能规划,分别设置停车位标线、车行道分界线、导向箭头等交通标线。 平面交叉渠化标线的设计应符合下列规定: (1)三级及三级以上公路之间形成的平面交叉应进行渠化设计,并设置渠化标线,有条件时宜设置渠化岛,路缘石高度不宜超过 10 cm;其他公路形成的平面交叉应设置与停车或减速让行标志配合使用的让行线。 (2)平面交叉渠化标线应结合平面交叉实际情况和交通流实际特点进行设计。 收费广场交通标线的设计应符合下列规定: (1)进入收费广场应设置减速标线,各条减速标线的设置间距应根据驶入速度、广场长度经计算确定。收费岛迎车流方向应设置收费岛地面标线,收费岛上应设置实体标记。收费广场出口端可设置部分同向车行道分界线。 (2)设置 ETC 车道的收费广场,应在 ETC 车道内设置 ETC 车道路面文字和标记,并配合设置有关指示和禁令标志。 (3)单向收费车道数大于 5 条的收费广场宜在交通组织分析的基础上单独设计。 突起路标的设置宜符合下列规定: (1)下列情况下,宜在路面标线的一侧设置突起路标,并不得侵入车行道内: ①高速公路的车行道边缘线上。 ②一级及一级以下公路隧道的车行道边缘线上。 ③一级公路互通式立体交叉、服务区、停车区路段的车行道边缘线上。 ④互通式立体交叉匝道出入口路段。 (2)隧道的车行道分界线上宜设置突起路标。 3.护栏 (1)公路路侧或中央分隔带应通过保障合理的净区宽度来降低车辆驶出路外或驶入对向车行道事故的严重程度。净区宽度计算方法应符合《公路交通安全设施设计规范》的规定。计算净区宽度得不到满足时,应按护栏设置原则进行安全处理。 (2)护栏设计应体现宽容设计、适度防护的理念。 (3)护栏标准段、护栏过渡段、中央分隔带开口护栏、防撞端头及防撞垫的防护等级及性能,应满足现行《公路护栏安全性能评价标准》(JTG B05-01)的规定。需要采用其他防护等级或碰撞条件时,应进行特殊设计,并经实车碰撞试验。 (4)护栏的任何部分不得侵入公路建筑限界。 (5)路侧护栏宜位于公路土路肩内。应根据路侧护栏和缓冲设施需要的宽度加宽路基或采取其他措施。 (6)中央分隔带护栏应与中央分隔带内的构造物、地下管线相协调。

续表

项目	具体内容
道路安全设施的设置要求	(7)路侧、中央分隔带内土基压实度不能满足护栏设置条件时(一般不宜小于90%),或路侧护栏立柱外侧土路肩保护层宽度小于规定宽度时,应采取加强措施。 　4.视线诱导设施 　(1)轮廓标的设置应符合下列规定: 　①高速公路、一级公路的主线及其互通式立体交叉、服务区、停车区等处的进出匝道和连接道及避险车道应全线连续设置轮廓标,中央分隔带开口路段应连续设置轮廓标。二级及二级以下公路的视距不良路段、设计速度大于或等于60 km/h 的路段、车道数或车行道宽度有变化的路段及连续急弯陡坡路段宜设置轮廓标,其他路段视需要可设置轮廓标。 　②隧道侧壁应设置双向轮廓标。隧道内设有高出路面的检修道时,在检修道顶部靠近车行道方向的端部或检修道侧壁应增设轮廓标。 　③轮廓标应在公路前进方向左、右侧对称设置。高速公路、一级公路,按行车方向配置白色反射体的轮廓标应安装于公路右侧,配置黄色反射体的轮廓标应安装于中央分隔带。二级及二级以下公路,按行车方向配置的左右两侧的轮廓标均为白色。避险车道轮廓标颜色为红色。隧道路段、二级及二级以下公路,轮廓标宜设置为双面反光形式。 　④直线路段轮廓标设置间距不应超过50 m。公路路基宽度、车道数量有变化的路段及竖曲线路段,可适当加密轮廓标的间隔。 　⑤设置于隧道检修道上的轮廓标应保持同一高度,设置于其他位置的轮廓标反射器中心高度宜为60~75 cm。有特殊需要时,经论证可采用其他高度。 　⑥在设置轮廓标的基础上,可辅助设置其他形式的轮廓显示设施,如在护栏立柱上粘贴反光膜等。 　⑦安装轮廓标时,反射体应面向交通流,其表面法线应与公路中心线成0~25°的角度。 　⑧在线形条件复杂的路段应设置反光性能较高、反射体尺寸较大的轮廓标。 　(2)合流诱导标的设置及线形诱导标的设置应满足《公路交通安全设施设计规范》和现行《公路交通标志和标线设置规范》(JTG D82)的有关规定。 　(3)隧道轮廓带的设置应符合下列规定: 　①特长隧道、长隧道可每隔500 m 设置一处隧道轮廓带。视距不良等特殊路段宜适当加密。 　②无照明的二级及二级以下公路隧道可视需要设置隧道轮廓带。 　③紧急停车带前适当位置宜设置隧道轮廓带。 　④隧道轮廓带的颜色宜采用白色,宽度宜为15~20 cm。 　⑤隧道轮廓带应避免产生眩光。 　(5)三级、四级公路达不到护栏设置标准但存在一定危险因素的路段,宜设置示警桩、示警墩等设施,示警桩、示警墩的颜色应为黄黑相间。 　(6)未设置相应指路标志或警告标志的公路沿线较小平面交叉两侧应设置道口标柱,道口标柱的颜色应为红白相间。 　5.隔离栅 　(1)除符合下列条件之一的路段外,高速公路、需要控制出入的一级公路沿线两侧必须连续设置隔离栅,其他公路可根据需要设置。

项目	具体内容
道路安全设施的设置要求	①路侧有水面宽度超过 6 m 且深度超过 1.5 m 的水渠、池塘、湖泊等天然屏障的路段； ②高度大于 1.5 m 的路肩挡土墙或砌石等陡坎的填方路段。 ③桥梁、隧道等构造物，除桥头、洞口需与路基隔离栅连接以外的路段。 ④挖方高度超过 20 m 且坡度大于 70°的路段。 (2)隔离栅遇桥梁、通道、车行和人行涵洞时，应在桥头锥坡或端墙处进行围封。 (3)隔离栅遇跨径小于 2 m 的涵洞时可直接跨越，跨越处应进行围封。 (4)隔离栅的中心线可沿公路用地范围界限以内 20～50 cm 处设置。 (5)在进出高速公路、需要控制出入的一级公路的适当位置可设置便于开启的隔离栅活动门。 (6)高速公路、需要控制出入的一级公路在行人、动物无法误入分离式路基内侧中间区域时，可仅在分离式路基外侧设置隔离栅；在行人、动物可误入分离式路基内侧中间区域的条件下，应在分离式路基内侧需要的位置设置隔离栅。分离式路基段遇桥梁、通道、车行和人行涵洞时，应按(2)的方式处理。 (7)隔离栅的网孔尺寸可根据公路沿线动物的体型进行选择，最小网孔不宜小于 50 mm×50 mm。 (8)隔离栅的结构设计应考虑风荷载作用下自身的强度和刚度。 6.防落网 (1)防落物网设置应符合下列要求： ①上跨饮用水水源保护区、铁路、高速公路、需要控制出入的一级公路的车行或人行构造物两侧均应设置防落物网。 ②公路跨越通航河流、交通量较大的其他公路时，应设置防落物网。 ③需要设置防落物网的桥梁采用分离式结构时，应在桥梁内侧设置防落物网。 ④防落物网应进行防腐和防雷接地处理，防雷接地的电阻应小于 10 Ω。 ⑤防落物网的设置范围为下穿铁路、公路等被保护区的宽度(当上跨构造物与公路斜交时，应取斜交宽度)并各向路外延长 10～20 m，其中上跨铁路的防落物网的设置范围还应符合相关规定。 (2)防落石网设置应符合下列要求： ①根据路堑边坡的地质条件和土体、岩石的稳定性，在高速公路或一级公路建筑限界内有可能落石，经落石安全性评价对公路行车安全产生影响的路段，应对可能产生落石的危岩进行处理或设置防落石网，二级及二级以下公路有可能落石并影响交通安全的路段，可根据需要设置防落石网。 ②防落石网应充分考虑地形条件、地质条件、危岩分布范围、落石运动途径及与公路工程的相互关系等因素后加以设置。防落石网宜设置在缓坡平台或紧邻公路的坡脚宽缓场地附近，通过数值计算确定落石的冲击动能、弹跳高度和运动速度，并选取满足防护强度和高度要求的防落石网。 7.防眩设施 (1)高速公路、一级公路中央分隔带宽度小于 9 m 且符合下列条件之一者，宜设置防眩设施： ①夜间交通量较大，且设计交通量中，大型货车和大型客车自然交通量之和所占比例大于或等于 15%的路段。 ②设置超高的圆曲线路段。

续表

项目	具体内容
道路安全 设施的 设置要求	③凹形竖曲线半径等于或接近于现行《公路工程技术标准》(JTG B01)规定的最小半径值的路段。 ④公路路基横断面为分离式断面,上下车行道高差小于或等于 2 m 时。 ⑤与相邻公路、铁路或交叉公路、铁路有严重眩光影响的路段。 ⑥连拱隧道进出口附近。 (2)非控制出入的一级公路平面交叉、中央分隔带开口两侧各 100 m(设计速度 80 km/h)或 60 m(设计速度 60 km/h)范围内可逐渐降低防眩设施的高度,由正常高度逐步过渡到开口处的零高度,否则不应设置防眩设施。穿村镇路段不宜设置防眩设施。 (3)公路沿线有连续照明设施的路段,可不设置防眩设施。 (4)在干旱地区,中央分隔带宽度小于 3 m 的路段不宜采用植树防眩。 (5)防眩设施连续设置时应符合下列规定: ①应避免在两段防眩设施中间留有短距离不设置防眩设施的间隙。 ②各结构段应相互独立,每一结构段的长度不宜大于 12 m。 ③结构形式、设置高度、设置位置发生变化时应设置渐变过渡段,过渡段长度以 50 m 为宜

第七节　特殊道路和环境车辆安全运行及紧急情况处理

考点 1　特殊道路车辆安全运行

项目	具体内容
特殊道路车辆 安全运行要求	特殊道路车辆安全运行的相关要求: (1)起雾路段。 雾区应慢速行驶,以加强驾驶员对路迹的辨识与判断。驾驶员要沿着路标慢行,或依靠路旁安全区,打开车辆警示灯、近光灯及雾灯,提醒后方来车注意(切勿打远光灯,以免造成光幕现象)。如果雾气较重,严禁强行通过,待雾气稍散慢慢驶离。 (2)山区路段。 行车经山区道路,驾驶员要集中注意力,严格按车速规定行驶,转弯时,应尽量靠外侧行驶。遇到后方来车超车,在道路较宽敞处靠边慢行,并打开右转方向灯。 (3)大雨路段。 下大雨时,能见度较低,视线模糊,驾驶员要降低行车速度。为降低意外发生,车辆应保持安全距离,并避免紧急刹车。雨天路滑,转弯要慢,防止侧滑。 (4)上坡路段。 上坡路段超车最危险,因看不见坡顶后的视线死角,小心慢行,才能确保安全无误。 (5)下坡路段。 下坡路段会使驾驶员有恐惧的感觉:一是担心踩刹车过度,造成刹车系统过热失灵;二是

项目	具体内容
特殊道路车辆安全运行要求	担心因下坡车速过快,增加危险。驾驶员需精力集中,同时利用低速挡来降低车速,严禁滑行。 (6)砂石路段。 虽然砂石路段比其他特殊路段容易驾驶,但也要降低车速。在砂石路行驶的轮胎摩擦系数较小,易造成抓地力不足,导致失控打滑。车辆应放慢车速,尽量避免急加速、急减速、急回转和大转弯。保持安全距离,以免被前车卷起的风沙模糊了视线,甚至被砂石击中

考点2　特殊环境车辆安全运行

项目	具体内容
特殊环境车辆安全运行要求	特殊环境车辆安全运行的相关要求: (1)雨天、雾天。 ①出车前,认真检查前车辆及设备状况,不良时严禁出车。 ②雨雾造成视线不良时,适时降低车速,打开前大灯,加强瞭望,以遇到阻碍能随时停车的速度行驶,并做好随时停车准备。 ③雨雾天驾驶员看不清信号时,应立即采取降速或停车措施,经确认信号后,方可行驶。 ④雨雾天通过道口、曲线、桥梁等处,适时降低速度,多鸣喇叭,防止事故伤亡。 (2)炎热天。 进入炎热季节前,对车辆进行保养,更换夏季润滑油(脂)。出车前,认真检查水冷却和空气冷却系统,发现故障及时排除。车上准备足够冷却水(防冻液),以备发动机温升过高而"开锅"时换加冷水(防冻液)。车上应备有防暑药品,以防人员中暑急用。 (3)冬季。 ①在冬季来临之前,对车辆进行换季保养,更换成冬季燃油和适合的润滑油。 ②在气温太低的地区,对水箱、发动机应装防寒罩,水冷系统内加防冻液。 ③低温下需预热发动机时,应遵守操作规程,严禁用明火烘烤油管、油箱及油底壳部位,以防意外。 ④低温下发动机起动后,禁止立即高速运转,应预热再加速,挂挡时,应由低挡位到高挡位逐级换挡。 ⑤冰雪天驾驶时,驾驶员应适度控制车速,做好随时停车的准备。 ⑥在冰雪天造成视线不清使用雨刮器刮雪时,应清除雨刮片冻结的冰雪

考点3　紧急情况应急处理

项目	具体内容
应急处理方法	事故的救护救援: (1)事故救援的组织。 根据我国国情,应由当地人民政府协调公安机关及保险公司,组织医院和急救中心,建立具有快速反应能力的交通事故紧急救援系统。交通事故紧急救援系统的正常运行需要有快捷的通信网络作保障。交通民警接到报案后,根据事故情况与医疗急救部、消防队、环卫队、养路队等部门联系,并赴现场进行事故救护、勘察及现场活动的指挥,使各项工作有条不紊地进行。

续表

项目	具体内容
应急处理方法	(2)事故救援的设备。 道路交通事故救援设备,主要包括交通巡逻车以及破拆救援设备。 交通巡逻车主要负责巡视交通状况和事故报警,并及时处理一些轻度事故。车上人员应进行必要的急救培训,熟悉基本的救援常识;车上应备有基本的救援器械、药品、通信器材等。 (3)事故救援的程序。 ①考察现场情况。 救援工作开始之前,急救人员应对事故现场进行考察,现场周围如有损坏的电线或有毒气体等,应先将其排除后再进行救援工作。 ②保护事故现场。 在来车方向距事故现场100 m处竖立警告标志,防止其他车辆进入事故现场。尽快将事故车辆固定下来,在车轮前后放上砖石块或将车轮放气,以保证车轮在救援过程中不能移动。 ③检查和急救受伤人员。 救援人员要检查受伤人员的伤势以确定救援工作的速度和方法。如果汽车被撞变形,受伤人员无法移动,应使用专门的救援工具把汽车部件移动或去除,将车中被困人员救出。如果医疗救护人员未到现场,救援人员应对受伤人员进行必要的急救,如包扎伤口、人工呼吸等。 ④拨打紧急救援电话。 从距离最近的电话拨打统一的急救电话,也可用移动电话呼救。拨打电话的人应说清以下4个重要问题:事故地点、事故类型、受伤人数、伤势轻重。 ⑤清理现场。 当交通警察勘查完现场后,救援人员应拖走事故汽车并清扫路面,协助警察恢复正常的交通秩序

◆ 案例分析

和龙市众诚公路运输有限责任公司成立于2007年7月10日(前身是和龙市运输公司,企业改制后成立)。

企业类型:股份制;总注册资金为366.5万元,董事长兼经理:马凤杰,在职职工中,管理人员17名、驾驶员97名、乘务员95名。公司现有营运客运班线30条,95台客运车辆。公司以旅客运输为主,是集客运服务、汽车维修为一体的综合性企业。

肇事车辆情况:吉×51235号依维柯牌大型普通客车,车辆注册日期:2003年1月22日;车辆登记所有人:和龙市众诚公路运输有限责任公司;实际车主:周忠龙;车辆使用性质:公路客运;车辆检验有效期:2014年7月31日;车辆强制报废期:2018年1月22日;车辆保险终止日期:2014 年 5 月 2 日。机动车状态为正常。车辆最近检验日期:2014 年 1 月,车辆经过和龙市志达机动车检测中心检验合格,车内安全设施齐全,通过了检验。经沈阳佳实司法鉴定所鉴定,吉×51235 号依维柯牌大型普通客车制动装置齐全有效,转向装置未见异常,灯光信号装置齐全完整。事发当日该车核定载人 20 人,实际载人 18 人。

肇事司机周忠龙,男,汉族,49 岁,初次领证日期:2001 年 11 月 28 日,驾驶证状态:正常。2 月 8 日下午至 2 月 9 日早,和龙市区降小雪,降雪量 1.2 毫米。和龙市兴和养护公司在 2 月 9 日早 5 点开始对和芦线公路实施除雪防滑工作,早上 7 点左右,完成了和芦线除雪工作。2 月 9 日下午,交通事故事发点路段路面已无积雪。该公路为县道,公路全长 61 公里。公路 0 公里起点在和龙北出口清湖加油站处,终点在和龙市芦菓,经调查周忠龙违反规定驾驶车辆超速行驶(该路段限速 40 公里,经沈阳佳实司法鉴定所鉴定结果为:吉×51235 号依维柯牌大型普通客车制动前的行驶速度为 80 公里/小时)。

根据上述材料,回答下列问题:

1. 简述该次事故后和龙市各单位应做出哪些整改措施?
2. 在雨天、雾天和冬季等特殊天气下,应当怎样做到安全行驶?

参考答案及解析

1. 整改措施:

(1)和龙市众诚公路运输有限责任公司要深刻吸取事故教训,举一反三。认真学习《中华人民共和国安全生产法》等法律法规规章制度。加强对从业人员的安全教育培训。对企业所有车辆进行一次安全隐患排查,尤其要加大对安全设施的检查力度,对现有营运客车一律配备具有安全标识、符合国家标准的安全带及安全设施,杜绝车辆"带病"上路营运。坚决杜绝为揽客不按规定路线行驶的现象发生。要严格落实道路客运企业安全检查制度,充分利用具有行驶记录功能的卫星定位装置等科技手段,并不断进行系统升级,强化道路客运企业对所属客车的动态监管,严格执行"六不准出站"的管理制度。

(2)和龙市客运总站要对此次事故举一反三。健全安全管理机构,完善内部安全管理制度,确保各项安全生产制度和措施能够执行到位。严格执行"三不准进站""六不准出站"制度。加强对从业人员的安全教育培训,安全例检员经考试合格后持证上岗。

(3)和龙市客运总站与和龙市众诚公路运输有限责任公司在安全管理方面是监督与被监督的关系,应当分别成立安全领导机构,分别设立企业负责人,落实安全生产职责。

(4)和龙交通运输部门,要健全安全管理机构,完善内部安全管理制度,确保各项安全生产责任制和措施能够执行到位,切实承担起安全生产监管责任。建议有关部门及时调整运管部门领导班子。同时要加大对道路客运企业遵守和执行安全生产相关法律法规与技术标准的检查力度,公路部门要对和芦线等其他公路设置公路标线、限速标志以及事故易发多发路段警示标志。监督客运驾驶人按照道路客专线进行营运,坚决杜绝为了揽客不按规定路线运营现象的发生。

（5）交警部门要严厉打击各类道路交通违法行为，营造良好的道路交通环境。要进一步加强对重点路段、重点时段的交通管控，严厉打击客运车辆超员、超速、疲劳驾驶、不按规定车道行驶、违法超车等交通违法行为。认真检查客运车辆的驾驶人情况、车辆乘载人数、车辆安全状况等，并有针对性地进行安全提示，提高驾驶人的安全意识。

（6）延边州交通运管部门要严格依照法律法规规章加大对道路运输企业的监督管理力度。认真做好从业人员的安全教育培训工作，严格审查现有从业人员（驾驶员）是否发生过道路交通事故，并负主要以上责任的从业人员，对发生事故的要按照规定吊销从业资格证。要完善客运车辆驾驶人监管教育制度，强化道路交通安全源头管理，对客运车辆驾驶人实行全过程监管、终身诚信考核。要严格审查聘用客运车辆驾驶人的从业资格和安全驾驶记录，提高道路客运车辆驾驶人的整体素质和水平。完善交通运输管理部门和公安交通管理部门联合监管机制。加大安全监督执法力度，文明规范执法。

2. 特殊天气

雨天、雾天：

（1）出车前，认真检查前车辆及设备状况，不良时严禁出车。

（2）雨雾造成视线不良时，适时降低车速，打开前大灯，加强瞭望，以遇到阻碍能随时停车的速度行驶，并做好随时停车准备。

（3）雨雾天驾驶员看不清信号时，应立即采取降速或停车措施，经确认信号后，方可行驶。

（4）雨雾天通过道口、曲线、桥梁等处，适时降低速度，多鸣喇叭，防止事故伤亡。

冬季：

（1）在冬季来临之前，对车辆进行换季保养，更换成冬季燃油和适合的润滑油。

（2）在气温太低的地区，对水箱、发动机应装防寒罩，水冷系统内加防冻液。

（3）低温下需预热发动机时，应遵守操作规程，严禁用明火烘烤油管、油箱及油底壳部位，以防意外。

（4）低温下发动机起动后，禁止立即高速运转，应预热再加速，挂挡时，应由低挡位到高挡位逐级换挡。

（5）冰雪天驾驶时，驾驶员应适度控制车速，做好随时停车的准备。

（6）在冰雪天造成视线不清使用雨刮器刮雪时，应清除雨刮片冻结的冰雪。

第二章　道路旅客运输安全技术

◆ **知识框架**

道路旅客运输安全技术

- 现代道路旅客运输安全与管理
  - 旅客运输安全生产基本特点
  - 旅客运输安全生产管理
- 道路旅客运输对驾驶员和车辆、运输经营行为的安全技术要求
  - 对驾驶员的要求
  - 对车辆技术管理及动态监控要求
  - 对运输经营行为的要求
- 驾驶人安全教育的科学组织与实施
  - 驾驶人安全教育的主要内容
  - 驾驶人安全教育的方法
- 不同道路旅客运输各环节风险隐患及安全技术措施
  - 典型道路易发生的风险及防止措施
  - 路面通行条件不良易发生的风险及防止措施
  - 特殊路段的不安全因素易发生的风险及防止措施
  - 特殊环境易发生的风险及防止措施
- 道路旅客运输各岗位操作规程与安全管理措施
- 新时期道路旅客运输安全管理要求

◆ **考点精讲**

第一节　现代道路旅客运输安全与管理

考点 1　旅客运输安全生产基本特点

项目	具体内容
旅客运输的概念	旅客运输以充分满足人民群众在经济文化生活上的旅行需要,安全、快速、准确、舒适地将旅客运送到目的地为基本任务,是交通运输部门为满足人们旅行需要所提供的服务。它包括人员、行李、包裹和邮件运输,具有生产性质
旅客运输的特点	旅客运输是现代交通体系的一个重要组成部分。旅客运输的目的是为人们进行经济、文化等的社交活动和生活提供必要的出行条件

项目	具体内容
旅客运输的特点	旅客运输的特点是: (1)旅客运输的主要服务对象是旅客,其次是行李、包裹和邮件。通过售票工作,把旅客组织起来并最大限度地满足他们在旅行中的物质文化生活需求,集人、车、路、站于一体,主要以提供劳务的形式为旅客服务。 (2)旅客运输生产向社会提供的是无形产品——旅客的空间位移。它被旅客本身所消耗,其使用价值具有不确定性,其创造的社会经济效益远大于自身的经济效益。 (3)旅客运输在时间上有较大的波动性。季、月、周、日和一日内各小时之间常会出现急剧的起伏变化。为此,对客运技术设备、客运能力车辆等必须留有一定的后备,在不同的客运量峰值期采用不同的客运组织形式。 (4)客运站舍的位置宜设在客流易于集散处,使旅客便于换乘不同的交通方式。 (5)旅客运输不同于货物运输,旅客在旅行中有不同的物质文化生活需求,如饮食、盥洗、休息、适宜的通风、照明、温度等,旅客运输企业不仅应满足这些需求,而且应积极改善、创造良好的旅行环境并提供优质的服务,使旅客心情愉悦。 世界各国的发展经验证明,发达的旅客运输可促进国民经济和社会的发展,且旅客运输必须超前发展,它在社会和经济发展中处于先行的地位
旅客运输的主要任务	旅客运输是一项服务性很强的工作。在我国现有条件下,必须按照社会主义市场经济的基本发展规律,从一切为人民的立场出发,通过采用先进的技术装备和科学的管理方法,周密地组织旅客运输,以最大限度地满足人民群众的旅行需求,把旅客安全、迅速、便捷、舒适、经济的运送到目的地。 旅客运输的主要任务是: (1)认真贯彻执行党和国家的有关方针、政策、法令及交通运输的各项规章制度。同时要通过客运工作与人民群众广泛接触的机会,热情宣传党和国家的各项方针政策。 (2)制订旅客运输发展规划,不断开辟、拓宽客运市场,建立和完善适应经济发展的客运网。 (3)充分发挥现有的交通设施作用,合理配置运力,千方百计提高客运交通总供给。 (4)为旅客服务,对旅客负责,以旅客需求为导向,积极开展营销活动,努力提高客运服务质量,做到想旅客所想,急旅客所急,帮旅客所需,保证优质服务。 (5)组织不同客运方式间的联运,搞跨省跨区的联合经营,开展旅客直达运输。 (6)加强科学管理,提高经营水平,在搞好旅行服务的前提下,提高客运企业的经济效益,积极为社会主义建设积累资金。 (7)根据党和国家在一定时期的中心工作以及国民经济发展的要求,完成各种临时性的紧急任务。 (8)加强对客运职工的业务技术培训及政治思想工作,不断提高职工素质和企业整体素质,为实现旅客运输系统的现代化而努力创造条件。 总之,客运企业要在党的方针、政策指引下,根据客运市场经济的发展规律,以旅客需求为中心,服从并服务于国民经济可持续发展战略的需要,从基本国情出发,以运输市场的需要为依据,优化运输体系结构,合理配置资源。依靠科技进步,提高劳动者素质,加快客运事业的发展,满足全体国民出行的需求

考点 2　旅客运输安全生产管理

项目	具体内容
旅客运输安全 管理规定	1.三关一监督 (1)三关: ①严把运输经营者市场准入关。 ②严把营运车辆技术状况关。 ③严把客运驾驶员从业资格关。 (2)一监督: 搞好汽车客运站的安全监督。 2.三不进站,六不出站 (1)三不进站: ①易燃、易爆、易腐蚀物品等危险品不进站。 ②无关人员不进站(发车区)。 ③无关车辆不进站。 (2)六不出站: ①营运客车证件不齐全不出站。 ②车辆超载不出站。 ③安全例检不合格不出站。 ④驾驶员资格不符合要求不出站。 ⑤出站登记表未经审核签字不出站。 ⑥乘客未系安全带不出站
异常情况处理	1.与乘客发生纠纷 在运输过程中,当与乘客之间发生纠纷时,驾乘人员应心平气和地认真倾听乘客的意见和要求,重视乘客的抱怨与投诉,虚心接受乘客意见,遵守客运服务承诺,履行客运服务义务。 2.行李发生损毁或遇路况不佳 在运输过程中,乘客所带物品毁损,承运人有过错的,例如车辆技术状况或设备有问题,驾驶员违章驾驶或违章操作、擅自改变运行计划,应当承担损害赔偿责任。 运输途中当遇到路况突然发生变化的情况,驾乘人员有义务提前告知旅客,并提醒大家坐稳、注意行李物品的安全。 3.行李物品遗失 行驶途中,乘客丢失行李物品时,首先要了解乘客上车地点、丢失地点和丢失时间的长短,然后动员同车乘客协助查找,但不要影响正常运营。如果在车厢内发现可疑对象,可向附近派出所报案。 4.乘客出现吸烟、脱鞋等不文明行为 遇乘客吸烟、脱鞋等不文明行为时,驾驶员应予以制止,并劝告、提醒乘客做到文明乘车。为乘客提供良好的乘车环境,和为乘客提供乘车安全一样,是驾乘人员应当履行的责任。

续表

项目	具体内容
异常情况处理	5. 遇醉酒乘车 遇醉酒乘客乘车时,驾驶员可以动员周围的乘客帮助照顾,了解下车地点,到站时提醒其下车。准备好塑料袋、矿泉水等,以防行车中乘客呕吐。 6. 遇乘客之间发生争吵 遇乘客之间发生争吵,影响正常行车时,应先将车辆停靠于安全地带,耐心地安抚乘客情绪,进行调解。如果场面失控,可拨打报警电话。 7. 遇车内儿童玩闹 遇车内有玩闹的儿童时,应提醒随行的大人注意照看,以防车辆紧急制动或转弯时发生意外
旅客禁止携带危险品种类	旅客禁止携带的危险品包括: (1)易燃、易爆等危险品。 (2)有可能损坏、污染车辆和有碍其他旅客安全的物品。 (3)动物(在保证安全、卫生的条件下,每位旅客可携带少数的雏禽或小型成禽成畜乘车,但须装入容器,其体积或重量超过免费规定的应办理托运手续)。 (4)有刺激性异味的物品。 (5)尸体、尸骨。 (6)法律和政府规定的禁运物品

第二节　道路旅客运输对驾驶员和车辆、运输经营行为的安全技术要求

考点 1　对驾驶员的要求

项目	具体内容
客运驾驶员的管理要求	客运驾驶员管理包括:客运驾驶员聘用、岗前培训、安全教育培训及考核、从业行为定期考核、信息档案管理、调离和辞退、安全告诫、定期体检和防止疲劳驾驶等管理制度要求。 1. 客运驾驶员聘用制度 (1)客运驾驶员聘用制度是客运企业按照规定的条件和规范的程序选拔驾驶员,并以劳动合同的形式确定用人单位与客运驾驶员之间基本人事关系的一种用人制度。签订劳动合同是保障用人单位和驾驶员双方合法权益的一种有效方法。 (2)道路旅客运输企业应当建立客运驾驶员聘用制度。依照劳动合同法,严格执行客运驾驶员录用条件,统一录用程序,对客运驾驶员进行面试,审核客运驾驶员安全行车经历和从业资格条件,积极实施驾驶适宜性检测,明确新录用客运驾驶员的试用期。客运驾驶员的录用应当经过企业安全生产管理部门的审核,并录入企业动态监控平台(或监控端)。

项目	具体内容
客运驾驶员的管理要求	2. 关于客运驾驶员的录用条件 (1)客运驾驶员的基本条件。 《中华人民共和国道路运输条例》规定,从事客运经营的驾驶人员,应当符合下列条件: ①取得相应的机动车驾驶证。 ②年龄不超过60周岁。 ③3年内无重大以上交通责任事故记录。 ④经设区的市级人民政府交通运输主管部门对有关客运法律法规、机动车维修和旅客急救基本知识考试合格。 (2)客运企业不得聘用的具体情形如下: ①无有效的、适用的机动车驾驶证和从业资格证件,以及诚信考核不合格或被列入黑名单的。 被列入"黑名单"包括三种情形: a. 在考核周期内累计计分达到20分,且未按照规定参加继续教育培训的。 b. 无正当理由超过规定时间,未签注诚信考核等级的。 c. 从业资格证件被吊销的。 ②36个月内发生道路交通事故致人死亡且负同等以上责任的。 ③最近3个完整记分周期内有在1个记分周期交通违法记满12分的。 ④36个月内有酒后驾驶、超员20%以上、超速50%(高速公路超速20%)以上或12个月内有3次以上超速违法记录的。 ⑤有吸食、注射毒品行为记录,或者长期服用依赖性精神药品成瘾尚未戒除的,以及发现其他职业禁忌的。 对于在岗的客运驾驶员,若其存在上述情形之一,客运企业应及时依照劳动合同的约定将其调离驾驶员岗位。 3. 关于客运驾驶员的安全教育、培训 (1)客运企业应定期对客运驾驶员开展法律法规、典型交通事故案例、技能训练、突发事件应急处置训练等教育培训,其中: ①"法律法规"是指道路交通安全法律法规、道路运输相关法规和规章、安全生产法律法规等知识。 ②"典型交通事故案例"是指与客运驾驶员职业有相关性的道路交通事故案例,尤其是重特大道路交通事故案例。如企业内部客运驾驶员肇事引发的交通事故案例、其他客运企业的客运驾驶员肇事发生交通事故的原因剖析、其他驾驶员应吸取的经验教训等。 ③"技能训练"是指安全驾驶技能和服务技能。如交通风险辨识能力、特殊天气及道路条件下的安全驾驶技能、车辆安全检视能力、应急安全装置的使用方法、针对不同乘客心理需求的服务能力等。 ④"突发事件应急处置训练"是指对车辆运行过程中的突发情况及运输过程的紧急事件的应急处理。如车辆发生侧滑、制动失效、转向失效、爆胎等紧急情况的处置,在运输途中遇到乘客突发疾病或者遇盗窃、抢劫等治安事件的应急处置。

续表

项目	具体内容
客运驾驶员的管理要求	（2）客运驾驶员继续教育。 道路运输驾驶员继续教育以接受道路运输企业组织并经县级以上道路运输管理机构备案的培训为主。不具备条件的运输企业和个体运输驾驶员的继续教育工作，由其他继续教育机构承担，主要包括以下形式： ①经许可的道路运输驾驶员从业资格培训机构组织的继续教育。 ②交通运输部或省级交通运输主管部门备案的网络远程继续教育。 ③经省级道路运输管理机构认定的其他继续教育形式。 客运企业应当组织和督促本单位的客运驾驶员参加继续教育，提供必要的学习条件，并保证客运驾驶员参加继续教育的时间。 具备从事驾驶员继续教育条件的客运企业，要建立继续教育制度，落实培训场所和条件，配备足够的师资力量，按照规定和大纲认真准备培训资料，对客运驾驶员定期组织继续教育。 不具备从事驾驶员继续教育条件的客运企业，应按照行业管理部门的要求和安排，组织本企业的客运驾驶员参加由具备一定条件的其他机构开展的继续教育培训。客运驾驶员参加继续教育的学时可以纳入企业对客运驾驶员进行安全教育培训的学时。 4．关于客运驾驶员教育与培训档案 《道路旅客运输及客运站管理规定》规定，道路经营者应当建立和完善各类台账和档案，并按要求及时报送有关资料和信息。 （1）客运驾驶员教育与培训档案是驾驶员信息档案的一个重要组成部分。建立客运驾驶员教育培训档案，并将客运驾驶员教育培训考核的有关资料纳入其中，不仅便于客运企业对驾驶员进行规范化管理，也便于行业管理部门进行监督检查，有效保护客运企业和驾驶员的合法权益。 （2）客运驾驶员教育培训档案包括教育培训和考核两个方面的信息，具体记录了驾驶员参加的教育培训与考核信息，完成法规规定的培训时间和培训内容情况。其中，教育培训信息主要包括教育培训的内容、培训时间、培训地点、授课人、参加培训人员的签名等；考核信息主要包括考核人员、安全管理人员的签名、考试答题和考试成绩等。客运驾驶员教育培训档案不仅包括文字档案，也包括电子档案。 （3）为了便于对客运驾驶员责任事故进行追究，对安全教育培训、继续教育、从业行为等情况进行责任倒查，本条款要求，档案保存期限不少于3年。 5．关于客运驾驶员的违法和事故信息查询 （1）《机动车驾驶证申领和使用规定》规定，道路运输企业应当定期将聘用的机动车驾驶员向所在地公安机关交通管理部门备案，督促及时处理道路交通安全违法行为、交通事故和参加机动车驾驶证审验。公安机关交通管理部门应当每月向辖区内交通运输主管部门、运输企业通报机动车驾驶员的道路交通违法行为、记分和交通事故等情况。 （2）每月查询客运驾驶员的道路交通违法信息和事故信息，春运、"黄金周"等特殊时段及时查询相关信息，有利于客运企业及时全面地掌握客运驾驶员的安全行车状况，及时采取有针对性的教育和处置措施。如对存在安全隐患的客运驾驶员进行安全警告、集中教育、分类处罚，对有重大安全隐患的客运驾驶员依据企业内部管理制度，及时作出调离驾驶岗位处理，这样能更好地保证驾驶员队伍的整体素质

考点2　对车辆技术管理及动态监控要求

项目	具体内容
道路运输车辆管理要求	**1.关于建立客运车辆选用管理制度** 道路运输经营者应当遵守有关法律法规、标准和规范,建立并落实车辆采购、使用、维护、检测评定、燃油消耗量考核、技术档案等管理制度。通常车辆选用管理制度内容应包括车辆采购责任部门及职责、选用原则与流程、采购(或更新)计划与实施、车辆选型与技术论证、合同管理与交付验收等内容,确保客运企业车辆采购有计划、有组织,并满足国家法律法规和标准规范的要求。 车辆选用应遵循以下基本原则: (1)生产适用。 ①选购的车辆要符合企业生产需要和线路运输经营的要求,选购前要充分考虑车辆等级、车辆类型、车辆数量及日班次数等车辆经营要求,避免盲目采购,造成车辆闲置。 ②选购的车辆要充分考虑车辆的使用条件,避免购置的车辆"用不了",或者不能充分发挥其效能,造成不必要的浪费。 ③选购的车辆要能调整运力结构,合理选配不同的车辆类型,保持车辆"大、中、小""高、中、普"的最佳比例关系。 (2)技术先进。 车辆的可靠性、安全性、耐用性、动力性、节能和环保性等技术性能良好,车辆类型应符合国家、行业节能和环保要求,不盲目追求"高、精、尖、新"。 (3)经济合理。 ①既要考虑车辆的购置费用,又要考虑车辆使用过程中维持运转的费用,选配寿命周期总费用最低的车辆。 ②要根据投放线路的道路条件、客流特点及运价等因素,确定合适的车辆价位及档次,做到技术与经济相结合,充分考虑企业的经济承受能力和投资回报率。 (4)维修方便。 要充分考虑整车厂承诺的质保期与质保项目、维修配件价格与供应及时性、维修技术难度与整车厂售后服务能力、维修工时与工时单价、故障发生率与故障间隔里程等因素。 (5)统一选型、统一车身标识、统一购置。 为了加强车辆技术管理,尤其是对承包经营车辆的管理,客运企业应统一进行车辆的选型、购置,统一车身标识,保证客运企业采购的车辆符合从事客运经营的技术要求。 **2.关于客运车辆技术要求和管理制度** 为进一步加强营运客车安全和节能管理,有效遏制和减少因客车本质安全性能不足导致的道路运输安全生产事故、提高车辆节能减排水平、促进营运客车生产技术水平,目前,我国对拟申请从事道路旅客运输的车辆实行油耗准入制度、安全准入制度、类型划分及等级评定制度、综合性能检测与技术等级评定制度等。 车辆应当符合下列技术要求: (1)外廓尺寸、轴荷和最大允许总质量应当符合《汽车、挂车及汽车列车外廓尺寸、轴荷及质量限值》的要求。

项目	具体内容
道路运输车辆管理要求	（2）燃料消耗量限值应当符合《营运客车燃料消耗量限值及测量方法》的要求。 （3）客车安全技术条件应当符合《营运客车安全技术条件》的要求。 （4）技术性能应当符合《道路运输车辆综合性能要求和检验方法》的要求。 （5）车辆技术等级应当达到二级以上。 （6）从事高速公路客运、旅游客运、国际道路旅客运输，以及营运线路长度在800公里以上客车的类型等级应当达到《营运客车类型划分及等级评定》规定的中级以上。 3. 关于车辆的报废标准 营运客车报废实行强制报废和引导报废两种形式。 （1）强制报废。 营运客车有下列情况之一的应当强制报废： ①达到规定使用年限的，小、微型营运载客汽车使用10年，大、中型营运载客汽车使用15年。 ②经修理和调整仍不符合机动车安全技术国家标准对在用车有关要求的。 ③经修理和调整或者采用控制技术后，向大气排放污染物或者噪声仍不符合国家标准对在用车有关要求的。 ④在检验有效期届满后连续3个机动车检验周期内未取得机动车检验合格标志的。 （2）引导报废。 对于未达到强制报废年限，但行驶里程达到规定的，实行引导报废，小、微型营运载客汽车行驶60万千米，中型营运载客汽车行驶50万千米，大型营运载客汽车行驶80万千米。 汽车达到报废规定后，其所有人应当将机动车交售给报废机动车回收拆解企业，由报废机动车回收拆解企业按规定进行登记、拆解、销毁等处理，并将报废机动车登记证书、号牌、行驶证交公安机关交通管理部门注销。 4. 关于车辆专业技术管理人员的配备要求 （1）客运企业配备专业技术管理人员，原则上每50辆车配1人，最低不少于1人。客运企业要加强人才队伍建设，配齐配强管理力量，要根据车辆数量和经营类别配备与企业运输生产规模相适应的专业车辆技术管理人员。 （2）车辆专业技术管理人员应熟悉与道路运输生产相关的政策法规、标准规范和汽车构造、使用与维修等知识，具备专业的技能水平，要定期进行新技术、新工艺等方面知识的学习，具备一般性故障的诊断和排除水平，同时要掌握维护工艺，会对车辆进行简单的维护和保养。要对各类车型的结构、性能、工作质量都有所了解，具备较强的责任心、事业心和良好的职业素养，并具备以下条件之一： ①中专及以上学历。 ②助理工程师及以上专业技术职称或中级工及以上职业技能等级。 ③2年以上道路运输行业从业经历。 5. 客运企业应当建立客运车辆技术档案管理制度 （1）《道路运输车辆技术管理规定》规定，道路经营者应当建立车辆技术档案制度，实行一车一档。

项目	具体内容
道路运输车辆管理要求	（2）客运车辆技术档案应当包括：车辆基本信息，车辆技术等级评定、客车类型等级评定或者年度类型等级评定复核、车辆维护和修理（含《机动车维修竣工出厂合格证》）、车辆主要零部件更换、车辆变更、行驶里程、对车辆造成损伤的交通事故等。 客运企业原则上在办理完车辆注册登记和营运手续后5个工作日内要建立车辆技术档案，档案内容主要包括： ①车辆基本信息。 应详细记录运输经营者信息、车辆号牌信息、经营范围等车辆基本情况和车辆类型、发动机型号及参数、车辆外廓尺寸等车辆参数与配置情况。 ②车辆技术等级评定情况。 应记录评定日期、车辆技术等级评定结果和检测评定单位等信息。 ③客车类型等级评定或者年度类型等级评定复核信息。 应记录评定日期、客车类型等级评定或者年度类型等级评定复核结果和评定复核单位信息。 ④车辆维护和修理情况。 应详细记录《机动车维修竣工出厂合格证》签发日期及编号、维修类别（一级维护、二级维护、大修或总成修理）、二级维护主要附加作业内容或总成修理内容和维修承接单位信息。 ⑤车辆主要零部件更换情况。 车辆主要零部件是指客车车身、货车驾驶室和货厢、发动机、离合器、变速器、传动轴、前后桥、转向器、车架等部件。应详细记录更换主要零部件日期、更换主要零部件名称、型号（规格）及厂名和实施部件更换单位信息。 ⑥车辆变更情况。 应记录变更日期、变更事项和变更内容。 ⑦行驶里程变化情况。应按月记录车辆累计总行驶里程和单月行驶里程数据。 ⑧对车辆造成损伤的交通事故等记录。 6.客运企业应当建立客运车辆维护制度 客运企业应当依据国家有关标准和车辆维修手册、使用说明书等，结合车辆运行状况、行驶里程、道路条件、使用年限等因素，科学合理制定客运车辆维护计划，保证客运车辆按照有关规定、技术规范以及企业的相关规定进行维护。 （1）车辆维护的分级及主要内容。 汽车维护分为日常维护、一级维护、二级维护。日常维护由驾驶员实施，一级维护和二级维护由道路运输经营者组织实施，并做好记录。 ①日常维护是以清洁、补充和安全检视为中心内容，可分出车前、行车中、收车后三个部分进行。 ②一级维护是除日常维护作业外，以润滑、紧固为作业中心内容，并检查有关制动、操纵等系统中安全部件的维护作业。

项目	具体内容
道路运输车辆管理要求	③二级维护是除一级维护外,以检查调整制动系、转向操纵系、悬架等安全部件为作业中心内容,并拆检轮胎,进行轮胎换位,检查调整发动机工作状况和汽车排放相关系统的维护作业。 7.客运企业应当建立客运车辆技术状况检查制度 (1)客运企业应当配合客运站做好车辆安全例检,对未按规定进行安全例检或安全例检不合格的车辆不得安排运输任务。 (2)对于不在客运站进行安全例检的客运车辆,客运企业应当安排专业技术人员在每日出车前或收车后按照相关规定对客运车辆的技术状况进行检查。对于一个趟次超过一日的运输任务,途中的车辆技术状况检查由客运驾驶员具体实施。 (3)客运企业应主动排查并及时消除车辆安全隐患,每月检查车内安全带、应急锤、灭火器、三角警告牌以及应急门、应急窗、安全顶窗的开启装置等是否齐全、有效,安全出口通道是否畅通,确保客运车辆应急装置和安全设施处于良好的技术状况。 (4)客运企业配备新能源车辆的,应该根据新能源车辆种类、特点等,建立专门的检查制度,确保车辆技术状况良好。 (5)客运企业不得要求客运驾驶员驾驶技术状况不良的客运车辆从事运输作业。发现客运驾驶员驾驶技术状况不良的客运车辆时,应及时采取措施纠正
动态监控	客运企业应当建立具有行驶记录功能的卫星定位装置(简称卫星定位装置)安装、使用及维护制度: (1)客运企业应当按照相关规定为其客运车辆安装符合标准的卫星定位装置,并有效接入符合标准的道路运输车辆动态监控平台及全国重点营运车辆联网联控系统。 (2)客运企业应当确保卫星定位装置正常使用,定期检查并及时排除卫星定位装置存在的故障,保持车辆运行时在线。卫星定位装置出现故障、不能保持在线的客运车辆,客运企业不得安排其承担道路旅客运输经营任务。 (3)客运企业应当依法对恶意人为干扰、屏蔽卫星定位装置信号、破坏卫星定位装置、篡改卫星定位装置数据的人员给予处理,情节严重的应当调离相应岗位。 (4)客运企业应当建立道路运输车辆动态监控平台建设、维护及管理制度。 (5)客运企业应当按照标准建设道路运输车辆动态监控平台,或者使用符合条件的社会化道路运输车辆动态监控平台,在监控平台中完整、准确地录入所属客运车辆和驾驶员的基础资料等信息,并及时更新。 (6)客运企业应当确保道路运输车辆动态监控平台正常使用,定期检查并及时排除监控平台存在的故障,保持车辆运行时在线。 (7)客运企业应当按照相关法律法规的规定以及车辆行驶道路的实际情况,在道路运输车辆动态监控平台中设置监控超速行驶、疲劳驾驶的限值,以及核定运营线路、区域及夜间行驶时间。

续表

项目	具体内容
动态监控	(8)客运企业应当配备专职道路运输车辆动态监控人员,建立动态监控人员管理制度。专职动态监控人员配置原则上按照监控平台每接入100辆车1人的标准配备,最低不少于2人。监控人员应当掌握国家相关法规和政策,熟悉动态监控系统的使用和动态监控数据的统计分析,经企业或者委托具备培训能力的机构培训、考试合格后上岗。 (9)客运企业应当依法对不严格监控车辆行驶状况的动态监控人员给予处理,情节严重的应当调离相应工作岗位。 (10)客运企业应当建立客运车辆动态信息处理制度。 (11)客运企业应当在客运车辆运行期间对客运车辆和驾驶人进行实时监控和管理。 ①动态监控人员应当实时分析、处理车辆行驶动态信息,及时提醒客运驾驶员纠正超速行驶、疲劳驾驶等违法行为,并记录存档至动态监控台账。②对经提醒仍然继续违法驾驶的客运驾驶员,应当及时向企业安全生产管理机构报告,企业安全生产管理机构应当立即采取措施制止。③对拒不执行制止措施仍然继续违法驾驶的,企业应当及时报告公安机关交通管理部门,并在事后解聘客运驾驶员

考点3 对运输经营行为的要求

项目	具体内容
运输经营行为	主要内容: (1)客运企业在申请线路经营时应当进行实际线路考察,按照许可的要求投放客运车辆。 客运企业应当建立每一条客运线路的交通状况、限速情况、气候条件、沿线安全隐患路段情况等信息台账,对信息台账进行定期更新,并提供给客运驾驶员。 (2)客运企业应当规范运输经营行为。 ①班线客车应当严格按照许可的或经备案的线路、班次、站点运行,在规定的停靠站点上下旅客,不得随意站外上客或揽客。 ②对于成立线路公司的道路客运班线或者实行区域经营的客运企业,在确保运输安全的前提下,可自主确定道路客运班线途经站点,报原许可部门备案,并提前向社会公布,方便乘客上下车。 (3)客运车辆不得超过核定的载客人数,但按照规定免票的儿童除外,在载客人数已满的情况下,按照规定免票的儿童不得超过核定载客人数的10%。 (4)客运车辆不得违反规定载货,行李堆放区和乘客区要隔离,不得在行李堆放区内载客,客运班车行李舱载货应当执行《客运班车行李舱载货运输规范》。 (5)客运包车应当凭包车客运标志牌,按照约定的时间、起始地、目的地和线路,持包车票或包车合同运行,不得承运包车合同约定之外的旅客。客运驾驶员应当提前了解和熟悉客运包车路线和路况,谨慎驾驶

第三节　驾驶人安全教育的科学组织与实施

考点 1　驾驶人安全教育的主要内容

项目	具体内容
驾驶人安全教育的主要内容	1. 法律法规和企业规章制度教育 　　国家制定的法律法规代表国家意志,是为维护交通秩序,预防和减少交通事故,保护人身财产安全而制定的,是对驾驶员最基本的约束和要求,驾驶员必须无条件遵守。企业安全生产管理规章制度是根据国家法律法规,结合地方及企业实际,为规范有效地进行安全管理,而制定的具体规范和措施。驾驶员一旦违反法律法规或企业安全生产规章制度的规定,极有可能造成事故。所以,驾驶员安全教育工作,应当以法律法规和企业安全管理规章制度的教育为主。 　　结合运输企业实际,法律法规和企业安全管理规章制度教育的重点应放在以下内容上: 　　(1)国家制定的《中华人民共和国道路交通安全法》《中华人民共和国道路运输条例》《中华人民共和国道路交通安全法实施条例》等法律法规。 　　(2)当地政府和国家机关、运输等行业管理部门下发的文件。 　　(3)运输企业安全生产管理新机制、规范性制度、办法、措施。 2. 职业道德教育 　　提高驾驶员的职业道德素质,要通过宣传教育,使其树立三个意识:服务意识、安全意识、守法意识。 　　(1)驾驶员的工作是一种服务性工作,需要讲究服务意识。 　　作为驾驶员来说,安全行车是头等大事,它关系到社会的安定,也关系到自己和他人家庭的幸福,要通过教育,使驾驶员时刻铭记安全驾驶。学法、懂法、守法,用道路交通管理法规来约束自己的行为,自觉遵守道路交通管理法规,自觉接受交通管理部门的依法管理,是驾驶员职业道德的基本要求,也是安全行车的重要保证。 　　(2)职业道德教育中,还要弘扬敬业、见义勇为和救死扶伤的精神。 　　(3)培养驾驶员具备爱岗敬业、诚实守信、办事公道、服务群众、奉献社会的良好职业素质。 3. 汽车结构原理、性能、驾驶技术的教育 　　(1)车辆结构原理,车辆维护、修理知识。 　　(2)日常检查项目和故障排除技巧。 　　(3)汽车新技术、新材料、新结构。 　　(4)恶劣气候、道路交通条件安全驾驶技术。 　　(5)安全驾驶心理培养。 　　(6)在不同情况下的应急处理能力,节油等

考点 2　驾驶人安全教育的方法

项目	具体内容
驾驶人安全教育的方法	(1)根据驾驶员流动性大、分散、时间不固定的工作特点,驾驶员安全教育活动要不拘时间、不拘地点、不拘形式适时开展。

续表

项目	具体内容
驾驶人安全教育的方法	(2)对驾驶员安全教育的形式主要包括: ①会议形式。 ②讨论形式。 ③问答形式。 ④竞赛形式、演讲形式。 ⑤观看视频形式。 ⑥黑板报形式。 ⑦"安全生产月"活动形式。 ⑧图片展览形式。 ⑨书法艺术形式。 ⑩张贴和悬挂安全标语形式。 ⑪电视、广播、电子显示屏广告形式。 ⑫手机短信、GPS 短信形式。 ⑬出车前交代的形式。 ⑭表彰先进和惩处违法、违规、肇事形式。 ⑮报纸、杂志和安全宣传单形式

第四节　不同道路旅客运输各环节风险隐患及安全技术措施

考点 1　典型道路易发生的风险及防止措施

项目	具体内容
典型道路易发生的风险及防止措施	1.山区道路 (1)连续上下坡。 ①车辆连续上下坡转弯,频繁制动,易导致制动失效。 a.下坡前应检查车况、强制休息,下坡后为刹车装置加水冷却; b.连续下坡 1 小时,应安全停车休息 10 分钟,检查车辆技术状况; c.下长坡时应该挂入低挡,采用间歇制动(点刹),并充分利用发动机转速控制车速。 ②车辆上下坡,使发动机温度过高,或换挡不当,引起发动机熄火或溜车。 a.提前换中速挡或低速挡,保持车辆有足够动力,不可等车辆惯性消失后再换挡,以防停车或后溜; b.下坡时不得脱挡滑行。 (2)路窄弯急。 ①山体遮挡,无法全面观察来车情况。 a.最高行驶速度不得超过每小时 30 千米; b.变换使用远、近光灯或者鸣喇叭; c.做到提前减速、鸣笛、靠右行。

续表

项目	具体内容
典型道路易发生的风险及防止措施	d.禁止占道、超车、逆行、调头。 ②控制不合适,车辆驶出路外。 a.谨慎驾驶,尽量靠右而不要占道行驶,在弯道前就要控制好车速,做到减速、鸣笛、靠右行,随时做好停车准备; b.采用"入弯减速,出弯加速"的办法控制车速; c.避免使用急刹车、急转向。 ③超车会车危险大。 a.注意观察; b.鸣笛缓行或提前停车让行; c.尽量避免超车。 (3)安全防护设施不完善。 道路安全防护设施不完善、车辆易冲出道路: ①集中精力,谨慎驾驶,尽量在公路中央行驶; ②缓慢加油,平稳加速,需要刹车时,多使用点刹车。 (4)山体滑坡。 阻挡道路或直接造成损失: ①集中注意力、仔细观察和提前预防; ②尽量避免在山路上停车。 (5)云雾缭绕。 秋冬季节或高海拔山路常有云雾,视线受影响,无法观察路况易撞车: ①开启防雾灯,减速行驶; ②变换使用远、近光灯或者鸣喇叭; ③尽量在靠山一侧行驶。 **2.高速公路** 《中华人民共和国道路交通安全法》规定,行人、非机动车、拖拉机、轮式专用机械车、铰接式客车、全挂拖斗车以及其他设计最高时速低于 70 千米的机动车,不得进入高速公路。 (1)进出高速公路。 高速公路的出入口是事故的多发地: ①进入高速公路的瞬间是最不容忽视的,在入口处看清高速公路车流的动向,选择进入高速公路线路,打开左转向灯,加速前进汇入车流; ②及早了解出口处的位置或服务区、休息区的位置,在进入驶出减速车道前禁止超车; ③在驶离高速公路时,注意交通标志提前松油减速,打开转向灯从减速车道的始端驶出。 (2)相对封闭、控制出入、单向行驶、无平面交叉、路况好、车速高、车流量大。 ①速度高,制动停车距离长,易发生连环撞车事故。 a.不疲劳驾驶,不超速行驶,最高时速不得超过 120 千米/小时; b.与前车保持安全车距,车速超过每小时 100 千米时,应当与同车道前车保持 100 米以上的距离,车速低于每小时 100 千米时,与同车道前车距离可以适当缩短,但最小距离不得少于 50 米; c.不要频繁变换车道或强行超车。

续表

项目	具体内容
典型道路易发生的风险及防止措施	d.禁止长期占用超车道。 ②车辆在高速公路上长时间高速行驶,驾驶员极易疲劳,车辆性能也易发生变化。 a.高速公路客运驾驶员每运行2小时必须到途中服务区停车休息20~30分钟,并对车辆进行一次例检; b.驾驶员一次连续驾驶客车不得超过4小时,24小时内累计驾驶时间不得超过8小时; c.凌晨2~5时长途客运车辆禁止上高速公路行驶。 ③长时间在高速公路上驾驶,驾驶员对速度的感知能力下降,易超速行驶。 a.合理安排休息,行车前12小时内不要从事影响休息的娱乐活动,以保持体力充沛注意力集中; b.为避免驾车时间过长,高速公路每行驶2小时应到服务站停车休息20分钟以上; c.行驶速度不得超过最高限速; d.禁止加速强行超车。 ④车辆重心较高,速度快,遇突发情况极易侧滑、侧翻。 a.上高速公路前应停车检查车况; b.上高速公路行驶要集中精力,控制好车速和方向,不得急踩刹车和猛打方向; c.禁止随意变换车道。 ⑤平直路面在阳光照射下易产生"水面"效应,对安全行车产生干扰。 驾驶员佩戴、使用护目眼镜。 (3)严重超速行驶或其他违规行为。 高速公路严重超速或其他违法行为,将造成严重后果,影响自身或其他车辆安全,引发群死群伤事故: ①驾驶员和乘车人须系好安全带。 ②小型客车最高时速不准超过120千米/小时,其他机动车不得超过100千米/小时。 ③不得倒车、逆行、掉头、转弯碾压超车道、穿越中央分隔带。 ④配备故障车警告标志

考点2 路面通行条件不良易发生的风险及防止措施

项目	具体内容
路面通行条件不良易发生的风险及防止措施	1.施工道路 (1)道路中断或变窄。 ①行车道减少,车辆急减速易发生事故。 a.行车中注意观察道路施工标志,按照路标和指示牌通行; b.注意观察前后车辆情况,保持足够安全车距; c.遇前方道路施工交通受阻或者前方车辆排队等候时应缓慢行驶。 ②通行车辆多,通行速度突然减慢,车辆不及时减速易发生追尾等事故。 a.进入施工区域前注意观察车道上前后车辆情况,道路中断或变窄,应提前及时减速,依次缓行或停车,不要盲目抢行; b.避免急刹车急转向。

项目	具体内容
路面通行条件不良易发生的风险及防止措施	c.禁止随意变线或强行超车。 （2）路面有沙石。 车辆制动距离延长或弯道易侧滑： ①注意慢行，集中精力，谨慎驾驶，尽量在公路中央行驶； ②缓慢加油，平稳加速；遇到会车、转弯和需要刹车时，更要注意进一步降低车速，多使用点刹车； ③避免急加速、急减速、急转向和大转弯。 （3）施工标志不明显或未设置。 距离施工地点很近时才发现道路有施工，应急处置不当易引发事故： ①保持中速行驶，行车中注意观察道路情况，发现道路有施工应立即减速依次缓行； ②不占道行驶，不抢行，不强行超车； ③避免用急刹车急转向。 2.路障 （1）道路上有掉落或卸载的货物。 未发现路障，躲避不及，易发生事故： ①遇到障碍物最好的办法，是绕行通过，或者停车清除后再通过； ②如已经来不及避开，在降低车速的前提下，正确判断障碍物与车辆接触的位置，按避重就轻原则处理； ③高速状态切忌紧急刹车。 （2）故障车未及时移开或交通事故车辆停在路中及农作物占道晾晒。 躲避路障时，与其他车辆发生轨迹交叉，易引发事故： ①发现路上有障碍物时，应及时降低车速，观察其形状和位置，确定通过方法和线路； ②高速行驶的状态下遇到障碍物，如果周围没有车辆，可减速绕行缓慢通过； ③将车停在安全的地方下车排除物体或移开事故车辆后通行。 3.冰雪路面 （1）对阳光的反射率极高。 大雪后，雪地反射日光，刺激眼睛，导致雪盲症，影响正常观察，易引起事故： ①在雪地长时间行车时，需佩戴有色眼镜，以防造成眩目而影响安全行车； ②加大行车间距，至少应为干燥路面的2~3倍以上。 （2）路面摩擦系数低、平整度差。 车辆易发生侧滑失控易引发事故： ①在严格控制车速，适当地增加行车的横向间距和采用预见性制动的方法； ②配备必要的防滑链条和工具； ③匀速行驶，切忌猛加油狠减速，转弯时不能急转方向； ④要减速慢行，礼让行车； ⑤出车前应检查气压制动系统排污装置，并进行排污，防止在行车中因制动系统中的水结冰，造成刹车失灵。

项目	具体内容
路面通行条件不良易发生的风险及防止措施	⑥会车要尽量在直道和稍宽一点的路段; ⑦行驶中尽量利用发动机的牵引阻力控制车速,尽量避免超车。 **4. 涉水路面** (1)水过深。 未查清水情即涉水行驶,易使车辆熄火、电气设备受潮: ①合理选择路线:水面开阔且有较均匀的碎浪花处,一般水较浅且水底多为碎石; ②对裸露的电器与连线接头最好密封包裹; ③停车观察水深度:积水不超过轮胎的2/3或排气管时可通行; ④提前开启雨刷,慢速入水; ⑤稳住油门,低挡匀速行驶一次通过涉水路面; ⑥如果熄火,切忌强行点火; ⑦积水已超过轮胎的2/3或排气管时禁止通行。 (2)水下有泥沙。 车辆打滑或陷于水中: ①遇车辆陷于水中,不可勉强进退,更不可半联动地猛踩油门踏板,应保持发动机不熄火组织人力或其他车辆将车推、拖出来,避免越陷越深; ②如果是前轮侧滑,应当将方向盘朝侧滑的相反方向纠正;如果是后轮侧滑,则要将方向盘朝侧滑的相同方向纠正; ③轻柔转向,绕开积水低洼路段; ④车辆陷于水中无法启动时要及时组织乘员从安全窗逃生。 **5. 涉水路面如漫水桥、过河路、积水道路** (1)水中有尖锐物。 车辆被尖锐物扎破: ①选择距离最短、水位最浅、水流缓慢及水底最坚实的路段通行; ②保持汽车有足够而稳定的动力,一次通过,尽量避免中途停车、换挡或急转弯。 (2)水流速度快。 车辆行驶轨迹发生偏移或被冲走: ①水流速度快,能见度极低时,应开启大灯及前后雾灯和危险警告灯,最好能靠路边停车,待形势好转再行; ②严禁载客冒险通行。 **6. 凹凸路面** (1)路面凹凸不平。 车辆颠簸,使驾驶员或乘客不适,车辆长时间在凹凸不平路面行驶,性能易下降等,易造成车辆损坏和人员受伤: ①驾驶员保持正确的驾姿,上体紧贴靠背,两手握住方向盘,尽量不使上身摆动或者跳动; ②路面较短时滑行通过。

续表

项目	具体内容
路面通行 条件不良易 发生的风险 及防止措施	③左右轻轻地转动方向盘,利用前轮斜进斜出的方法,使两前轮先后越过不平处,使车辆顺利地通过; ④合理选择行驶线路,用低速挡驶过。 (2)路面有较大凸起、深坑等。 由于道路失修或局部地壳活动使路面出现凸起和深坑,躲避不及易引发事故: ①行驶中集中注意力、仔细观察和提前预防,行车中遇道路上有凹凸沟槽时,应及时减速,低速缓慢通过; ②遇面积比较小的凹凸路面,可保持适当的速度匀速行驶,并尽量地选择相对平坦的地面缓慢通过; ③遇路面较大凸起或深坑无法通行时应立即安全停车

考点 3　特殊路段的不安全因素易发生的风险及防止措施

项目	具体内容
路面通行 条件不良易 发生的风险 及防止措施	1.临时修建道路 (1)建设等级较低,压实度低,沉降不足、平整度差。 车辆易倾翻、沉陷: ①遇临时修建道路应降低行驶速度,与前车保持足够的安全距离; ②合理选择车辆行驶线路,最好按照前车压实的轨迹缓慢行驶,避免急加油或急刹车; ③不要靠近路边行驶,应尽量在公路中央行驶,缓慢加油,平稳加速; ④禁止超车和停车,尽量避免会车。 (2)周边地形复杂及交通情况混乱。 畜力车、人力车、低速汽车、摩托车等频繁出现,带来风险及无道路交通标志标线,车辆、车辆随意行走,带来风险: ①减速靠右行驶,并与其他车辆、行人保持必要的安全距离; ②驾车时集中精力,遇行人、畜力车、人力车、低速汽车、摩托车正在通过时,应当停车让行; ③谨慎鸣笛; ④注意视线"盲区"。 2.交叉路口 (1)车辆行人汇集,交通流量大,行驶轨迹交叉。 交通流量大,驾驶员有时忽视盲区顾不及,易发生碰撞,刮擦交叉路口其他车辆行人等: ①减速慢行,注意交通信号,遵守交通规则,保持安全车距; ②黄灯亮时,不准车辆、行人通行,但已越过停止线的车辆和行人可以通行; ③注意视线"盲区"导致肇事; ④依次停车不抢行; ⑤避免发动机熄火。 3.隧道 (1)长隧道内照明差。 隧道内光线不足,可见度低,驾驶员未开启前照灯、车辆抛锚或随意停车易引发碰撞事故: ①提前减速,当行至隧道入口前约50米左右时,打开前照灯、示宽灯、尾灯,及时查看车速表。

项目	具体内容
特殊路段的 不安全因素易 发生的风险及 防止措施	②根据隧道口标志上规定的速度行车,进入隧道提前减速、鸣笛、开灯、靠右行,禁止在隧道内倒车、掉头或随意停车; ③通过双行隧道应靠道路右侧行驶,视情况开启灯光,注意交会车辆,保持车速,尽量避免超车; ④保持安全车距,禁止随意急转方向、紧急制动; ⑤隧道内禁止停车,若汽车发生故障,应开启示宽灯和尾灯并设法将车移至隧道外。 (2)隧道较窄、限制高度。 ①隧道内超速、强行超车或频繁变更车道易发生碰撞事故。 a.进入隧道后,将视线注点移到隧道的远处,不要看两侧隧道壁; b.保持行车间距,严禁在隧道内变更车道、超车、掉头和随意停车; c.双向行驶的隧道内,禁止使用远光灯。 ②客车行李架载货超高易碰撞出入口。 a.在隧道前面都有宽、高等限制的交通标志,必须按警告标示行驶; b.注意车辆的装载高度是否在交通标志的允许范围内,必要时下车查看,确认无误后方可缓缓驶入。 (3)隧道口结冰。 车辆容易失控,发生侧翻: ①进入隧道前应减速,开启前照灯,注意隧道前的信号灯; ②进入隧道后切勿占道行驶、随意变更车道和超车; ③进出隧道口时必须降低车速、加大安全距离缓慢行车。 (4)隧道出入口明暗变化。 驾驶员出现短暂"失明",无法观察道路信息: 从洞外进入隧道,人眼的适应时间大约为 10 秒,为弥补这一缺陷必须在进隧道前提前降低车速。 (5)出口横风。 影响驾驶员对车辆的操控: ①驶出隧道前,通过车速表确认车速; ②到达出口时,握稳转向盘,以防隧道口处的横向风引起车辆偏离行驶路线; ③驶出隧道时,要注意观察隧道口处的交通情况,在出口处及时鸣喇叭。 4.立交桥、环岛 (1)方向多、出口多、车流量大。 ①易迷失方向、选择错误道路。 a.注意观察交通标志、标线; b.通过立交桥时应注意认真观察指示标志或交通号,不可贸然通过,以防迷失方向或选错道路; c.通过环岛形路口时,一律按"左进右出"绕岛作逆时针单向行驶; d.会车、超车、换道、转弯时,要提前发出示意信号,并按有关规定选择正确的路线或车道行驶。

项目	具体内容
特殊路段的不安全因素易发生的风险及防止措施	②错过出入口。 行车时注意交通指示标志,走错了也不要惊慌失措,应及时补救。如在路口驶入左侧车道后发现禁止转弯,可先直行,到前面准予掉头的地段再掉头。 **5.桥涵** (1)路宽限制。 车流量大或路面情况不良(如湿滑、结冰等),车辆易驶出桥面,坠落桥下等: ①注意交通标志,与前车保持安全距离,提前减速上桥; ②尽量不要在桥上停车,以避免阻塞交通; ③遇窄桥要做好礼让三先; ④通过拱形桥时,往往看不清对方来车和道路情况,要减速鸣笛,靠左行驶,随时注意对方情况,做好制动准备,切勿冒险高速冲坡; ⑤通过吊桥、浮桥、便桥时,如无管理人员指挥,应下车查看,确认没有问题时,再行通过。必要时,可让乘车人员下车步行过桥。不可在桥上变速、制动和停车,以减少桥梁的晃动; ⑥谨防桥面结冰,温度较低时,减速慢行,防止车辆侧滑。 (2)限制轴重。 重载大型车辆载重超过限制,桥梁发生垮塌: ①行车中注意预防大型载重货车的伤害,特别在桥梁、涵洞路段,不要与大型货车同时上桥梁或涵洞行驶; ②禁止在桥梁、涵洞路段超车和会车。 (3)横风影响。 较大横风影响车辆的正常行驶轨迹: ①注意气象预报,掌握风力风向信息,看到有"注意横风"这类警示告知牌的路段时就要全神贯注,降低车速,双手紧握方向盘; ②如突遇狂风,发现车辆产生偏移时,感到汽车发漂时应微量修正方向,将车辆行驶方向回正; ③遇到横风袭来,双手一定要用力握紧方向盘,稍微向逆风方向修正,逐渐减速,千万不要急打方向和猛踩制动。 **6.路旁有高大的建筑、树木的道路** (1)驾驶员视线被遮挡。 驾驶员容易忽略路口拐入的车辆、闯入的摩托车、自行车或骑车人,易发生碰撞事故: ①集中精力,注意交通标志,如果驾驶员视线被遮挡应首先估计可能潜伏着危险,提前减速、鸣喇叭并做好随时刹车准备; ②通过交叉路口时,应提前鸣笛减速慢行,防止路口突然跑出的汽车、摩托车、自行车或骑车人,同时观察周围情况; ③注意行车盲区。 (2)交通信号灯、标志等被遮挡。 ①驾驶员未注意到被遮挡的信号灯,误闯红灯易导致交通事故。

项目	具体内容
特殊路段的不安全因素易发生的风险及防止措施	②驾驶员未注意到被遮挡的标志,发生危险。 两者会导致: a.驾驶员应严格遵守交通安全法律法规; b.上岗前要进行跟车实习,提前熟悉和了解客运车辆性能和客运线路情况; c.行车中始终提高警惕、克服麻痹和侥幸心理; d.通过有交通信号或标志的路段要减速慢行,遇交通信号灯或标志等被遮挡时,要小心谨慎驾驶; e.服从交通警察指挥,不占道、不抢行; f.禁止强行通过。 **7.城乡接合部路段** (1)各种交通工具汇聚,人车混杂。 三轮车、畜力车、骑车人、行人多,驾驶员无力全面观察,易发生碰撞,刮擦事故: ①驶近城乡接合部提前减速慢行,与前车保持一定安全距离; ②注意路上车辆及行人的动向; ③无信号灯时注意礼让行驶; ④安全通过施工地段。 (2)交通安全实施不完善。 交通信号、标志标线缺乏或损毁、通行无指示,易发生碰撞等事故: 严格遵守交通安全法律法规,减速、鸣笛、礼让、注意观察、不占道行驶。 (3)临时市场占道经营。 买卖双方不注意来往车辆易造成事故: ①注意观察,减速慢行、鸣笛、礼让、随时准备停车; ②应有人员开道,引导汽车缓慢通过; ③禁止超车或强行通过。 (4)交通参与者安全意识差。 交通参与者不懂交通规则,或没有遵守交通规则的习惯,给安全行车带来威胁: ①注意观察,谨慎避让,提防行人,骑车人; ②减少超车次数或不超车; ③降低车速通过有信号灯的路口要注意横过道路的行人; ④过没有人行横道的路段更要注意横过道路的行人,要提防摩托车突然变更行驶路线,特别提防老年人和骑自行车的儿童

考点4 特殊环境易发生的风险及防止措施

项目	具体内容
夜间行车环境不安全因素易发生的风险及防止措施	夜间时的行车环境 (1)行使环境黑暗。 ①路灯损坏、视线受影响。 a.保证灯光、信号良好,正确使用灯光信号,停车需开小灯,起步前应开大灯,夜雨、阴天行车,及时打开夜间行车灯,看清路面动态及障碍,禁止疲劳驾驶; b.降低行驶速度,夜间调头、倒车时要注意车辆和行人,确认周围安全后再进行。

续表

项目	具体内容
夜间行车环境不安全因素易发生的风险及防止措施	c.要带齐维修、应急用品; d.长途客运车辆凌晨2~5时禁止上高速公路运行; e.在有路灯地段,严禁闭灯行驶,在无路灯照明又遇大灯突然不亮时应立即判断右边障碍情况靠右边停车,严禁摸黑行驶。 ②视野范围变小、视距变短。 a.按交通法规规定正确使用灯光信号,严格控制车速,适当加大跟车距离,随时准备停车; b.会车时要选比较宽的、平坦的路面,并在距来车150米时改用近光灯,并降低车速,不能用防雾灯; c.遇疑问时停车探明情况再上路,严禁疲劳驾驶和酒后驾车; d.超车时用好灯光的提示作用,严禁强行超车。 ③会车时,其他车辆开远光灯、产生炫目,容易碰撞右侧行人或车,发生事故。 a.停车需开小灯,起步前应开大灯,看清路面动态及障碍; b.会车尽量预选平坦路面,适当加大跟车距离; c.在遇到对方不改变远光灯时,应立即减速并使用断续明暗灯光和鸣笛通知对方变光,如对方仍用远光灯行驶,应减速或停车靠边让对方先行。 ④夜间行驶易疲劳。 a.出车前一定要细查车况和灯光信号装置确保性能完好; b.养足精神,绝不能在精神不佳的状态下驾车,切忌疲劳驾驶; c.不要走那些不熟悉的道路; d.为了避免疲劳行车,可两位司机换驾; e.不准在车未停稳时打开乘客门以及夜间22时至早晨6时期间在三级(含三级)以下道路上行驶
特殊天气行车环境不安全因素易发生的风险及防止措施	1.雨天时的行车环境 (1)光线昏暗、能见度低。 视线受影响,无法清晰观察路况: ①保持雨刮器灵敏,有效雨刮器最好一年一换; ②降低车速,保持足够的安全距离; ③初雨乍晴防路滑、停车避让用点刹,避免紧急制动和猛打方向; ④行驶中留有余地,预防车辆、行人突然横穿; ⑤雨大时要开灯,但别轻易开雾灯,将雨刷调到最快; ⑥对于未知水深浅的路段,下车巡视或者等待;水深超过排气管,容易造成车灭火;水深超过保险杠,容易从空滤、进气口进水;对于未知水深浅的路段,最好下车巡视或者等待,避免发动机进水熄火。 (2)常伴有雷电、大风。 雷电劈倒或大风刮倒路边树木,形成路障或砸中过往车辆: ①途中遇特大暴雨或冰雹应安全停车避险; ②行进山区遇暴雨或落石时,应立即选择安全地带停车,防止塌陷和山洪暴发; ③大风中行驶,尽量把车窗玻璃摇紧,防止沙尘飞进驾驶室影响驾驶员驾驶操作。

项目	具体内容
特殊天气行车环境不安全因素易发生的风险及防止措施	④雷雨天行车忌打手机,雷雨天气行车勿触碰金属物,也不要轻易去加油站加油; ⑤雷雨大风天不要停在大树、电线杆、广告牌子或高大建筑物下停车,乘员不要轻易离车。 (3)路面湿滑、泥泞。 ①降雨使得道路塌陷或变得松软,车辆容易陷入。 a.选平不选偏,选硬不选软,选水不选泥原则,尽量选择道路中间坚实的路面行驶,在傍山路、堤坝路或沿河边路上,不宜沿路边缘行驶; b.保持车距、控制车速,不要遇见积水就刹车或躲避; c.雨天在山区行车要注意山体滑坡和路基塌陷; d.车辆被陷时,要立即停车,不可勉强进退,更不可半联动地猛踩油门踏板,应在保持发动机不熄火的情况下,组织人力或其他车辆将车推、拖出来,避免越陷越深; e.禁止强行超车和冒险行驶。 ②车辆发生侧滑。 a.轮胎不得有严重磨损(转向轮的胎冠花纹深度不得小于3.2 mm,其余轮胎胎冠花纹深度不得小于1.6 mm); b.轮胎不得有破裂和割伤(轮胎的胎面和胎壁上不得有长度超过25 mm或深度足以暴露轮胎帘布层的破裂和割伤); c.气压符合要求; d.初雨乍晴防路滑、停车避让用点刹,避免紧急制动和猛打方向; e.保持车距、控制车速、见到积水处莫左闪右避; f.禁止强行超车或占道行驶。 ③车辆制动距离延长。 (4)气温低于0 ℃形成冻雨。 ①车辆制动距离延长。 a.行车之前必先检查轮胎要求转向轮的胎冠花纹深度不得小于3.2 mm,其余轮胎胎冠花纹深度不得小于1.6 mm;气压符合要求; b.车辆制动距离延长雨中跟车、超车、会车时,与车辆及道路边缘适当加大安全距离; c.控制车速,应利用发动机制动减速; d.越过沟坎和下坡时特别容易失控,切不可急转方向或紧急制动。 ②车辆侧滑。 a.行车之前检查车辆状况完好,轮胎符合规定要求; b.行驶中适当加大安全车距,充分利用发动机制动减速缓慢转向,禁止紧急制动或猛转方向; c.发生侧滑时,车向哪边侧滑,就往哪边转方向,绝不可转错方向。 (5)水网地区路面积水反光远处驶来的车辆误以为是正常道路,容易高速驶入,易发生侧翻。 ①雨天行车要保证车况完好,降低车速,打开防雾灯,随时感觉和观察雨刷器、刹车系统、大小灯光及轮胎气压; ②雨天行车要提高警惕,注意前方情况,靠右侧行驶,严禁盲目超车。

项目	具体内容
特殊天气行车环境不安全因素易发生的风险及防止措施	③保持良好的视野,及时打开雨刷器,如果挡风玻璃有霜或雾气,要尽快消除霜气; ④下雨的时候双手紧握方向盘,防止单侧轮胎压过局部积水造成的失控; ⑤涉水后应轻踩制动踏板,检查车辆的制动效应; ⑥适当增加车距,打开防雾灯和示宽灯,鸣喇叭,提示车辆和行人。 **2. 雪天时的行车环境** (1)视线不良。 驾驶员视线被影响,无法清晰观察路况: ①出车前检查车况完好,起步慢抬离合缓加油; ②行车中放松心情,小心谨慎,减速行驶; ③雪地长时间行车,应佩戴有色眼镜防止眩目,冰雪道路上行驶要安装防滑链; ④在积雪覆盖的道路上行驶,应根据道路两旁的树木、电杆等参照物判断行驶路线,用发动机的牵阻控制车速; ⑤保持横向、纵向安全车距; ⑥保持平稳行驶,不可忽快忽慢,尽量减少超车次数,避免车速快、猛加速、急制动; ⑦快速除雾防止尽量行驶在前车留下的车辙中,不要靠路边驾驶,转弯前先减挡; ⑧超、会车应选择比较安全的地段靠右侧慢行,禁止强行超车。 (2)路面被积雪覆盖或有融雪。 ①车辆启动时,车轮打滑,启动困难。 a.雪铲清除车前的积雪; b.适时安装防滑链; c.启动时轻踩油门,不要使车轮空转。 ②车辆行驶过程中易发生侧滑。 a.保持冷静,防御性驾驶,停车采用点刹; b.减速通过冰雪路面; c.在行车的过程中,车辆突然侧滑,应立即松开制动踏板,同时迅速将方向盘朝侧滑的一边转动。要注意方向盘转动的幅度,以免转动过大车辆冲出路面; d.转弯、坡道、桥上谨慎行驶;加大安全间距、谨慎会车、减少并线,尽量避免超车。 ③车辆在平坦、两侧无建筑和树木、积雪覆盖的道路行驶,辨识不出分道线、路侧边缘等。 a.积雪路上若已有车辙,应循车辙行驶。按车辙行进时,方向盘不得猛转猛回,以防偏出车辙打滑下陷; b.会车、让车时,若对路面无把握,应下车试探积雪下面的路面情况,待有把握后,再将车靠边进行会车、让车; c.保护眼睛,预防雪盲症。 **3. 大雾天气时的行车环境** (1)能见度低。 看不清路况,追尾事故频发,易连环追尾: ①雾天行车前,检查所有灯光是否都工作正常; ②保证前挡风玻璃的清洁和通透。可以在挡风玻璃上涂甘油、酒精、盐水,甚至洗洁精、肥皂、牙膏等,都可防玻璃结霜;

续表

项目	具体内容
特殊天气行车环境不安全因素易发生的风险及防止措施	③雾天行车应开启大小灯、防雾灯,用近光,不要使用远光灯。大雾天或走高速应开启应急灯; ④勤按喇叭,当听到其他车的喇叭声时,应当立刻鸣笛回应; ⑤交会时关闭防雾灯; ⑥控制车速以慢为准,当遇大雾,只能见到前车的尾灯而不见前车尾部轮廓时,即陷入"盲目驾驶状态"时,应开启应急灯,全神贯注将车驶离道路把车开到路边安全地带或停车场,待大雾散去或能见度改善时再继续前进; ⑦时刻注意前车尾灯,禁止超车,提防突然刹车。 (2)驾驶员长时间雾中驾驶。 注意力持续集中,易疲劳等: ①驾驶员合理安排自己的休息方式,保持充足睡眠; ②驾驶员要养成良好的饮食习惯,提高身体素质; ③保持驾驶室空气畅通、温度和湿度适宜,减少噪声干扰; ④对单程运行里程超过 400 千米(高速公路直达客运 600 千米)的客运车辆,配备2名以上驾驶员轮流驾驶; ⑤驾驶人在 24 小时内累计驾驶时间不得超过 8 小时(特殊情况下可延长 2 小时,但每月延长的总时间不超过 36 小时),连续驾驶时间不得超过 4 小时(高速公路不得超过 2 小时),每次停车休息时间不少于 20 分钟。 4.高温天气时的行车环境 温度过高 ①驾驶员易疲惫、困倦、脾气暴躁,影响行车安全。 a.保证足够的睡眠时间和良好的睡眠效果。养成按时就寝和良好的睡眠姿势,每天保持7~8小时的睡眠; b.养成良好的饮食习惯,提高身体素质。膳食宜选择易消化、营养价值高的食品; c.保持驾驶室空气畅通、温度和湿度适宜,减少噪声干扰; d.驾驶员在 24 小时内累计驾驶时间不得超过 8 小时(特殊情况下可延长 2 小时,但每月延长的总时间不超过 36 小时),连续驾驶时间不得超过 4 小时(高速公路不得超过 2 小时),每次停车休息时间不少于 20 分钟; e.对单程运行里程超过 400 千米(高速公路直达客运 600 千米)的客运车辆,配备 2 名以上驾驶员轮流驾驶; f.时常调整局部疲劳部位的坐姿和深呼吸,以促进血液循环;停车休息时下车活动腰、腿,放松全身肌肉,预防驾驶疲劳; g.用清凉空气或冷水刺激面部或喝一杯热茶、热咖啡或吃、喝一些酸或辣的刺激食物或用双手以适当的力度拍打头部,疏通头部经络和血管,加快人体气血循环,促进新陈代谢和大脑兴奋; h.身体不适或患有妨碍安全驾驶机动车的疾病,或者过度疲劳影响安全驾驶的不得驾驶客运车辆上道路行驶。 ②车辆电器原件、货物易自燃引发汽车火灾事故。

项目	具体内容
特殊天气行车环境不安全因素易发生的风险及防止措施	a.保持发动机的清洁,经常对易燃部位如发动机、油路、电路等进行检查保养,防止线路故障或接触不良; b.做好汽车降温措施,及时更换老化的电路线等,这样就能及时排除隐患; c.清除易燃物品,不要将打火机、香水、清新剂、灭蚊剂等易燃物品放在容易被太阳光照射的部位,禁止将汽油、柴油等危险油品放在车内; d.保持客厢内清洁卫生,尽量不要在车内吸烟; e.严禁擅自改装汽车线路; f.尽量避免汽车在阳光下曝晒。 ③温度过高轮胎压力高。 a.入夏前要对轮胎进行保养、换位、轮胎气压和动平衡检查,要求轮胎不得有严重磨损;轮胎不得有破裂和割伤,气压符合要求; b.高温下高速行驶一段时间后如果发现胎壁过热、气压过高,应立即停车降温。但切忌用冷水泼冲,更不要放气,否则会导致途中爆胎和轮胎的早期损坏; c.充气要注意清洁,充入的空气不能含有水分和油液,以防内胎橡胶变质损坏; d.经常清理轮胎花纹沟槽中的异物; e.严禁使用翻新胎; f.同一轴上的轮胎规格和花纹应相同,轮胎规格应符合整车制造厂的出厂规定。 ④水温过高,损坏发动机。 a.做好车辆换季保养和"一日三检"工作,及时清除水箱、水套中的水垢和散热器芯片间嵌入的杂物; b.认真检查节温器、水泵、风扇的工作性能,损坏的应及时修复,同时注意调整好风扇皮带的张紧度,及时加注冷却水; c.出车前检查发动机冷却系统工况是否正常; d.行驶中因发动机过热或缺水沸腾时,不要马上关闭发动机,应停车使发动机怠速运转,待温度降低后,关闭发动机; e.行车中拒绝超速行驶,随时注意水温表的变化,一般不得超过95 ℃,如果温度过高,要及时选择阴凉处停车降温,掀起发动机盖罩通风散热,待温度降低后,检查发动机冷却系统是否缺水及产生高温的原因。 ⑤制动易失效对行车安全构成威胁。 a.定期进行二级维护和换季保养,及时检查调整制动系统,及时添加或更换制动液,更换制动摩擦片(盘、毂),彻底排净液压制动系统中的空气,并保证制动皮碗、制动软管和制动蹄片完好; b.行车中如发现制动踏板变软,应及时排除; c.行车中发现车辆突然制动失灵、失效时,要沉着冷静,握稳转向盘,立即松抬加速踏板,实施发动机牵阻制动,尽可能利用转向避让障碍物;同时利用驻车制动器或"抢挡"等方法,设法减速停车; d.若是液压制动车辆,可连续多次踏制动踏板,以期制动力的积聚而产生制动效果。使用驻车制动器不可将操纵杆一次拉紧,一次拉紧容易将驻车制动盘"抱死",损坏传动机件,丧失制动力

项目	具体内容
自然灾害行车环境不安全因素易发生的风险及防止措施	1. 沙尘暴时的行车环境 （1）风力大。 使车辆偏离行驶轨迹： ①行车中遇沙尘暴时，应注意观察前方道路两旁行人及非机动车动态，防止行人、非机动车横穿公路或车辆太靠边行驶，随时准备制动停车； ②当能见度过低时应当安全停车，待沙尘暴散去再行车； ③尽量避开或远离大型车的身边，减小侧风对行驶线路的影响； ④密切注意风向变化，顺风使刹车距离增加，逆风使超车距离增加，侧风影响行驶路线； ⑤应尽量避免超车，通过交叉路口或铁路道口时，应减速慢行或停车观察，确认安全后方可慢速通过。 （2）能见度低。 ①飞扬的沙尘阻挡驾驶员的视线。 a.禁止佩戴有色眼镜驾驶； b.将空调系统的内外气循环切到室内循环； c.根据能见度来选择车速，普通公路上，当能见度在50米以内时，应使用防雾灯或防眩近光灯，最高行驶速度不得超过每小时30千米。高速公路上能见度小于50米时，开启雾灯、近光灯、示廓灯、前后位灯和危险报警闪光灯，车速不得超过每小时20千米，并从最近的出口尽快驶离高速公路； d.沙尘暴袭来时，天昏地暗，能见度低，低能见度情况下行驶时，应当开启前照灯、示廓灯和后位灯，但同方向行驶的后车与前车近距离行驶时，不得使用远光灯； e.密切注意行人和非机动车的动态，随时准备制动停车，当能见度过低时应安全停车避险； f.降低车速，多鸣喇叭。 ②路面布满沙土，使车辆发生侧滑。 a.出车前应检查车况，保证车况完好，轮胎及胎压符合规定要求； b.保持行车中保持安全车距，集中精力，谨慎驾驶； c.缓慢加油，平稳加速，轻柔转向，遇到会车、转弯和需要刹车时，更要注意进一步降低车速，多用刹车； d.当前轮侧滑时，应稳住油门，纠正方向驶出。当后轮侧滑时，应将方向盘朝侧滑方向转动，待后轮摆正后再驶回路中。下坡中遇到后轮侧滑时，可适当点一下油门，提高车速，待侧滑消除后再按原车速行驶。 2. 台风时的行车环境 风力能量巨大，常伴有暴雨。 ①路边树木，广告牌等被刮倒，易砸中汽车或阻碍交通。 a.台风天气尽量避免上路行驶； b.行车中遇狂风暴雨或当能见度小于50米时，应马上找安全处掩蔽，不得强行冒险行驶； c.停车时要注意周围环境，决不可停在大树、广告牌子的下面，尽可能不要停在楼房下面，防止破碎的玻璃和楼顶的刮落物砸伤车辆。

项目	具体内容
自然灾害行车环境不安全因素易发生的风险及防止措施	d.停车应尽量停在比较空旷的地段,停车注意不要停在地下停车场等地势低洼的地段或者场所,尽量往高处停。 ②使车辆偏离行驶轨迹或倾翻。 a.出车前关注天气变化及气象预报,对雨刮、灯光、制动、转向等机件检查,轮胎符合规定要求; b.行驶途中遇台风时应开启近光灯、示廓灯、前后位灯和危险报警闪光灯,加大安全车距,不要随意变更车道或超车,不要紧急制动; c.遇积水路段要谨慎驾驶,低挡慢速平稳通过,如果车辆在水中熄火,千万不要再次启动,应打电话救援; d.遇台风时车速不得超过每小时40千米,与同车道前车保持50米以上的距离。 　3.地震时的行车环境 (1)能量大,破坏性大。 ①车辆行驶过程中突发地震,路面出现裂缝,车辆易掉入裂缝。 a.如果路过的地方路面开始晃动或发生下陷,应慢慢减速,把车辆停靠在右侧路肩,打开双闪应急灯,关闭发动机,注意驻车地点最好不是在桥上或挖土形成的高坡旁,然后寻找安全的地方避难。离开车辆时,为了防止火灾,要把车窗关好;车钥匙插在车上,尽量不要锁车门,以方便人们出于救灾需要使用你的车辆。 b.疏散旅客迅速找到相对安全的开阔地避险。 c.地震时严禁驶入长桥、堤坝、隧道等地避险,如果已经进入上述环境,一定要尽快离开,切记不要驾车身临险境。 d.避震之后再设法与单位联系,地震结束后不要开快车,要留意地面裂纹、鼓包或者其他的损坏,注意随时规避,就地绕行。 ②被倒塌的建筑物等砸中,发生撞车等事故。 a.驾驶途中遇地震时立即停车离开寻找开阔地带躲避,当处于开阔地带,要立即停车离开,疏散到车外躲避;当处于闹市、拥堵环境,周围没有开阔地带临时躲避,应立即打开双闪应急灯,减速停车路边,下车寻找相对安全的位置进行疏散等待;当车停在了高楼林立的环境里时一定要在两车之间的位置抱头蹲下或卧倒; b.行车时遇到大地震如果不能立即停车要尽量稳固身体,乘客要系上安全带将胳膊靠在前座席的椅垫上,护住面部,身体倾向通道,两手护住头部;站立的乘客要用手牢牢抓住拉手、柱子或座椅等,并注意防止行李从架上掉下伤人; c.停车时千万要避开十字路口,不妨碍避难疏散的人和紧急车辆的通行; d.地震过后尽量不要在围栏、墙壁、平房、电线杆附近停车。 　4.泥石流山体滑坡时的行车环境 (2)爆发突然,来势凶猛,破坏力大。 ①车辆躲避不及易被泥石掩埋。 a.行车途中遇特大暴雨时,千万不要冒险行驶,在确保安全的情况下,应选择较高的安全地带停车; b.行车中发现前方公路边坡有异动迹象,比如滚石、溜土、路面泥流漫流、树木歪斜或倾倒等,应立即减速或停车观察。

项目	具体内容
自然灾害行车环境不安全因素易发生的风险及防止措施	c.行驶在河(沟)地带,发现河(沟)中正常流水突然断流或洪水突然增大,并夹有较多的杂草、树木,都可以确认河(沟)上游已经形成泥石流,应立即撤离至安全地带停车; d.遇山体滑坡停车时,应观察道路周边情况,避开高边坡等危险地段靠右侧依次停靠,及时打开应急灯; e.遇泥石流时不要在山谷和河沟底部路段停留,要选择平缓开阔的高地停车观察,不要将车停在有大量松散土石堆积的山坡下面或者松散填土路坡上; f.及时与单位联系,等待救援,严禁冒险行驶。 ②泥石流、山体滑坡交通瘫痪。 a.遇泥石流或山体滑坡时,立即选择安全地带,靠右侧依次停靠,及时打开应急灯,避免后车追尾; b.遇发生泥石流、山体滑坡时要沉着冷静,不要慌乱,迅速撤离车上人员到安全地带后,及时与单位联系,等待救援,严禁冒险行驶; c.如车辆被滑坡淹埋,应从滑坡体的侧面开始挖掘救人并拨打急救电话或联系单位紧急救援。 5.雹灾时的行车环境 ①来势凶猛,时间短,强度大,常伴有狂风骤雨。 ②冰雹、降雨、大风影响视线,地面湿滑,车辆已发生撞车等事故。 a.大风大雨天要尽量停驶; b.大风天行车要控制车速,加强瞭望,特别注意行人突然横穿马路; c.通过高边坡及库区路段要特别提高警惕,注意观察,快速通过; d.高速公路上应立即驶入服务区躲避,待雨停再上路,如来不及驶入服务区,应选择安全处把车停好,并开启危险报警闪光灯、示宽灯,引起来车注意; e.在山区行驶的要立即选择安全地带停车避险,如果无安全处可停,要尽量靠山体外侧行驶,避免滑坡砸伤车辆,到安全地点停车时要特别防范滑坡、山洪、泥石流和落石的伤害,及时与单位联系,待雨停再上路; f.严禁冒险行驶

第五节　道路旅客运输各岗位操作规程与安全管理措施

考点　道路旅客运输各岗位操作规程与安全管理措施

项目	具体内容
安全经理岗位要求	道路运输企业董事长为企业安全生产第一责任人。 (1)安全经理应协助第一安全责任人贯彻执行各项安全生产法律、法规、标准和制度,按谁主管谁负责的原则,对分管业务范围内的安全工作负责,监督、检查分管部门安全工作各项规章制度执行情况,及时纠正各类违章行为。

项目	具体内容
安全经理岗位要求	（2）安全经理应认真做好安全工作"五同时"（在计划、布置、检查、总结、评比生产的同时，计划、布置、检查、总结、评比安全工作的同时）。 （3）安全经理应组织制订、修订和审定分管部门安全规章制度、安全技术操作规程、安全技术措施计划，并认真组织实施。 （4）组织分管部门的安全大检查，落实重大事故隐患的整改，负责审批各类报告，负责分管部门的安全教育考核工作。 （5）组织对分管部门事故的调查、处理，并及时向第一安全负责人报告
安全专干岗位要求	安全专干岗位有以下几个方面要求： （1）在安全生产领导小组领导下，安全专干负责营运车辆的安全生产管理。 （2）督促、检查规章制度的贯彻和执行情况。 （3）组织对驾驶员、乘务员进行安全生产的教育与培训，进行事故分析并做好各项内容的详细记录，检查、指导安全员的工作。 （4）安全专干每月坚持1~2次上路查车、跟车、检查驾乘人员遵守《中华人民共和国道路交通安全法》和安全操作规程的情况，对各种违章行为及时查处，予以纠正。 （5）对发现的车辆安全隐患，及时采取措施，给予督促检修，保证行车安全。 （6）安全专干应掌握各车的安全技术情况，督促各车按期及时进行二级维护和技术性能综合检测，保持各车技术状况良好，等级合格。禁止不合格车辆上路营运。 （7）发生交通事故时，安全专干应配合公安交警部门对发生交通事故的车辆人员进行施救处理，办理事故的处理结案及向保险公司的事故理赔工作。 （8）安全专干应对发生的交通安全事故做好登记，分析事故原因并提出处理意见，向公司安全生产领导小组汇报，对事故责任人按"四不放过"的原则进行处理，切实抓好营运车辆的安全生产工作。 （9）在线路安全员的配合下进行车辆安全检查，总结安全行车的先进经验，树立安全生产的典型，及时表扬好人好事。接待处理安全违章举报，切实抓好车辆的营运安全工作
线路安全员岗位要求	线路安全员岗位有以下几个方面要求： （1）线路安全员负责本营运线路的安全生产工作。 （2）在工作中要严格要求自己，带头遵章守纪，严格遵守《中华人民共和国道路交通安全法》等法律法规及安全生产操作规程，当好安全生产的带头人。 （3）线路安全员应组织驾驶员、乘务员积极参加公司开展的各项安全培训、宣传教育、会议等活动，在日常工作中对驾、乘人员及时进行安全宣传教育。 （4）线路安全员应对行车中的违章行为进行劝阻、纠正；如违章者不听劝阻的要及时向公司举报，由公司进行查处。 （5）线路安全员应掌握驾驶员、乘务员的身体状况，合理安排发车顺序，使驾驶员劳逸结合，保持充沛的精力，禁止驾驶员疲劳驾驶。 （6）线路安全员应组织驾驶员开好发车前的安全例会，配合各驾驶员做好发车前、收车后的车辆技术检查，对发现的车辆故障和事故隐患要及时落实检修，排除故障或隐患后方能上路营运

续表

项目	具体内容
驾驶员岗位要求	驾驶员岗位有以下几个方面要求： （1）所有机动车驾驶员必须严格遵守公司安全管理规章制度，以及《中华人民共和国道路交通安全法》中的规定，热爱本职工作，刻苦钻研技术，不断提高安全驾驶技术水平。 （2）驾驶员应严格遵守交通法规和操作规程，要做到： ①"三勤"（勤检查、勤调整、勤保养）； ②"四慢"（起步停车慢、过桥过渡慢、转变下坡慢、行人稠密及有障碍慢）； ③"五掌握"（掌握车辆技术状况、掌握车辆行人及牲畜的动态、掌握气候的变化、掌握道路的情况、掌握自己的身体及精神状况），发现故障及时排除，确保行车安全。 （3）驾驶员必须按驾驶员操作规程，做好本职工作，确保行车安全，按规范要求填写行车日志。 （4）当发生事故时，驾驶员必须保护现场，及时报告交警部门和单位，等待现场处理。 （5）回公司后，无论责任大小，都应主动向交警部门、单位写出事故的全部经过、认识和教训。 （6）严禁违章驾驶车辆，对违章一律按《中华人民共和国道路交通安全法》和客运公司有关处罚规定执行
乘务员岗位要求	乘务员岗位有以下几个方面要求： （1）乘务员应严格遵守客运公司各种制度，牢固树立"安全第一"的思想，耐心向旅客宣传乘车安全知识，随时随地注意旅客的旅行安全。 （2）乘务员应严格遵守劳动纪律，必须在发车前30分钟到站上岗，不准中途下车。 （3）乘务员应认真验票，及时报站，做到"二查二对"（查车次，查座号；对时间，对到站），防止旅客错乘，旅行途中，及时报站，引导旅客做好下车准备。 （4）乘务员应严格遵守"车未停稳，不准上下"的规定，制止旅客翻窗、吊门或冒险上车，防止意外事故发生。 （5）对旅客要热情耐心，用语文明，扶老携幼，方便乘客，加强职业道德修养。 （6）收班后，及时打扫车厢清洁卫生，关好车窗车门
动态监管人员岗位要求	动态监管人员岗位有以下几个方面要求： （1）动态监管人员应对本企业所有营运车辆运行时出现的车辆超速、疲劳驾驶、越线经营等违章行为及时进行信息提示、电话警告，及时纠正。统计每日违章情况，填写专项表格，报安全生产管理部门或企业指定的部门处理。 （2）动态监管人员应设定重点监控车辆，对本企业所有重点监控车辆的运行状态全过程实时监控，做好安全监控记录，重点监控环乡客运、屡次违章的车辆、需要在夜间和山区行驶的车辆等；负责标记各运营线路上的事故多发路段、事故黑点及危险路段，并书面报告本企业安全生产管理部门。 （3）动态监管人员应核查在线车辆，对上传信息不正常或运行过程中出现连续掉线10分钟以上或者累计掉线15分钟以上情况的车辆及时进行电话联系，落实具体情况并做好记录，存在设备问题的，迅速通知有关部门及时处理。 （4）在收到并确认特殊天气、封路、拥堵、限行、断路等特殊气象、道路消息后，动态监管人员应及时制发信息向驾驶员进行安全提示。 （5）动态监管人员应及时答复或处理车辆的求助信息，及时确认突发事件信息并上报。接到政府监管平台的查岗指令或信息后，按照要求在10分钟内进行应答，并做好记录

第六节 新时期道路旅客运输安全管理要求

考点 新时期道路旅客运输新技术安全管理要求

项目	具体内容
道路运输管理信息系统	**1. 基本功能** 道路运输管理信息系统包括对车辆信息档案、驾驶人信息档案、车辆年审、车辆保险到期提醒、车辆二级维护到期提醒、车辆综合性能检测提醒、车辆缴费、车辆欠费查询、企业财务收支等全面业务进行管理。其适用于各类运输公司等企业。 道路运输管理信息系统实现了运输企业车辆技术管理、财务管理、查询等功能,系统减少人工配单、人工统计的工作量,加强车辆调度功能,加快各环节的信息交流和协作,提高部门协同工作效率,从而提高了企业整体效率。 **2. 软件特点** 道路运输信息管理系统属于基于大型数据库开发的软件,更注重实用性、易用性、稳定性、通用性和扩展性;基础的系统管理模块,实现了全部车辆和驾驶员的电子化档案即时管理。 道路运输信息管理系统实现了局域网的连接,解决了运输公司分布零散、运行维护难度大的困难。 高度的数据共享、即时的状态数据显示查询和安全的网络管理策略,不但大大地提高了工作效率和管理力度,同时也为运输公司向网络化、数字化和更高的水平发展,为适应当今"数字革命"的时代需求打下坚实的基础
道路运输车辆卫星定位系统及动态监控	**1. 道路运输车辆卫星定位系统的建设要求** (1)道路运输车辆动态监督管理应当遵循企业监控、政府监管、联网联控的原则。 (2)道路运输管理机构、公安机关交通管理部门、安全监管部门依据法定职责,对道路运输车辆动态监控工作实施联合监督管理。 (3)道路运输车辆卫星定位系统平台和车载终端应当通过有关专业机构的标准符合性技术审查。对通过标准符合性技术审查的系统平台和车载终端,由交通运输部发布公告。 (4)道路旅客运输企业、道路危险货物运输企业和拥有 50 辆及以上重型载货汽车或者牵引车的道路货物运输企业应当按照标准建设道路运输车辆动态监控平台,或者使用符合条件的社会化卫星定位系统监控平台(以下统称监控平台),对所属道路运输车辆和驾驶员运行过程进行实时监控和管理。 (5)道路运输企业新建或者变更监控平台,在投入使用前应当通过有关专业机构的系统平台标准符合性技术审查,并向原发放道路运输经营许可证的道路运输管理机构备案。 (6)提供道路运输车辆动态监控社会化服务的,应当向省级道路运输管理机构备案,并提供以下材料:营业执照;服务格式条款、服务承诺;履行服务能力的相关证明材料;通过系统平台标准符合性技术审查的证明材料。

续表

项目	具体内容
道路运输车辆卫星定位系统及动态监控	(7)旅游客车、包车客车、三类以上班线客车和危险货物运输车辆在出厂前应当安装符合标准的卫星定位装置。重型载货汽车和半挂牵引车在出厂前应当安装符合标准的卫星定位装置,并接入全国道路货运车辆公共监管与服务平台(以下简称道路货运车辆公共平台)。车辆制造企业为道路运输车辆安装符合标准的卫星定位装置后,应当随车附带相关安装证明材料。 (8)道路运输经营者应当选购安装符合标准的卫星定位装置的车辆,并接入符合要求的监控平台。 (9)道路运输企业应当在监控平台中完整、准确地录入所属道路运输车辆和驾驶人员的基础资料等信息,并及时更新。 (10)道路旅客运输企业和道路危险货物运输企业监控平台应当接入全国重点营运车辆联网联控系统(简称联网联控系统),并按照要求将车辆行驶的动态信息和企业、驾驶人员、车辆的相关信息逐级上传至全国道路运输车辆动态信息公共交换平台。 (11)道路货运企业监控平台应当与道路货运车辆公共平台对接,按照要求将企业、驾驶人员、车辆的相关信息上传至道路货运车辆公共平台,并接收道路货运车辆公共平台转发的货运车辆行驶的动态信息。 (12)道路运输管理机构负责建设和维护道路运输车辆动态信息公共服务平台,落实维护经费,向地方人民政府争取纳入年度预算。道路运输管理机构应当建立逐级考核和通报制度,保证联网联控系统长期稳定运行。 2.道路运输车辆动态监控要求 (1)道路运输企业是道路运输车辆动态监控的责任主体。 (2)道路旅客运输企业、道路危险货物运输企业和拥有50辆及以上重型载货汽车或牵引车的道路货运企业应当配备专职监控人员。专职监控人员配置原则上按照监控平台每接入100辆车设1人的标准配备,最低不少于2人。监控人员应当掌握国家相关法规和政策,经运输企业培训、考试合格后上岗。 (3)道路货运车辆公共平台负责对个体货运车辆和小型道路货物运输企业(拥有50辆以下重型载货汽车或牵引车)的货运车辆进行动态监控。道路货运车辆公共平台设置监控超速行驶和疲劳驾驶的限值,自动提醒驾驶员纠正超速行驶、疲劳驾驶等违法行为

◆ 案例分析

2016年6月16日15时37分,在汉阴县双乳镇境内316国道处,一辆自西向东行驶的低速货车(陕××8609)在避让一辆电动车过程中,与一辆自东向西行驶的安康金州世纪客运公司陕×20891客车(核载19人,实载14道路交通人)发生相撞,造成2人死亡,13人受伤,直接经济损失170万元。

经查,事故发生时该路段主要技术指标符合相关安全标准规范要求。

（一）事故车辆情况

陕×20891号中型普通客车,登记所有人为安康市金州运输集团世纪汽车客运有限公司,使用性质为公路客运,注册登记日期为2016年2月1日,核定载客人数19人,事发时实载14人,检验合格至2017年2月28日,投保中国人寿保险公司,保险终止日期为2017年2月1日。经查,该车各项手续齐全有效,安全技术性能合格;经车辆GPS系统监测,在事故发生时,陈××驾驶机动车上道路行驶,在会车过程中车辆操控不当,未遵循在没有交通信号的道路上应当确保安全、畅通的原则下通行且未遵循右侧通行的规定;经车辆GPS系统监测,在事故发生时,陕×20891车辆时速达到71.5千米/小时,在车辆相撞时,乘客未系安全带。

陕××8609号自卸低速货车,登记所有人为俞真军,事发时实际驾驶人为俞××(俞真军系俞××弟弟)。2009年俞××从厂家购买该车,因俞××自己名下已登记注册有一辆车(已卖,还未过户),无法将该车注册在自己名下,便未经俞真军同意,用其户口将该车在渭南登记注册在俞真军名下。使用性质为货运,注册登记日期为2009年5月27日,核定人数3人,车辆检验合格至2016年5月31日,保险终止日期为2016年5月25日。该车保险过期,车辆未检验。

（二）事故车辆驾驶人情况

1.陈××,男,汉族,1966年3月20日出生,现年53岁,初中文化,住安康市汉滨区水电三局张岭四区,系陕×20891号中型普通客车驾驶人,持A1证,于1994年7月29日初次申领取得机动车驾驶证。

2.俞××,男,汉族,1973年11月15日出生,现年46岁,小学文化,住汉阴县涧池镇永丰村六组,系陕××8609号自卸低速货车驾驶人,持C1证,于2011年2月28日初次申领取得机动车驾驶证。

（三）事故相关单位情况

安康市金州运输集团世纪汽车客运有限公司,成立于1996年9月,法定代表人赖甲明,二级运输企业,注册资金283万元;拥有员工381人,其中管理人员35人,在管理人员中有中、高级专业技术职称的占65%,拥有中高级车辆169辆,客位达3968位,已开通运营省、市际客运班线60条,年客运量达312万余人。该公司2011年被陕西省安全生产监督管理局授予"陕西省安全文化建设先进企业";2012被安康市人民政府授予"安全生产先进企业";2012年在全省"交通安全文明单位"评选活动中,被陕西省道路交通安全委员会和陕西省文明交通行动计划领导小组联合评选为"先进单位"的荣誉称号。

根据以上材料,回答下列问题:

1.试针对此事故就行政处罚及问责方面提出建议。

2.针对该事故提出事故防范和整改措施。

参考答案及解析

1.(1)安康金州运输集团世纪汽车客运有限公司副经理,企业法人。企业主要负责人安全生产责任落实不力,未能及时督促、检查本单位安全生产工作,消除事故隐患,安全管理不严格,对驾驶员安全教育培训不到位,对事故发生负有重要领导责任。建议按照《中华人民共和国安全生产法》的规定,予以行政处罚。

(2)安康金州运输集团世纪汽车客运有限公司,企业安全生产主体责任落实不到位,建议依据《中华人民共和国安全生产法》的规定,予以行政处罚。

(3)责成安康市公安交警部门依法吊销驾驶人陈××的驾驶证。

(4)责成汉阴县人民政府,对车辆所在地涧池镇人民政府、事故发生地双乳镇人民政府负责同志予以警示约谈。

2.(1)树立红线意识、强化道路交通安全责任。汉阴县人民政府及交警、运管部门要高度重视道路交通安全工作,深刻吸取近年来发生的道路交通事故教训,认真贯彻落实中央、省市关于加强道路交通安全工作的重要部署,结合汉阴县实际情况,加强对道路交通安全工作的统筹协调和监督指导,要将警力向基层一线充实,要进一步建立健全道路交通安全责任体系,扎实推进农村道路交通安全"125"机制延伸管理,严格道路交通安全工作的责任考核,并将考评结果作为综合考核评价的重要依据。

(2)夯实安全基础、落实生产企业主体责任。安康市金州运输集团世纪汽车客运有限公司要认真贯彻落实道路交通安全等有关法律法规,按照开展"企业安全生产主体责任落实年"活动的各项要求,认真落实企业安全生产主体责任,要扎实推进企业"精细化"管理,严防措施疏漏,让安全生产工作的所有要求务必落实到操作层面,努力实现监管无缝隙,责任全覆盖。要加强对驾驶员的安全管理,做到"六不一确保"(不驾带病车、不超速、不超员、不疲劳驾驶、不接打手机、不关闭动态监控系统,确保乘客生命安全),不断强化驾驶人员的安全意识,加大道路安全隐患排查、检查力度,确保人民生命财产安全。

(3)部门联合执法、扎实开展道路交通安全专项整治行动。汉阴县人民政府及交警、运管部门要深入开展道路交通安全专项整治行动,联合执法、推动强化部门合力。一要加大路面巡查管控力度,从严查处超员、超速、无证驾驶、酒后驾驶、疲劳驾驶、车辆带病行驶、超限超载、非法营运、违法超车、农用车违法载人等交通违法行为,对客运车辆、旅游包车、校车及接送学生车辆、危险品运输车辆逢车"必查、必登记、必纠违"。二要突出重点进行管理,特别是在节假日、学生上下学等客运高峰期,要集中力量,加强管理,确保道路安全、畅通、有序。三要全面开展安全带就是生命带专项教育活动。树立安全带就是生命带的观念,强化驾乘人员提高交通出行安全意识;督促客运单位将安全带的正确使用纳入旅客安全告知范围,要求司机和值乘人员在车辆出站前提醒,检查旅客使用安全带情况。四要对各类违法违规行为,要依法依规进行处罚,凡符合行政拘留的,一律予以行政拘留;凡客运车辆符合抄告条件的,坚决予以抄告,由交通运输部门责令进行停班整改;凡符合追究刑事责任的,一律追究刑事责任,始终保持道路交通安全严管严抓的高压态势,坚决遏制较大以上道路交通事故发生。

(4)强化宣传教育,不断提高全民交通安全意识。汉阴县人民政府及交警、运管部门要广泛宣传道路交通安全常识,针对机动车驾驶员、学生、国道沿线居民、农村群众等不同群体的交通行为特点,探寻、把握交通安全宣传教育的规律特点,充分利用报纸、电视、网站、短信等平台,深入开展以"文明交通、安全出行"为主题的交通安全宣传活动,不断创新宣教形式,丰富宣教内容,积极营造"人人关注交通安全,人人参与交通安全"的良好氛围。要结合实际,通报"6·16"道路交通事故及处理情况,增强教育和影响力,切实提高广大群众交通安全意识和遵章守法意识。

第三章 道路货物运输安全技术

◆ **知识框架** ///

道路货物运输安全技术
- 道路货物运输安全
  - 道路货物运输安全的基本特点
  - 道路货物运输车辆及装备的安全技术要求
- 货物运输安全管理及安全教育
  - 安全管理的基本内容和要求
  - 从业人员安全培训教育
- 货物运输安全检查和隐患排查
  - 货物运输安全检查和隐患排查
  - 典型危险货物运输管控
- 道路货物运输车辆安全技术管理
  - 技术管理主要内容
  - 车辆技术管理机构及人员配置要求
  - 车辆技术要案

◆ **考点精讲** ///

第一节 道路货物运输安全

考点1 道路货物运输安全的基本特点

项目	具体内容
道路货物运输分类	道路货物运输是以载货车辆为主要工具,通过道路来实现货物空间位移的活动。道路货物运输包括:道路普通货运、道路货物专用运输、道路大型物件运输和道路危险货物运输。 1.道路普通货运 道路普通货运是指货物本身的性质普通,对于运输车辆没有特殊要求。 普通货运以运输货物分类中普通货物为主。 2.道路货物专用运输 道路货物专用运输是指使用集装箱、冷藏保险设备、灌装式容器等专用车辆进行的货物运输。道路货物专用运输的特点是运输条件和要求高,专业性强。 集装箱运输是指使用汽车承运载货集装箱或空载集装箱的运输,具有高速、高效、安全、经济的特点。 冷藏货物运输是指使用保温、冷藏专用运输车辆,运送对温度有特别要求的并能保证货物质量的货物运输。

续表

项目	具体内容
道路货物运输分类	罐装式容器运输使用与运输货物相适应的专用容器的运输车辆,运送无包装的液体货物以及由许多小颗粒或粉末状构成的货物,如汽油、水泥和粮食等。 **3.道路大型物件运输** 道路大型物件运输是指汽车运载具有超长、超高、超宽或质量超重等特点的大型物件的运输方式。 **4.道路危险货物运输** 道路危险货物运输是指使用专用车辆,通过道路运输危险货物的作业全过程。危险货物运输是指承运《危险货物品名表》列明的易燃、易爆、有毒、有腐蚀性、放射性等危险货物和虽未列入《危险货物品名表》但具有危险货物性质的新产品的运输
道路货物运输特点	**1.适应性强** 货物运输种类繁多,具有不同的性能和使用范围,不仅能够很好地承担其他各种运输方式所不能承担或不能很好承担的货运任务,还可实现"门到门"的运输。 **2.机动灵活** 货运汽车单位载重量相对小,因而在货物运输中可以承担批量小,又能通过集结车辆承担批量较大的货运任务,并能实现较高的运输效率和经济效益。 **3.快速直达** 道路运输比铁路、水路运输环节少,易于组织直达运输。近年来,随着我国高等级道路建设的迅猛发展,在一定运距范围内,道路货运快速送达的优点十分突出。 **4.方便** 由于汽车运输具有适应性强、机动、灵活、快速运达等特点,可以在站(场)、港口码头或农贸乡村等就地装卸,实现"门到门"直达运输。 **5.经济** 从各种运输方式的修建投资效果看,道路修建比铁路运输和航空运输投资少,周期较短。公路网密度大,道路运输适应性强,机动灵活,对汽车货运选择最佳路线提供了便利条件,缩短货运距离,降低商品周转费用,能够获得良好的社会效益和经济效益

考点2　道路货物运输车辆及装备的安全技术要求

项目	具体内容
道路货物运输基本环节要求	**1.货物运输流程** (1)货物装载。 ①货物要堆码整齐,捆扎牢固,关好车门,不超宽、超高、超重,保证运输全过程安全。 ②装载时防止货物混杂、撒漏、破损。 ③整批货物装载完毕后,敞篷车辆如需遮篷布时必须严密,绑扎牢固,关好车门,严防车辆行驶途中松动和甩物伤人。 (2)货物运输。 ①在货运过程中严格遵守交通规则,严禁盲目开车、超速驾驶,要确保货物及驾驶员本人的安全,防止货物在运输过程中发生散落或丢失的情况。

项目	具体内容
道路货物运输基本环节要求	②行车过程中注意行车安全,文明礼让,防止因为违规或违章行驶发生交通事故,延误交货时间。 (3)货物卸载。 ①当到达货物的目的地时,观察和选择最佳的停车位置。 ②当车辆停稳熄火后方可卸货。 ③卸货时注意货车周围的行人安全。 ④与收货人(收货单位)核对货物后返回。 2.货物的装卸注意事项 (1)装卸货物时,应严格遵守安全操作规程,按货物的分类和要求进行,不得违规装卸。 (2)货物搬运装卸作业应当做到轻装轻卸,堆码整齐,清点数量防止混车、撒漏、破损。严禁有毒、易污物品与食品混装,危险货物与普通货物混装。 (3)装货时注意查看货物的包装,发现未按规定包装、包装破损或潮湿、发热等现象的货物,不能装车,应及时联系托运人进行更换、整理、加固包装后再装车。 (4)货物装完后,应检查货物的外部状态、货物数量、加固情况,是否有超限、超载、固定不牢和质量失衡现象。 (5)卸货前,先联系收货人验收、交接货物,按收货人指定地点卸货。 (6)卸货时,承运车辆驾驶员会同理货人员核对单据监督卸货,逐批清点货物名称、件数、指导装卸人员轻拿轻放,按流向分库进货位码垛。 3.货物的保管 (1)驾驶员对受理承运的货物负责保管,防止丢失、损坏、腐烂等。驾驶员运送鲜活、易腐货物,应根据其特点,采取相应措施,运输途中应积极配合随车押运人员定时停车照料,以保障货物品质。 (2)驾驶员运送贵重物品,应特别注意安全,并采取有效的防盗、防抢措施,谨防货损货差,确保货物安全运达目的地。 4.货物运输过程 (1)运输过程中,驾驶员应遵守法律、法规和有关规定,严格按照安全操作规程操作,平稳驾驶,不超速行驶。 (2)遇转弯、路况较差的路面时,应减速慢行,避免颠簸,以免造成货物损坏。 (3)运输途中,驾驶员经常检查货物捆扎、堆垛、偏载情况,防止货物丢失。 (4)货物交接时,承运人、托运人双方对货物的重量和内容有质疑,检验复磅的费用由责任方承担。 5.货车运输中的禁止行为 (1)货车运输中的禁止行为有:违法载客或载人。 (2)运输国家规定的禁运物品或危险化学品。 (3)运输危险货物时搭乘无关人员或与普通货物混装

第二节　货物运输安全管理及安全教育

考点1　安全管理的基本内容和要求

项目	具体内容
货物运输车辆安全管理制度	货物运输车辆安全管理制度的具体内容包括： (1)所有机动车辆司机,必须经有关部门培训,并取得"道路运输从业资格证"。 (2)严格按照国家道路交通安全有关规定和货物运输车辆驾驶员安全操作规程要求进行运输作业。 (3)严禁酒后驾车、疲劳驾车、违规驾车。 (4)严禁车辆"带病"运输。发现车辆存在问题要及时进行检查、维修,保证车辆车况安全良好。 (5)除驾驶室按规定乘坐人员外,车辆的其他部位一律不准乘坐人员。 (6)车辆驾驶员要对本车进行定期检查、维修、保养,保证车况良好。 (7)所有车辆必须配备干粉灭火器
车辆检查制度	1.检查内容 方向、刹车、灯光、轮胎、发动机、仪表等其他部件和持证情况,每四个月进行一次二级维护保养,每年进行一次车辆年检。 2.检查规定 (1)驾驶员应在每日上班开车前、班中、班后对车辆进行安全检查。 (2)公司每月应对本单位的车辆组织一次安全检查
提高道路货物运输效率的措施	1.时间利用 首先要提高车辆的工作时间,减少停驶时间。具体措施是加强驾驶员组织,尽可能"停人不停车"积极组织货源,提高车辆工作时间,减少停车待货时间。 2.技术速度利用 车辆的技术速度取决于车辆本身的技术性能,这里的速度主要指的是营运速度。其措施是通过提高装卸机械化水平,减少装卸作业时间和车辆的等待时间。 3.行程利用 车辆的行程利用指的是车辆的有载行程,减少空驶行驶。其措施是加强货源组织,提高车辆的行程利用;做好回程货物的配载,避免回程空驶。 4.车载质量利用 车载质量利用指的是提高实载率或拖运率。车载质量利用对车辆生产率的影响比较显著,运输经营者可以通过做好货物配载、开展拖挂运输带的方法提高车载质量利用

考点2　从业人员安全培训教育

项目	具体内容
道路货物驾驶人职业道德规范	驾驶人不仅要遵循社会道德和道路运输道德的一般原则要求,而且还要遵守具体的行为标准和规则。这些具体的行为标准和规则,称为驾驶人的职业道德规范。驾驶人职业道德规范体现在以下方面。

项目	具体内容
道路货物驾驶人职业道德规范	1.热爱工作、尽心尽责 热爱工作、尽心尽责,是对驾驶人最基本的行为要求。驾驶人员应具备高度的敬业精神,忠于职守,钻研业务,勤奋工作,尽心尽责。 热爱工作、尽心尽责的要求如下: 要培养集体荣誉感;要增强驾驶人的责任心;要树立正确的苦乐观;把道德情感落实到职业岗位上;要求驾驶人努力学习业务技能,提高服务本领。 2.文明驾驶、安全第一 驾驶人必须确立高度的安全责任感。驾驶人要时刻树立安全行车意识和安全观念,不断提高安全责任感,预防交通事故发生。 驾驶人严格遵守安全操作规程和交通法规,自觉接受政府有关主管部门的检查。 驾驶人应努力掌握和提高安全驾驶操作技能,牢固树立"安全第一"的思想,具有高度的安全责任感,这是安全行车的保证。 3.遵章守纪、团结协作 驾驶人要不断增强法制观念,逐步把遵纪守法变成一种自觉的行动,形成道德习惯;做到遵章守纪、团结协作。驾驶人应认真填写行车日志、行车记录等,做好上下班的交接工作

第三节 货物运输安全检查和隐患排查

考点1 货物运输安全检查和隐患排查

项目	具体内容
道路危险货物运输隐患排查相关要求	(1)道路危险货物运输企业应当建立事故隐患排查治理制度,依据相关法律法规及自身管理规定,对营运车辆、货运驾驶人、运营过程等各要素和环节进行安全隐患排查,及时消除安全隐患。 (2)道路危险货物运输企业应根据安全生产的需要和特点,采用综合检查、专业检查、季节性检查、节假日检查、日常检查等方式进行隐患排查。 (3)道路危险货物运输企业应对排查出的安全隐患进行登记和治理,落实整改措施、责任、资金、时限和预案,及时消除事故隐患。对于能够立即整改的一般安全隐患,由运输企业立即组织整改;对于不能立即整改的重大安全隐患,运输企业应组织制定安全隐患治理方案,依据方案及时进行整改;对于自身不能解决的重大安全隐患,运输企业应立即向有关部门报告,依据有关规定进行整改。 (4)道路危险货物运输企业应当建立安全隐患排查治理档案,档案应包括以下内容:隐患排查治理日期;隐患排查的具体部位或场所;发现事故隐患的数量、类别和具体情况;事故隐患治理意见;参加隐患排查治理的人员及其签字;事故隐患治理情况、复查情况、复查时间、复查人员及其签字。

项目	具体内容
道路危险货物运输隐患排查相关要求	(5)道路危险货物运输企业应当每季、每年对本单位事故隐患排查治理情况进行统计,分析隐患形成的原因、特点及规律,建立事故隐患排查治理长效机制。 (6)道路危险货物运输企业应当建立安全隐患报告和举报奖励制度,鼓励、发动职工发现和排除事故隐患,鼓励社会公众举报。对发现、排除和举报事故隐患的有功人员,应当给予物质奖励和表彰。 (7)道路危险货物运输企业应当积极配合有关部门的监督检查人员依法进行的安全隐患监督检查,不得拒绝和阻挠
道路危险货物运输风险的控制	1. 经济风险的控制 (1)经济风险在危险货物运输风险中占有很大的比重,而经济风险的核心是资本风险。作为一种高风险和高投入的产业类型,通常危险货物运输项目从企划阶段开始就需要很大的资本消耗。企业进入运营阶段,政府管理成本也会与日俱增,如果此时市场得不到有效的引导,就可能会形成"成本决定一切"的危险局面。 (2)提高企业入市门槛,促进企业科学化、规模化经营,是目前解决经济风险的有效手段。申请道路危险货物运输业务的企业必须自有专用车辆5辆以上,配备有效的通信工具,安装行驶记录仪和定位系统,具有符合条件的从业人员等。 (3)政府要大力扶持规模大、资金雄厚、管理规范的企业从事危险货物运输活动,给予适当的财政补贴和优惠政策。实践证明,危险货物运输在目前的技术水平比较适宜大规模的集中化经营。 2. 管理风险的控制 (1)对任何管理行动而言,最基本的元素就是相关的法规、标准,它们是管理行动执行的依据。根据国家发布的一系列标准,可以看出危险货物运输的标准建设在我国已经得到了重视。 (2)其他各方面与之相关的法规、标准和制度建设也需要加强。比如环保、应急救援等方面,在全国已经建立重大事故的公示制度,在部分省(市)已经有了重大事故后领导干部的问责及行政处罚制度等,这些制度的建设,在侧面辅助了危险货物运输市场的安全性。 3. 环境风险的控制 (1)环境资源属于难以再生的资源,关系到国计民生,对环境风险的控制,必须从危险货物运输产业本身的实际情况出发,使产业发展与环境资源形成协调统一的局面,有效控制环境风险。 (2)环境风险的控制要在危险货物运输发展总体规划下进行。危险货物运输各类工程项目建设必须进行事先环境风险评估,防止大量资金投入后建设成一个环境污染源。 这项工作意义重大,比如危险货物运输线路的确定等工作,都是本着预防为主的原则。危险货物运输项目有相对较高的经济风险,资金投入巨大,一旦确立或建成,就要保证长期使用。 (3)如果不进行环境风险评估,建成之后投产或运营,造成环境污染,政府和企业会陷入骑虎难下的两难境地。继续运营和环境污染,中止运营和巨大的经济损失,将是两对难以调和的矛盾。在地区建设规划布局上,要明确环境第一的原则,危险货物运输建设要让位于环境建设。

续表

项目	具体内容
道路危险货物运输风险的控制	**4.政治风险的控制** (1)政治风险是危险货物运输风险系统中最难以把握的一项风险,这种风险具有极大的不确定性。因此,在危险货物运输产业发展的进程中,有效控制政治风险,是一项重大而艰难的工程。 (2)控制政治风险的核心是理顺政府与大众的关系,这种关系,一定程度上影响着整个危险货物运输产业的发展方向。在应对本国的危险货物运输政治风险上,必须要立足本国国情。 **5.危险货物运输总体风险的控制** (1)危险货物运输某一具体层面或范围的指标风险控制,其具有的各类风险之间都存在某种依存关系。在一个风险系统中,不可能希望通过对某一个具体指标进行控制就可以降低整个危险货物运输风险系统的风险。 (2)最佳的风险控制,是一种全局性的风险控制。对危险货物运输领域而言,发生事故是处在一个简单的风险"电路"的输出端,这条"电路"中每一个风险"元件"都处在并发结构上,即每一个环节发生问题,最后的风险都会生成。所以,必须进行危险货物运输风险系统的总体控制。 (3)对整个危险货物运输产业而言,风险控制的目标不是在短期内消除风险,而是长期有效的降低风险,使产业能够持续稳定的健康成长

考点2 典型危险货物运输管控

项目	具体内容
危险货物运输	**1.运输基本条件** (1)凡从事道路危险货物运输的单位,必须有能保证安全运输危险货物的相应设施设备。 (2)从事营业性道路危险货物运输的单位,必须拥有10辆以上专用车辆的经营规模,五年以上从事运输经营的管理经验,配有相应的专业技术管理人员,并建立健全的安全操作规程、岗位责任制、车辆设备保养维修制度和安全质量教育制度。 (3)直接从事道路危险货物运输。装卸、维修作业和业务管理的人员,必须掌握危险货物运输的有关知识,经当地市(地)级以上道路运政管理机构考核合格,持有道路危险货物运输从业资格证方可上岗作业。 (4)运输危险货物的车辆、容器、装卸机械及工具,必须符合原交通部《汽车危险货物运输规则》规定的条件,经道路运政管理机构审验合格。 **2.运输资格的申请与审批** (1)经省交通厅批准的非营业性运输单位,由各市(地)道路运政管理机构发给道路危险货物非营业性运输经营许可证,对符合条件的非营业性道路危险货物运输车辆,发给道路危险货物非营业性运输证,有证的企业和车辆可进行运输作业。 (2)凡申请从事营业性道路危险货物运输的单位,以及已取得营业性道路运输经营资格需增加危险货物运输经营项目的单位,均须按规定向当地县级道路运政管理机构提出书面申请,经市(地)级道路运政管理机构审核,符合规定基本条件的,发给加盖道路危险运输专用章的道路运输经营许可证和道路运输营运证后,方可经营道路危险货物运输。

项目	具体内容
危险货物运输	**3. 运输管理** 危险货物托运人在办理托运时必须做到： （1）必须向已取得道路危险货物运输经营资格的运输单位办理托运。 （2）必须在托运单上填写危险货物品名、规格、件重、件数、包装方法、起运日期、收发货人详细地址及运输过程中的注意事项。 （3）货物性质或灭火方法相抵触的危险货物，必须分别托运。 （4）对有特殊要求或凭证运输的危险货物，必须附有相关单证，并在托运单备注栏里注明。 （5）托运未列入《汽车运输危险货物品名表》的危险货物新品种，必须提交《危险货物鉴定表》。 **4. 受理托运和承运** 危险货物承运人在受理托运和承运时必须做到： （1）对托运人填写的托运单和提供的有关资料，予以查对核实，必要时应组织承托双方到货物现场和运输线路进行实地勘察，其费用由托运人负担。 （2）承运爆炸品、剧毒品、放射性物品及需控温的有机过氧化物，使用受压容器罐（槽）运输烈性危险品，以及危险物月运量超过100吨，均应于起运前10天，向当地道路运政管理机构报告危险货物运输计划，包括货物品名、数量、运输线路、运输日期等。 （3）在装运危险货物时，要按《汽车危险货物运输规则》规定的包装要求，进行严格检查，凡不符合要求的，不得装运。危险货物性质或灭火方法相抵触的货物严禁混装。 （4）运输危险货物的车辆严禁搭乘无关人员，运行中司乘人员严禁吸烟，停车时不准靠近明火和高温场所；停车时应当有专人看管；除有关法律规定外，不得在居民聚点、行人稠密地段、名胜古迹、装有液化气体的车辆附近、大中城市的市区和风景游览区停车；除有关法律规定外，运输爆炸品、放射性物品及有毒压缩气体、液化气体的车辆，禁止通过大中城市的市区和风景游览区。 （5）运输结束后必须清扫车辆，消除污染，其费用由货主负担。 **5. 对运输车辆的车型要求** （1）凡装运危险货物的车辆，必须按国家标准《道路运输危险货物车辆标志》悬挂规定的标志和标志灯。 （2）禁止使用报废的、擅自改装的、检测不合格的、车辆技术等级达不到一级的和其他不符合国家规定的车辆从事道路危险货物运输。除铰接列车、具有特殊装置的大型物件运输专用车辆外，严禁使用货车列车从事危险货物运输；倾卸式车辆只能运输散装硫磺、萘饼、粗蒽、煤焦沥青等危险货物。禁止使用移动罐体（罐式集装箱除外）从事危险货物运输。 **6. 对运输车辆的基本要求** 装运危险货物的车辆技术状况应符合下列要求： （1）车厢、底板必须平坦完好，周围栏板必须牢固，铁质底板装运易燃、易爆货物时应采取衬垫木板、胶合板、橡胶板等，但不得使用谷草、草片等松软易燃材料。 （2）机动车辆排气管必须装有有效的隔热、熄灭火星的装置，电路和系统应有切断总电源和隔离火花的装置。

项目	具体内容
危险货物运输	(3)车辆左前方须悬挂黄底黑字,标有"危险品"字样的信号旗。 (4)根据所装危险货物的性质,配备相应的消防器材及用于捆扎、防水、防散失的工具
危险货物 运输安全管理	**1.配备符合规定的驾驶员和押运员** 　驾驶员和押运员必须经过专门培训并取得危险货物运输从业资格证、押运证;要学习掌握一定的化工知识,熟悉承载货物的物理化学性质、危险特性、注意事项,如货物的比重、闪燃点、毒性、膨胀系数等;出车时要带齐驾驶证、准运证、从业资格证、押运证以及行驶证、车辆年检合格证、容器安全检验合格报告等证件,以备检查。 **2.车辆安全状况和安全性能应合格** 　驾驶员必须对车辆的安全技术状况进行认真检查,发现故障必须排除后方可投入运行;要特别注意检查容器的安全性能,逐个部位检查液位计、压力表、阀门、温度表、紧急切断阀、导静电装置是否安全可靠,杜绝运输的液态物质出现跑、冒、滴、漏现象,故障未处理好不得承运。驾驶室要保持干净,不得有发火用具,危险品标志灯牌完好。 **3.应急处理准备充分** 　驾驶员要检查随车消防器材的数量及有效性;要随车携带不发火的工具、专业堵漏设备、劳动防护用品;不得穿钉子鞋和化纤服装。押运员要携带承载货物的事故技术处理方案、产品生产厂家联系电话及交通事故、治安、消防、救护、环保等报警电话。 **4.装载货物要注意细节** 　装载货物前,详细核对货物名称、规格、数量是否与托运单证相符;货物要堆码整齐、靠紧妥帖、平整牢固、均匀平衡、易于点数。各种危险化学品不能混装,做到一车一货,承载易燃易爆品时,车辆排气管要戴防火罩,桶装危险品的桶与桶之间要用编织袋充填空隙。罐装液体的容器,应预留容积不得少于总容量5%的膨胀余量。有毒有害货物,要在上风处进行装载,装载的任何化工产品都要加盖雨布。 **5.安全驾驶,平稳行车** 　行车要遵守交通、消防、治安等法律法规,主动避让各种车辆,控制车速,保持与前车安全距离,严禁违法超车。驾驶员不能疲劳驾驶,应使车辆保持平稳、中速行驶;驾驶中要尽量少用紧急刹车,以保持货物的稳定,确保行车安全。 **6.行车途中勤检查** 　危险品运输的事故隐患主要是从泄漏开始的。由于行车途中车辆颠簸震动,往往容易造成包装破损,因此行车途中要勤于检查。当行驶2小时后,驾驶员要查看一下桶盖上有无溢出,用专用扳手拧紧,如密封圈失效应更换;检查铁桶之间的充填物有无跌落,车厢底部四周有无液体泄漏,如有应查出漏点,将漏点朝上;检查捆绑的绳索是否松动等。在高温季节时,液体会膨胀,更换密封圈时要注意慢慢打开,等放走气体后再完全打开,以避免开盖过急液体喷出伤人。 **7.选择行驶路线得当,行车时间恰当** 　运输危险品要选择道路平整的国道主干线,避免走复杂的路段。行车要远离城镇及居民区,如需通过,要检查确认安全无泄漏再过境。驾驶员不能在城市街道、人口密集区停车吃饭、休息,尽量白天休息,夜间行车,以避让车辆、人员高峰期。若发生泄漏,个人力量无法挽回时,驾驶员要迅速将车开往空旷地带,远离人群、水源。一旦发生交通事故,要扩大隔离范围,并立即向有关部门报告。

项目	具体内容
危险货物运输安全管理	8.小心卸货,防止污染 危险物品大多具有毒性、腐蚀性,稍不注意就容易污染环境。特别是液、气态产品容易污染空气、土地和水源。经过长途运输,外包装可能会有一定破损,在没有专用站台的地方卸货时要铺跳板或木杠,用绳拉住桶缓缓落地,或用废轮胎垫地,以起到缓冲作用。危险品不要急于使用,要搁置一段时间,等各种性能平稳后再使用。如发现车厢里有泄漏的痕迹,不要急于清洗,要先用锯末或沙子清扫一遍,让其干透、蒸发后,在远离水源的地方用水冲洗,以免污染环境

第四节 道路货物运输车辆安全技术管理

考点1 技术管理主要内容

项目	具体内容
原则	道路运输车辆技术管理应当坚持分类管理、预防为主、安全高效、节能环保的原则
责任主体	道路运输经营者是道路运输车辆技术管理的责任主体,负责对道路运输车辆实行择优选配、正确使用、周期维护、视情修理、定期检测和适时更新,保证投入道路运输经营的车辆符合技术要求
责任主体	车辆技术管理的目的是为运输提供安全、优质、高效、低耗、及时、舒适的运力,保证车辆在使用中的良性循环,确保车辆运行安全,更好地为运输生产和人们生活服务

考点2 车辆技术管理机构及人员配置要求

项目	具体内容
车辆技术管理机构人员配置要求	根据《道路运输企业车辆技术管理规范》(JT/T 1045-2016)的要求,拥有30辆(含)以上营运车辆的普通货物运输企业应设置专门的车辆技术管理机构,配备技术负责人和车辆技术管理人员。拥有30辆以下营运车辆的普通货物运输企业应配备车辆技术管理人员,数量则按照每100辆车配备1人的要求,不足100辆的应至少配备1人。其中,关于车辆数量计算,运输普通货物的挂车按照普通货车单计
车辆技术管理的主要职责	车辆技术管理的主要职责包括: (1)贯彻执行国家及地方道路运输有关法律法规、方针政策和标准规范。 (2)制定本单位的车辆技术管理规章制度、标准规范和操作规程。 (3)建立车辆技术管理岗位责任制,明确车辆技术管理人员的职责和权限。 (4)建立车辆技术管理考核体系,制定各类定额标准和技术质量指标。

续表

项目	具体内容
车辆技术管理的主要职责	(5)制定车辆技术管理计划(包括人员培训计划、车辆维护计划等),并定期组织实施。 (6)建立车辆技术管理档案,实时更新档案信息和数据记录。 (7)制作管理台账、原始记录和统计报表,定期统计分析车辆技术管理状况。 (8)推广应用信息化技术以及新产品、新材料、新技术和新工艺

考点 3　车辆技术档案

项目	具体内容
车辆技术档案	车辆技术档案是指车辆从新车购置到报废整个过程中,记载车辆基本情况、主要性能、运行使用和主要部件更换情况、检测和维修记录,以及事故处理等有关车辆资料的历史档案。因此,通过完整的车辆技术档案可以全方面地了解车辆性能、技术状况,掌握车辆使用、维修规律,为车辆维修和使用等提供依据

◆ 案例分析

2017 年 11 月 24 日,陕西咸阳云鹏汽车租运有限公司驾驶员曹锋驾驶陕×78725 号重型半挂牵引车(后挂陕×7021 挂号重型罐式半挂车),由陕西省汉中市洋县驶往咸阳市。当车行至西汉高速公路安康段汉中至西安方向处时,曹锋因疲劳驾驶,超限速行驶,与其前方因道路封堵停放在行车道上的河北省邢台易发化学危险货物运输有限公司驾驶员高小刚驾驶的冀××9680 号重型半挂牵引车(后挂冀×6P69 挂号重型普通半挂车)相撞,导致所载33 吨危险化学品五硫化二磷起火烧毁,高速公路破坏,陕×78725 号重型半挂牵引车(后挂陕×7021 挂号重型罐式半挂车)上乘员孙凡受伤。另外,事故造成危险化学品五硫化二磷泄露入路外河道内,对河道及环境造成了污染。据统计,此次事故造成直接经济损失 92 万余元,其中冀××9680 号重型半挂牵引车其后挂冀×6P69 挂号重型普通半挂车被烧毁,价值 10 万元,所载五硫化二磷33 吨被烧毁,总价值 30 万元。陕×78725 号重型半挂牵引车(后挂陕×7021 挂号重型罐式半挂车)被烧毁,价值 43 万元。高速公路路产损失为 8.9 万元。同时,事故造成环境污染处置费用 34.3 万元。

根据以上材料,回答下列问题:

1. 简述运输化学危险物品安全措施。

2. 简述典型危险货物运输管控的基本内容。

参考答案及解析

1.(1)加强消防安全培训。押运员、驾驶员应熟练掌握化学危险物品的理化性质和特性,牢记运输安全常识,从事化学危险物品运输车辆押运员、驾驶员,必须经过消防安全培训,熟练掌握所运化学危险物品的理化性质,火灾危险性和防火灭火常识,经公安消防部门考核合格,持有公安消防部门颁发的消防培训合格证和交通管理部门颁发的押运员证方能从事危险物品的运输业务。

(2)车辆状况良好、符合消防安全要求。运输化学危险物品的车辆,属于特种运输车辆,应有经当地交通管理部门年检合格、车辆状况良好,配备设施齐全,并经当地公安消防监督机构检测合格,符合《易燃易爆化学危险物品消防安全监督管理办法》的规定,并持有公安消防部门颁发的易燃易爆化学物品准运证。

(3)严禁货物混装。化学性质,安全防护和灭火方法互相抵触的易燃易爆化学物品严禁混装,应单独装运,力求避免摩擦、撞击、剧烈晃动。遇热容易引起爆炸燃烧或产生有毒气体的化学物品宜在夜间运输,并采用隔热降温措施。遇潮容易引起燃烧爆炸或产生有毒气体的化学物品,例:二乙基锌、三乙基铝、电石等不应在阴雨天运输。

(4)严禁烟火和动用明火。化学危险物品在运输过程中,运输人员不得吸烟和动用明火,无关人员不得搭车,应按规定的线路行驶,停放。禁止在公共场所、人员密集的场所和易散发火花的地点停留。如集贸市场、闹市区、电影院、体育馆、锅炉房、电气焊场所等。

(5)集中精力,保持谨慎,中速行驶。运输危险物品的驾驶员在运输途中要认真遵守《中华人民共和国道路交通管理条例》等有关规定,聚精会神,小心谨慎,不开快车、英雄车。要保持充沛的精力,不带病开车,不疲劳开车,不酒后开车,避免发生交通事故。

(6)严格物品检查。对包装不牢,破损、品名、标签、标志不明显的化学物品和不符合安全要求的罐体以及没有瓶帽的气体钢瓶不得装运,在装罐过程中轻拿轻放,防止碰撞,拖拉和倾倒。

2.(1)配备符合规定的驾驶员和押运员。

驾驶员和押运员必须经过专门培训并取得危险货物运输从业资格证、押运证;要学习掌握一定的化工知识,熟悉承载货物的物理化学性质、危险特性、注意事项,如货物的比重、闪燃点、毒性、膨胀系数等;出车时要带齐驾驶证、准运证、从业资格证、押运证以及行驶证、车辆年检合格证、容器安全检验合格报告等,以备检查。

(2)车辆安全状况和安全性能应合格。

驾驶员必须对车辆的安全技术状况进行认真检查,发现故障必须排除后方可投入运行;要特别注意检查容器的安全性能,逐个部位检查液位计、压力表、阀门、温度表、紧急切断阀、导静电装置是否安全可靠,杜绝运输的液态物质出现跑、冒、滴、漏现象,故障未处理好不得承运。驾驶室要保持干净,不得有发火用具,危险品标志灯牌完好。

(3)应急处理准备充分。

驾驶员要检查随车消防器材的数量及有效性;要随车携带不发火的工具、专业堵漏设备、劳动防护用品;不得穿钉子鞋和化纤服装。押运员要携带承载货物的事故技术处理方案、产品生产厂家联系电话及交通事故、治安、消防、救护、环保等报警电话。

(4)装载货物要注意细节。

装载货物前,详细核对货物名称、规格、数量是否与托运单证相符;货物要堆码整齐、靠紧妥帖、平整牢固、均匀平衡、易于点数。各种危险化学品不能混装,做到一车一货,承载易燃易爆品时,车辆排气管要戴防火罩,桶装危险品的桶与桶之间要用编织袋充填空隙。罐装液体的容器,应预留容积不得少于总容量5%的膨胀余量。有毒有害货物,要在上风处进行装载,装载的任何化工产品都要加盖雨布。

(5)安全驾驶,平稳行车。

行车要遵守交通、消防、治安等法律法规,主动避让各种车辆,控制车速,保持与前车安全距离,严禁违法超车。驾驶员不能疲劳驾驶,应使车辆保持平稳、中速行驶;驾驶中要尽量少用紧急刹车,以保持货物的稳定,确保行车安全。

(6)行车途中勤检查。

危险品运输的事故隐患主要是从泄漏开始的。由于行车途中车辆颠簸震动,往往容易造成包装破损,因此行车途中要勤于检查。当行驶2小时后,驾驶员要查看一下桶盖上有无溢出,用专用扳手拧紧,如密封圈失效应更换;检查铁桶之间的充填物有无跌落,车厢底部四周有无液体泄漏,如有应查出漏点,将漏点朝上;检查捆绑的绳索是否松动等。在高温季节时,液体会膨胀,更换密封圈时要注意慢慢打开,等放走气体后再完全打开,以避免开盖过急液体喷出伤人。

(7)选择行驶路线得当,行车时间恰当。

运输危险品要选择道路平整的国道主干线,避免走复杂的路段。行车要远离城镇及居民区,如需通过,要检查确认安全无泄漏再过境。驾驶员不能在城市街道、人口密集区停车吃饭、休息,尽量白天休息,夜间行车,以避让车辆、人员高峰期。若发生泄漏,个人力量无法挽回时,驾驶员要迅速将车开往空旷地带,远离人群、水源。一旦发生交通事故,要扩大隔离范围,并立即向有关部门报告。

(8)小心卸货,防止污染。

危险物品大多具有毒性、腐蚀性,稍不注意就容易污染环境。特别是液、气态产品容易污染空气、土地和水源。经过长途运输,外包装可能会有一定破损,在没有专用站台的地方卸货时要铺跳板或木杠,用绳拉住桶缓缓落地,或用废轮胎垫地,以起到缓冲作用。危险品不要急于使用,要搁置一段时间,等各种性能平稳后再使用。如发现车厢里有泄漏的痕迹,不要急于清洗,要先用锯末或沙子清扫一遍,让其干透、蒸发后,在远离水源的地方用水冲洗,以免污染环境。

第四章 道路运输站(场)安全生产技术

◆ **知识框架** ///

道路运输站(场)安全生产技术
- 道路旅客及货物运输站(场)
  - 道路旅客运输站(场)的生产特点
  - 道路货物运输站(场)相关要求
- 汽车客运站危险品查堵及客车安全检查
  - 汽车客运站危险品查堵
  - 客车安全检查
- 货运站(场)货物存储及堆放
  - 货物站(场)货物存储
  - 货物站(场)货物堆放
- 道路运输站(场)突发事件应急处置
  - 运输站(场)突发事件应急处置
  - 安全告知制度
- 货运站(场)对超限超载、禁运限运物品装卸的规定

◆ **考点精讲** ///

第一节 道路旅客及货物运输站(场)

考点1 道路旅客运输站(场)的生产特点

项目	具体内容
道路旅客运输安全	道路旅客运输站(场)(简称客运站),是指以站(场)设施为依托,为道路客运经营者和旅客提供有关运输服务的经营活动
道路旅客运输站(场)的生产特点	汽车客运站安全生产具有以下特点。 (1)人员密集,易引发安全问题。汽车客运站是客运车辆和旅客集散的场所,是人们实现旅行目的的依托,承担着为旅客服务和为经营者服务的双重任务。每日有大量的旅客经汽车客运站乘车出行,而节假日是运输的高峰期,暑假学生潮、春运、五一、十一、清明、端午、中秋、元旦等节假日,汽车客运站更是旅客人数激增。例如,南京客运南站平时日发送旅客量2万~3万人次,春节高峰日发送旅客量达到7万人次以上。节假日客运站运力不足、设备短缺、人员不足等问题一下子变得十分突出,任何小环节的失误或处理不当都可能引发大规模的旅客安全问题。

续表

项目	具体内容
道路旅客运输站(场)的生产特点	(2)早晚客流高峰期,易发生安全问题。客运站安全生产问题不仅与客流拥挤程度有关,同时还与旅客自身的精神状态有着重要的关系。大多数人习惯于白天工作、晚上休息的作息时间,其生物钟表现为白天精神集中、活动性较大,而夜晚精神疲惫、活动较少。目前大型客运站普遍存在早晚两个高峰期。在高峰期内,客车密集到、发,或旅客大量聚集,尤其是两个高峰期的开始和末端,一方面客流量大,另一方面旅客精神状态往往不是很好,极易造成安全问题。 (3)是道路客运安全生产的源头。汽车客运站道路客运的起点和终点,也是客运安全生产的源头,人、车、货(行李)的安全与否,直接影响客运安全。"车进站、人归点",加强客运站安全生产管理,将有利于提高客运安全生产水平,保障旅客运输安全。 (4)易发生交通事故及治安、公共安全等安全问题。汽车客运站人员、车辆密集,站前广场(停车场)或旅客到发区如交通引导、管理不善,极易发生交通事故。同时,汽车客运站旅客集中、人员混杂,也易发生旅客财物安全问题和生命安全问题,如财物丢失、被盗及人身伤害、摔伤、食物中毒等;同时,也易发生疾病传染、火灾、恐怖袭击等公共安全事件

考点2 道路货物运输站(场)相关要求

项目	具体内容
道路货物运输站(场)	道路货物运输站(场)(以下简称"货运站"),是指以场地设施为依托,为社会提供有偿服务的具有仓储、保管、配载、信息服务、装卸、理货等功能的综合货运站(场)、零担货运站、集装箱中转站、物流中心等经营场所
道路货物运输站(场)的特点	(1)以公路运输为主要手段,可提供集疏运、仓储、信息等服务。 (2)具有一定规模和数量的装卸作业场所和仓储或信息服务的设施和设备。 (3)具有一定规模的停车场所
管理要求	1. 对货运站经营者经营活动的规定 货运站经营者应当按照经营许可证核定的许可事项经营,不得随意改变货运站用途和服务功能。 2. 关于保障运输安全的规定 货运站经营者应当依法加强安全管理,完善安全生产条件,健全和落实安全生产责任制。货运站经营者应当对出站车辆进行安全检查,防止超载车辆或者未经安全检查的车辆出站,保证安全生产。 3. 关于货物保管的规定 货运站经营者应当按照货物的性质、保管要求进行分类存放,危险货物应当单独存放,保证货物完好无损。货物运输包装应当按国家规定的货物运输包装标准作业,包装物和包装技术、质量要符合运输要求。

续表

项目	具体内容
管理要求	**4. 关于货物搬运装卸作业的规定** 货运站经营者应当按照规定的业务操作规程进行货物的搬运装卸。搬运装卸作业应当轻装、轻卸,堆放整齐,防止混杂、撒漏、破损,严禁有毒、易污染物品与食品混装。 **5. 关于货运站价格和收费方面的规定** 货运站经营者应当严格执行价格规定,在经营场所公布收费项目和收费标准。严禁乱收费。 **6. 关于货运站经营者的经营行为的规定** 进入货运站经营的经营业户及车辆,经营手续必须齐全。货运站经营者应当公平对待使用货运站的道路货物运输经营者,禁止无证经营的车辆进站从事经营活动,无正当理由不得拒绝道路货物运输经营者进站从事经营活动。 **7. 关于经营配载服务、提供信息服务的基本要求** 货运站经营者经营配载服务应当坚持自愿原则,提供的货源信息和运力信息应当真实、准确。货运站经营者应当建立和完善各类台账和档案,并按要求报送有关信息。 **8. 禁止事项** 货运站经营者不得超限、超载配货,不得为无道路运输经营许可证或证照不全者提供服务;不得违反国家有关规定,为运输车辆装卸国家禁运、限运的物品。货运站经营者不得垄断货源、抢装货物、扣押货物。 **9. 应对突发公共事件的规定** 货运站是人员、货物聚集的公共场所,其管理者必须具备应对突发事件的能力。 货运站经营者应当制定有关突发公共事件的应急预案。应急预案应当包括报告程序、应急指挥、应急车辆和设备的储备以及处置措施等内容

第二节 汽车客运站危险品查堵及客车安全检查

考点1 汽车客运站危险品查堵

项目	具体内容
危险品查堵的概念	危险品是指容易引起爆炸、燃烧、腐蚀、毒害或有放射性的物品及枪支、管制刀具等可能危害公共安全的物品。 危险品查堵工作是指客运站经营者在站厅入口处对进站乘客携带的行李物品和托运行包进行的有无携带(夹带)危险品的检查,以及对查获的危险品的登记、保管或者处理等工作

续表

项目	具体内容
配置危险品查堵人员的要求	每个危险品查堵岗位每班至少配备 3 名危险品查堵人员(1 名负责引导识疑,1 名负责检测,1 名负责开包检查和登记)。在遇有重大活动、节假日期间或客流高峰时段,增配危险品查堵人员。 　　每个危险品查堵岗位应确定一名组长,组织实施现场危险品查堵工作
危险品查堵人员的职责分工要求	1. 引导 　　(1)引导识疑岗位危险品查堵人员位于危险品查堵通道前 1 米左右处,保持良好站姿,面带微笑,负责宣传、引导、提示乘客有序排队经过,逢包必检,液体物品重点检查。 　　(2)协助受检人将被检物品正确放置在行包安全检查设备上。同时观察受检人的神态、动作,遇有可疑情况,示意检测岗位危险品查堵人员实施重点检查。 2. 检测 　　(1)检测岗位危险品查堵人员负责辨别通道式行包安全检查设备监视器上受检行李图像中的物品形状、颜色,应坐姿端正,认真观察显示屏,将需要开包检查的行李及重点检查部位通知开包岗位危险品查堵人员。 　　(2)检测岗位危险品查堵人员连续值机工作时间不得超过 40 分钟,每工作日值机时间累计不超过 5 小时。 3. 开包 　　(1)开包岗位危险品查堵人员位于通道式行包安全检查设备后,开包岗位危险品查堵人员根据"逢疑必查"的原则,控制需开包检查的物品,请乘客自行开包接受检查;或经乘客同意,由危险品查堵人员开包检查。 　　(2)乘客申明所携物品不宜接受公开检查的,安检部门可根据实际情况,在适当场合检查。遇有乘客不配合开包检查时,汽车客运站有权拒绝乘客乘车。 4. 登记 　　(1)危险品查堵人员应规范填写《危险品查堵工作登记簿》,全面记录危险品查堵工作情况。 　　(2)对乘客主动上交的危险品应当登记,同时对乘客做好宣传解释工作,登记情况应当存档备查,并按规定存放
危险品查堵人员的工作要求	(1)危险品查堵工作人员应严格遵守安检设备的安全操作规程和使用管理规定,严禁闲杂人员对设备进行任何操作。 　　(2)危险品查堵人员工作时不得从事与危险品查堵工作无关的活动,不准擅自离岗,不准私拿收缴物品,加强开包检查、加强液体检查、加强粉末检查。遇有重大事情立即向值班领导汇报。 　　(3)危险品查堵工作应做到文明执勤,热情服务。 　　①引导遇到年老、行动不便或其他需要提供帮助的乘客,引导员应当主动上前托扶,帮助乘客将行李送检并取回。

项目	具体内容
汽车客运站危险品查堵管理要求	②对于残疾人和孕妇乘客,由危险品查堵人员对其随身携带物品进行人工检查,严禁用便携式金属探测仪对孕妇进行人身检查。 (1)汽车客运站经营者负责组织实施危险品查堵工作,主要负责人对危险品查堵工作全面负责,分管安全生产的领导对危险品查堵工作负综合管理监督责任,分管危险品查堵工作的领导负责组织实施领导责任,负责危险品查堵的部门负责人负管理责任,岗位从业人员负岗位责任。 (2)汽车客运站经营者应当不断完善危险品查堵管理体系,健全管理机构,保障危险品查堵投入,落实各部门职责,规范各危险品查堵岗位工作程序。 (3)汽车客运站经营者应设立危险品查堵管理机构或危险品查堵管理岗位,制定岗位职责、工作内容、工作程序和监督机制等,保障危险品查堵工作的顺利实施。 (4)汽车客运站经营者应当配备危险品查堵工作人员,并保持危险品查堵工作人员的相对稳定,危险品查堵工作人员应当熟悉危险品查堵岗位职责。 (5)汽车客运站经营者应当制定危险品查堵工作人员培训计划,明确培训内容、培训时间和考核目标,确保危险品查堵人员具备必要的危险品查堵知识和危险品查堵管理能力。 (6)汽车客运站经营者应当在每季度召开的安全生产工作会议和每月召开的安全例会上,对危险品查堵工作的执行和实施情况及时通报和检查。汽车客运站经营者应当保障危险品查堵工作经费投入。危险品查堵工作经费主要包括:危险品查堵设备的购置和维护、危险品查堵人员的教育培训和禁、限带物品处置经费等。 (7)汽车客运站经营者应当制定有关节假日、重大活动及其他活动期间的应急措施,保障危险品查堵工作严格执行和乘客、货物的顺畅。 (8)汽车客运站应当在候车大厅和行包托运唯一通道入口配置行包安全检查设备。危险品查堵岗位应配备指示标识、引导带、可疑行包开包检查工作台、危险品回收箱等辅助设施。客运站应在醒目的位置公示安全须知。 (9)客运站经营者应当建立危险品查堵举报制度,公开举报电话号码、通信地址或电子邮箱,充分发挥乘客、新闻媒体及社会各界对危险品查堵的监督作用。客运站对接到的危险品查堵举报和投诉应当及时予以调查和处理。 (10)客运站对查获的危险品要进行登记,并及时上缴公安机关处理。车站危险品查堵岗位不得接受乘客携带物品的寄存。 (11)对危险品查堵过程中乘客自弃的限带物品,应当由车站专人负责管理,并建立台账,记录收到的时间、地点、数量及品名,并及时上缴公安机关处理

考点2 客车安全检查

项目	具体内容
汽车客运站营运客车安全检查	营运客车实行安全例行检查制度: (1)安全例行检查是指在受检车辆进行了正常维护并检验合格的前提下,由客运站车辆安全例检人员(以下简称例检人员)在不拆卸零部件的条件下,借助简单的工具量具,采

续表

项目	具体内容
汽车客运站营运客车安全检查	用人工检视的方法,对影响营运客车行车安全的可视部件技术状况所实施的例行检查。 (2)客运经营者和营运客车驾驶人(以下简称驾驶人)应严格执行有关法规、规章和标准,定期对车辆进行安全技术检验、综合性能检测与维护,保持车辆技术状况完好。 (3)客运站应高度重视安全例检工作。客运站应与进入该站的营运客车所属客运经营者签订营运客车进站协议,明确双方关于安全例检的责任和权利,并严格履行协议。 (4)客运班线单程营运里程小于800千米的客运班车和往返营运时间不超过24小时的营运班车,实行每日检查一次;客运班线单程营运里程在800千米(含)以上的客运班车和往返营运时间在24小时(含)以上的营运班车,实行每个单程检查一次。未经安全例检或安全例检不合格的营运客车,客运站不得排班发车,驾驶人不得用其运送旅客。 (5)客运站应设立安全例检机构,负责安全例检的组织实施。例检机构应建立健全岗位职责、工作程序和监督机制等,保障安全例检工作正常有效运行。客运站应按日检车辆数配备例检人员。 (6)客运站应当制订安全例检工作人员培训计划,明确培训内容、培训时间和考核目标,做好培训记录与总结。 (7)例检人员应具备必要的汽车专业知识和实际工作能力,掌握客车构造和常用检验方法,熟悉客运管理相关政策法规和技术规范,参加客车安全例行检查岗前专项培训并经考核合格,持有机动车维修质量检验员(安全例检)从业资格证。例检人员工作中,应遵守行为规范,佩戴标识,用语文明,认真作业,秉公办事,不徇私情。 (8)客运站应及时向客运经营者通报安全例检信息,应当制订包含安全例检内容的应急预案,应当建立安全例检抱怨处理制度,接受驾驶人和社会的监督,对接到的举报和投诉应当及时予以调查和处理。 (9)客运站应设置例检场所,其中应包括辅助用房。同时应设置明显的车辆通行指示标志,正确引导营运客车顺畅进入车辆安全例检场所(以下简称例检场所)。应在例检场所醒目位置公布安全例检流程图示,安全例检项目、检查方法、技术要求及其他注意事项。 (10)例检场所面积应满足车辆安全例检的作业要求,例检场所地面应坚实、平整,并具备防风、防淋、防晒及良好的采光、照明和通风等条件。例检场所应配置对讲设备。例检场所应设有供检查客车使用的地沟或举升装置。 (11)新建或改建的客车检查地沟或举升装置配置数量可以参照相关规定执行。地沟的长度应当不小于承检车辆最大长度的1.1倍,宽度不小于0.65米,深度不小于1.3米,并配备安全电压的照明设施。 (12)例检场所应配备保证安全例检工作安全的停车楔及安全例检工作所需的检验工具和量具。 检验工具和量具主要有:检验锤、便携式照明器具、轮胎气压表、轮胎花纹深度尺,以及套筒扳手、扭力扳手、钢卷尺、钢板尺等。检验量具须经法定或授权的计量检定机构检定,并取得计量检定合格证,且在有效期内使用。安全例检机构应对设施设备加强管

续表

项目	具体内容
汽车客运站营运客车安全检查	理,保持设施设备技术状况良好。 (13)例检人员对经检验合格的车辆签发安全例检合格通知单,作为营运客车报班发车的依据。安全例检合格通知单自签发时起 24 小时内报班有效。安全例检合格通知单超过时限的营运客车,须重新进行安全例检,合格后,方可报班。 (14)安全例检不合格的营运客车,需要修理的,由例检人员开具安全例检不合格项目告知单,交当班驾驶人将车辆送到具有相应资质的维修企业进行维修。维修合格后,维修企业检验员开具维修合格凭证,加盖维修企业印章。当班驾驶人凭维修企业出具的合格凭证到安全例检机构办理复检。 (15)安全例检机构应建立健全安全例检台账并妥善保存,保存期不少于 6 个月。 客运站应逐步建立安全例检信息化管理系统,提高安全例检效率和质量。安全例检信息化管理系统应能够实现营运客车经车辆身份识别进入例检场所完成安全例检的功能。客运站所在地县级以上道路运输管理机构负责客运站监督检查

第三节　货运站(场)货物存储及堆放

考点 1　货物站(场)货物存储

项目	具体内容
化学危险品存储管理	1.化学危险品储存的基本要求 (1)储存化学危险品必须遵照国家法律、法规和其他有关的规定。 (2)化学危险品必须储存在经公安部门批准设置的专门的化学危险品仓库中,未经公安部门批准不得随意设置化学危险品储存仓库。 (3)化学危险品露天堆放,应符合防火、防爆的安全要求,爆炸物品、一级易燃物品、遇湿燃烧物品、剧毒物品不得露天堆放。 (4)储存化学危险品的仓库必须配备有专业知识的技术人员,其仓库及场所应设专人管理,管理人员必须配备可靠的个人安全防护用品。 (5)化学危险品分为八类:①爆炸品;②压缩气体和液化气体;③易燃液体;④易燃固体、自燃物品和遇湿易燃物品;⑤氧化剂和有机过氧化物;⑥毒害品;⑦放射性物品;⑧腐蚀品。 (6)储存的化学危险品应有明显的标志,标志应符合规定。同一区域储存两种或两种以上不同级别的危险品时,应按最高等级危险物品的性能标志。 (7)储存方式:①隔离储存;②隔开储存;③分离储存。 (8)根据危险品性能分区、分类、分库储存。各类危险品不得与禁忌物料混合储存。

续表

项目	具体内容
化学危险品存储管理	(9)储存化学危险品的建筑物、区域内严禁吸烟和使用明火。 2.贮存场所的要求 (1)贮存化学危险品的建筑物不得有地下室或其他地下建筑,其耐火等级、层数、占地面积、安全疏散和防火间距,应符合国家有关规定; (2)贮存地点及建筑结构的设置,除了应符合国家的有关规定外,还应考虑对周围环境和居民的影响。 (3)贮存场所的电气安装: ①化学危险品贮存建筑物、场所消防用电设备应能充分满足消防用电的需要,并符合有关规定;②化学危险品贮存区域或建筑物内输配电线路、灯具、火灾事故照明和疏散指示标志,都应符合安全要求;③贮存易燃、易爆化学危险品的建筑,必须安装避雷设备。 (4)贮存场所通风或温度调节: ①贮存化学危险品的建筑必须安装通风设备,并注意设备的防护措施; ②贮存化学危险品的建筑通排风系统应设有导除静电的接地装置; ③通风管应采用非燃烧材料制作; ④通风管道不宜穿过防火墙等防火分隔物,如必须穿过时应用非燃烧材料分隔; ⑤贮存化学危险品建筑采暖的热媒温度不应过高,热水采暖不应超过 80 ℃,不得使用蒸汽采暖和机械采暖; ⑥采暖管道和设备的保温材料,必须采用非燃烧材料。 3.贮存安排及贮存量限制 (1)化学危险品贮存安排取决于化学危险品分类、分项、容器类型、贮存方式和消防的要求。 (2)遇火、遇热、遇潮能引起燃烧、爆炸或发生化学反应,产生有毒气体的化学危险品不得在露天或在潮湿、积水的建筑物中贮存。 (3)受日光照射能发生化学反应引起燃烧、爆炸、分解、化合或能产生有毒气体的化学危险品应贮存在一级建筑物中。其包装应采取避光措施。 (4)爆炸物品不准和其他类物品同贮,必须单独隔离限量贮存,仓库不准建在城镇,还应与周围建筑、交通干道、输电线路保持一定安全距离。 (5)压缩气体和液化气体必须与爆炸物品、氧化剂、易燃物品、自燃物品、腐蚀性物品隔离贮存。易燃气体不得与助燃气体、剧毒气体同贮。 (6)氧气不得与油脂混合贮存,盛装液化气体的容器属压力容器的,必须有压力表、安全阀、紧急切断装置,并定期检查,不得超装。 (7)易燃液体、遇湿易燃物品、易燃固体不得与氧化剂混合贮存,具有还原性氧化剂应单独存放。 (8)有毒物品应贮存在阴凉、通风、干燥的场所,不要露天存放,不要接近酸类物质。 (9)腐蚀性物品,包装必须严密,不允许泄漏,严禁与液化气体和其他物品共存。

续表

项目	具体内容
化学危险品 存储管理	4.化学危险品的养护 (1)化学危险品入库时,应严格检验物品质量、数量、包装情况、有无泄漏。 (2)化学危险品入库后应采取适当的养护措施,在贮存期内,定期检查,发现其品质变化、包装破损、渗漏、稳定剂短缺等,应及时处理。 (3)仓库温度、湿度应严格控制、经常检查,发现变化及时调整。 5.化学危险品出入库管理 (1)贮存化学危险品的仓库,必须建立严格的出入库管理制度。 (2)化学危险品出入库前均应按合同进行检查验收、登记,验收内容包括:①数量;②包装;③危险标志。经核对后方可入库、出库,当物品性质未弄清时不得入库。 (3)进入化学危险品贮存区域的人员、机动车辆和作业车辆,必须采取防火措施。 (4)装卸、搬运化学危险品时应按有关规定进行,做到轻装、轻卸。严禁摔、碰、撞、击、拖拉、倾倒和滚动。 (5)装卸对人身有毒害及腐蚀性的物品时,操作人员应根据危险性,穿戴相应的防护用品。 (6)不得用同一车辆运输互为禁忌的物料。 (7)修补、换装、清扫、装卸易燃、易爆物料时,应使用不产生火花的铜制、合金制或其他工具。 6.消防设施 (1)根据危险品特性和仓库条件,必须配置相应的消防设备、设施和灭火药剂。 (2)贮存化学危险品建筑物内应根据仓库条件安装自动监测和火灾报警系统。 (3)贮存化学危险品的建筑物内,如条件允许,应安装灭火喷淋系统(遇水燃烧化学危险品,不可用水扑救的火灾除外),其喷淋强度和供水时间如下:喷淋强度 $15 \text{ L}/(\text{min} \cdot \text{m}^2)$;持续时间90分钟。 7.废弃物管理 (1)禁止在化学危险品贮存区域内堆积可燃废弃物品。 (2)泄漏或渗漏危险品的包装容器应迅速移至安全区域。 (3)按化学危险品特性,用化学的或物理的方法处理废弃物品,不得任意抛弃、污染环境。 8.人员培训 (1)仓库工作人员应进行培训,经考核合格后持证上岗。 (2)对化学危险品的装卸人员进行必要的教育,使其按照有关规定进行操作。 (3)仓库的消防人员除了具有一般消防知识之外,还应进行在危险品库工作的专门培训,使其熟悉各区域贮存的化学危险品种类、特性、贮存地点、事故的处理程序及方法

考点 2　货物站(场)货物堆放

项目	具体内容
货物堆放的原则	货物站货物堆放的原则有: (1)尽量利用库位空间,较多采取立体储存的方式。 (2)仓库通道与堆垛之间保持适当的宽度和距离,提高物品装卸的效率。 (3)根据物品的不同收发批量、包装外形、性质和盘点方法的要求,利用不同的堆码工具,采取不同的堆码形式。其中,危险品和非危险品的堆码,性质相互抵触的物品应该区分开来,不得混淆。 (4)不要轻易地改变物品存贮的位置,大多应按照先进先出的原则。 (5)在库位不紧张的情况下,尽量避免物品堆码的覆盖和拥挤
堆放方法	1. 散堆法 散堆法是一种将无包装的散货直接堆成货港的货物存放方式。它特别适合露天存放的没有包装的大宗货物,如煤炭、矿石、散粮等。这种缩码方式简便,便于采用现代化的大型机械设备,节约包装成本,提高仓容利用率。 2. 垛堆法 对于有包装的货物和裸装的计件货物一般采取垛堆法。具体方式有:置叠式、压缝式、纵横交错式、通风式、栽柱式、俯仰相间式等。货物堆垛方式的选择主要取决于货物本身的性质、形状、体积、包装等。一般情况下多平放(卧放),使重心降低,最大接触面向下,这样易于堆码,货垛稳定牢固。 下面是几种常用的堆垛方式。 (1)重叠式。 重叠式又称宜叠式,货物逐件、逐层向上整齐地码放。这种方式稳定性较差,易倒垛,一般适合袋装、箱装、平板式的货物。 (2)压缝式。 压缝式即上一层货物跨压在下一层两件货物之间。如果每层货物都不改变方式,则形成梯形形状。如果每层都改变方向,则类似于纵横交错式。 (3)纵横交错式。 纵横交错式即每层货物都改变方向向上堆放。采用这种方式码货定性较好,但操作不便,一般适合管材、扣装、长箱装货物。 (4)通风式。 采用通风式堆垛时,每件相邻的货物之间都留有空隙,以便通风防潮、散湿散热。这种方式一般适合箱装、桶装以及裸装货物。 (5)栽柱式。 码放货物前在货垛两侧栽上木桩或钢棒,形成 U 形货架,然后将货物平放在桩柱之间,码了几层后用铁丝将相对两边的桩柱拴连,再往上摆放货物。这种方式一般适合棒材、管材等长条形货物。 (6)俯仰相间式。 对上下两面有大小差别或凹凸的货物,如槽钢、钢轨、笔筐等,将货物仰放一层,再反一面伏放一层,仰伏相间相扣。采用这种方式码货,货垛较为稳定,但操作不便。

续表

项目	具体内容
堆放方法	3. 货架法 货架法即直接使用通用或专用的货架进行货物堆码。这种方法适用于存放不宜堆高,需要特殊保管的小件、高值、包装脆弱或易损的货物,如小百货、小五金、医药品等。 4. 成组堆码法 成组堆码法即采取货板、托盘、网格等成组工具使货物的堆存单元扩大,一般以密集、稳固、多装为原则,同类货物组合单元应高低一致。这种方法可以提高仓容利用率,实现货物的安全搬运和堆存,适合半机械化和机械化作业。提高劳动效率,减少货损货差
货物堆放操作的规范	1. 安全 堆码的操作工人必须严格遵守安全操作规程;使用各种装卸搬运设备,严禁超载,同时还须防止建筑物超过安全负荷量。码垛必须不偏不斜,不歪不倒,牢固坚实,以免倒塌伤人、摔坏商品。 2. 合理 不同商品的性质、规格、尺寸不相同,应采用各种不同的垛形。不同品种、产地、等级、单价的商品,须分别堆码,以便收发、保管。货垛的高度要适度,不压坏底层的商品和地坪,与屋顶、照明灯保持一定距离;货垛的间距,走道的宽度、货垛与墙面、梁柱的距离等,都要合理、适度。垛距一般为0.5~0.8米,主要通道为2.5~3米。 3. 方便 货垛行数、层数,力求成整数,便于清点、收发作业。若过秤商品不成整数,应分层标明重量。 4. 整齐 货垛应按一定的规格、尺寸叠放,排列整齐、规范。商品包装标志应一律朝外,便于查找。 5. 节约 堆垛时应注意节省空间位置,适当、合理安排货位的使用,提高仓容利用率
货物堆放的"五距"	货物堆码要做到货堆之间,货垛与墙、柱之间保持一定距离,留有适宜的通道,以便商品的搬运、检查和养护。 要把商品保管好,"五距"很重要。五距是指顶距、灯距、墙距、柱距和堆距。 1. 顶距 顶距指堆货的顶面与仓库屋顶平面之间的距离。一般的平顶楼房,顶距为50厘米以上;人字形屋顶,堆货顶面以不超过横梁为准。 2. 灯距 灯距指仓库内固定的照明灯与商品之间的距离。灯距不应小于50厘米,以防止照明灯过于接近商品(灯光产生热量)而发生火灾。 3. 墙距 墙距指墙壁与堆货之间的距离。墙距又分外墙距与内墙距。一般外墙距在50厘米以上,内墙距在30厘米以上。以便通风散潮和防火,一旦发生火灾,可供消防人员出入。

续表

项目	具体内容
货物堆放的"五距"	4. 柱距 柱距指货堆与屋柱的距离一般为 10～20 厘米。柱距的作用是防止柱散发的潮气使商品受潮,并保护柱脚,以免损坏建筑物。 5. 堆距 堆距指货堆与货堆之间的距离,通常为 100 厘米,堆距的作用是使货堆与货堆之间,间隔清楚,防止混淆,也便于通风检查,一旦发生火灾,还便于抢救,疏散物资

第四节　道路运输站(场)突发事件应急处置

考点 1　运输站(场)突发事件应急处置

项目	具体内容
突发公共卫生事件的应急处置	1. 当社会上出现流行病疫情时 当出现流行病疫情时(如"流感""甲型 H1N1""禽流感"等),凡站内旅客或工作人员中出现与该病相似的症状时,最早发现的工作人员应立即将病人带到车站留置观察室,实行初步隔离,并报告站领导,同时通知医院急救。 2. 一经确认是传染流行病或疑似病人时,客运站应采取下列应急措施 (1)迅速如实报告主管部门和疾病防控中心。 (2)对病人原所在的场所进行布控,在全站范围,尤其是布控区域进行严格消毒。 (3)对受到危害的工作人员遵照疾病防控中心批示,采取必要的控制措施,并根据上级指示,随时采取进一步措施。 (4)在有关部门的指导下,采取一系列防范及保护措施
站内不法行为的应急处置	站内发现不法分子袭扰、行凶、行窃、斗殴、抢劫、劫持人质、放火、破坏公私财物等,客运站应立即采取下列处置方法: (1)迅速报警。 (2)迅速报告公司(客运站)领导。 (3)工作人员对歹徒进行劝阻或制服,保护现场人员安全。 (4)为防止不法分子逃跑,在制止、制服其前关闭站门,警戒现场。 (5)立即将受伤人员送往医院救治。 (6)记录不法分子的体貌特征和其他犯罪情节,收缴不法分子施暴凶器,保护好案发现场。 (7)组织相关人员配合上级有关部门做好善后工作
火灾事故应急处置	1. 报警程序 (1)根据火势如需报警立即就近向火警台报警,待对方放下电话后再挂机,并派人到公路接应消防车的到来。 (2)迅速组织相关人员携带消防器具赶赴现场进行扑救。

续表

项目	具体内容
火灾事故应急处置	(3)迅速向应急事件处理领导小组汇报。 2. 组织实施 (1)工作人员要迅速组织人员逃生,原则是"先救人,后救物"。 (2)打开全部安全通道和安全门,组织人员撤离至安全地带,查看是否有人困在火场。 (3)参加扑救人员应使用灭火器、消防栓、水桶等灭火或控制火势。 (4)消防车到达之后应听从消防人员的指挥,做好配合工作。 3. 扑救方法 各类火灾都可以使用客运站配置的灭火器扑救。扑救液体火灾,如汽油、柴油等油类,只能用灭火器、沙土、浸湿的棉被等,绝对不能用水扑救。 4. 注意事项 (1)火场人员要保持镇静,明确自己所在位置,分析火情,选好逃生办法,不要惊慌失措,盲目乱跑或跳楼,造成不应有的伤亡。 (2)被迫跳楼时,要向地面抛掷些棉被等柔软物品以增加缓冲,同时注意缩小下落高度保证双脚落地。 (3)火灾发生时,忌盲目开门开窗,以免加速空气对流,造成火势蔓延;如室内有浓烟,被困人员要以低身姿势撤离,以免呛晕窒息。 (4)火场人员要有秩序的迅速撤离火场,在逃生通道上,不可蜂拥而上,乱作一团,可先按照消防标志所标明的方向有序撤离逃生。 (5)如果途中楼梯通道被堵死,应该向楼顶跑,同时可以将楼梯间的窗户玻璃打碎,向外高声呼救,让救援人员知道被困人员的确切位置,以便营救。 (6)身上着火时,如果来不及脱衣服,可以卧倒在地打滚,把身上的火压灭
危险物品安全事故应急处置	(1)严禁旅客携带易燃、易爆、有毒等危险物品进站上车。 (2)在客运站范围内发生危险物品安全事故,客运站要及时将旅客疏散至安全地段,迅速将事故信息报告交通主管部门和当地政府。 (3)在最短的时间内将受伤的旅客送至医院抢救,及时报告公安、火警、医院请求救助,并保护好现场
停电应急处置	(1)发生停电后,各岗位工作人员要及时关闭本岗位所有用电设备,以防恢复供电的瞬间电压过高电流过大,而烧毁用电设备。 (2)带班领导及时通知后勤用电管理人员启动临时发电设施,立即恢复供电,确保客运站正常售票和发车。 (3)用电管理人员及时查清停电原因是内部供电线路故障,还是供电部门停电。如是内部供电线路故障,应在断电的情况下检修,故障排除后立即恢复供电
冰冻、雪灾等恶劣气候应急处置	(1)客运站应坚持以人为本,全面落实,科学调度,最大限度地降低冰冻雪灾等恶劣气候对道路旅客运输服务工作的影响。如果出现旅客滞留现象,客运站应立即做好滞留旅客的各项服务,保障空调暖气、热水供应;通过积极引导旅客到附近旅馆入住或改乘等方式疏导旅客。

续表

项目	具体内容
冰冻、雪灾等恶劣气候应急处置	（2）客运站应密切关注气候变化，根据天气变化情况，决定是否启动应急预案。预案一旦启动，应急队工作人员应迅速采取有力措施，全力应对低温雨雪冰冻天气，确保道路旅客运输畅通和旅客服务工作衔接。 （3）客运站应采取措施防风、防雨和防寒，为旅客出行、候车提供安全和后勤保障。针对地面结冰的情况，一方面加强组织除冰，另一方面在进出站口、广场等关键部位喷洒盐水、盐粒等，力争做到地面基本无冰，确保旅客进出站安全。 （4）车辆例检人员要加大车辆安检力度，严格检查车辆方向、制动、传动、灯光等系统的安全性能，必要时督促驾驶员安装防滑装置。 （5）出站安全登记人员严把车辆出站安全关，检查车辆设施与驾驶员配备是否到位，严禁超员车辆出站

考点2　安全告知制度

项目	具体内容
安全告知制度的作用	推行安全告知制度是充分发挥社会各界特别是广大乘客监督作用，切实加强道路安全生产管理的重要手段，是向公众普及安全应急处置知识的重要途径，是提升客运服务质量的重要载体
安全告知制度的内容和方法	1. 安全告知内容 （1）客车公司名称、客车号牌、驾驶员及乘务员姓名和监督举报电话。 （2）客运车辆核定载客人数、行驶线路、经批准的停靠站点、中途休息站点。 （3）法律法规规定事项，如： ①禁止旅客携带或客运车辆装运的危险品； ②禁止超载、超速、疲劳驾驶的规定，特别是连续驾驶时间不得超过4小时； ③禁止在高速公路上和未经批准的站点上下车； ④禁止旅客携带或驾驶员自行装运易燃、易爆及危险品上车； ⑤禁止改变线路行驶； ⑥禁止驾驶员故意损坏、遮挡或关闭GPS； ⑦禁止客运车辆22时至凌晨6时在三级以下山区公路和达不到夜间安全通行条件的路段行驶； ⑧长途客运车辆凌晨2时至5时必须停车休息以及客运票价的有关规定等。 （4）车辆安全出口及应急出口逃生、安全带和安全锤。 2. 安全告知方法 （1）由乘务员或驾驶员在发车前向乘客告知。 （2）在车内明显位置标示客运车辆核定载客人数、经批准的停靠站点和投诉举报电话。 （3）由省级交通运输主管部门统一制作音像资料，向客运企业免费发放，并要求在客车发车前向乘客播放

项目	具体内容
安全告知制度的监督举报机制	(1)汽车客运站应建立监督举报电话处理机制,设置统一的监督举报电话,并建立每天24小时值班制度。 (2)对监督举报信息调查核实的,严格按规定处理,并将处理结果向监督人告知

第五节　货运站(场)对超限超载、禁运限运物品装卸的规定

考点　货运站(场)对超限超载、禁运限运物品装卸的规定

项目	具体内容
货运站(场)对超限超载、禁运限运物品装卸的规定	超限是指被运输的设备、构件或货物,其外形尺寸、高度、长度、质量超过了规定的限载标准。公路超限货物运输是指使用非常规的超重型汽车列车载运外形尺寸和重量超过常规车辆装载规定的大型物件的公路运输。 (1)跨省、自治区、直辖市进行超限运输的,向公路沿线各省、自治区、直辖市公路管理机构申请,由起运地省、自治区、直辖市公路管理机构统一受理,并协调公路沿线各省、自治区、直辖市公路管理机构对超限运输申请进行审批。必要时可以由国务院交通运输主管部门统一协调处理。 (2)在省、自治区范围内跨设区的市进行超限运输,或者在直辖市范围内跨区、县进行超限运输的,向省、自治区、直辖市公路管理机构提出申请,由省、自治区、直辖市公路管理机构受理并审批。 (3)在设区的市范围内跨区、县进行超限运输的,向设区的市公路管理机构提出申请,由设区的市公路管理机构受理并审批。 (4)在区、县范围内进行超限运输的,向区、县公路管理机构提出申请,由区、县公路管理机构受理并审批。 (5)经批准进行超限运输的车辆,随车携带超限运输车辆通行证,按指定的时间、路线和速度,并悬挂明显标志。禁止租借、转让超限运输车辆通行证。禁止伪造、变造超限运输车辆通行证。 (6)超限车辆要接受公路管理机构检查人的指挥检测,不得故意堵塞扰乱检测站的秩序,不逃避检测。 (7)处理超限超载车辆的主要措施有: ①向违章车辆发出违章传票,确定罚款金额,并辅以其他惩罚措施,如交付路产补偿金,被列入驾驶员和运输企业不良记录档案等。 ②卸载或均载(移动货物直到轴载不超限)。 ③对严重超限超载或屡次违章者采取司法行动

◆ **案例分析**

E企业为汽油、柴油、煤油生产经营企业。2017年实际用工2 000人,其中有120人为劳务派遣人员,实行8小时工作制,对外经营的油库为独立设置的库区,设有防火墙。库区出

入口和墙外设置了相应的安全标志。

E 企业 2017 年度发生事故 1 起,死亡 1 人,重伤 2 人,该起事故情况如下:2017 年 11 月 25 日 8 时 10 分,E 企业司机甲驾驶一辆重型油罐车到油库加装汽油,油库消防员乙在检查了车载灭火器、防火帽等主要安全设施的有效性后,在运货单上签字放行。8 时 25 分,甲驾驶油罐车进入库区,用自带的铁丝将油罐车接地端子与自动装载系统的接地端子连接起来,随后打开油罐车人孔盖,放下加油鹤管。自动加载系统操作员丙开始给油罐车加油。为使油鹤管保持在工作位置,甲将人孔盖关小。

9 时 15 分,甲办完相关手续后返回,在观察油罐车液位时将手放在正在加油的鹤管外壁上,由于甲穿着化纤服和橡胶鞋,手接触到鹤管外壁时产生静电火花,引燃了人孔盖口挥发的汽油,进而引燃了人孔盖周围油污,甲手部烧伤。听到异常声响,丙立即切断油料输送管道的阀门;乙将加油鹤管从油罐车取下,用干粉灭火器将加油鹤管上的火扑灭。甲欲关闭油罐车人孔盖时,火焰已延烧到人孔盖附近。乙和丙设法灭火,但火势较大,无法扑灭。甲急忙进入驾驶室将油罐车驶出库区,开出 25 米左右,油罐车发生爆炸,事故造成甲死亡、乙和丙重伤。

根据以上材料,回答下列问题:

1. 分析该起事故的原因。

2. 根据《企业职工伤亡事故分类标准》,辨识加油作业现场存在主要危险有害因素。

3. 提出 E 企业为防止此类事故再次发生应采取的安全技术措施。

参考答案及解析

1. 事故的原因:

(1)教育培训不够,未经培训,工人缺乏或不懂安全技术知识。

(2)劳动组织不合理(在加油时,没有领导干部在现场指挥)。

(3)对现场缺乏检查和指导。

(4)没有安全操作规程或不健全。

(5)技术和设计有错误。

(6)没有或不认真实施事故防灾指导。

2. 加油现场的危险因素有:

车辆伤害(加油车),容器爆炸(储油罐),火灾,高处坠落(油罐车人孔)。

3. 应采取的安全技术措施:

(1)限制物料运动速度,罐车采用顶部加油,应将装油鹤管深入罐底部,初始速度不应大于 1 米/秒时,当入口浸没 200 毫米时,可逐步提高流速,但最大流速不超过 7 米/秒。

(2)静电接地,油罐车在装油前,应与储油设备跨接并接地,装卸完毕先拆油管,后拆除跨接线和接地线。

(3)为防止人体静电的危害,作业人员应穿防静电工作服和防静电工作鞋袜,戴防静电工作手套。

(4)现场安装火灾监测报警装置。

第五章 道路运输信息化安全技术

◆ **知识框架**

道路运输信息
化安全技术
- 道路运输管理信息系统
  - 道路运输管理信息系统的主要功能
  - 道路运输管理信息系统的应用要求
- 道路运输车辆卫星定位及动态监控系统
  - 车辆卫星定位系统及动态监控
  - 客运联网售票信息系统
- 道路运输网络信息安全
  - 计算机组件基本概念和原理
  - 网络信息安全

◆ **考点精讲**

第一节 道路运输管理信息系统

考点 1 道路运输管理信息系统的主要功能

项目	具体内容
基本功能	道路运输管理信息系统的主要功能有： （1）道路运输管理信息系统包括对车辆信息档案、驾驶人信息档案、车辆年审、车辆保险到期提醒、车辆二级维护到期提醒、车辆综合性能检测提醒、车辆缴费、车辆欠费查询、企业财务收支等全面业务进行管理。 （2）道路运输管理信息系统实现了运输企业车辆技术管理、财务管理、查询等功能，系统减少人工配单、人工统计的工作量，加强车辆调度功能，加快各环节的信息交流和协作，提高部门协同工作效率，从而提高了企业整体效率
软件特点	道路运输管理信息系统的软件特点： （1）道路运输信息管理系统属于基于大型数据库开发的软件，更注重实用性、易用性、稳定性、通用性和扩展性。 （2）基础的系统管理模块，实现了全部车辆和驾驶员的电子化档案即时管理。 （3）道路运输信息管理系统实现了局域网的连接，解决了运输公司分布零散、运行维护难度大的困难。 （4）高度的数据共享、即时的状态数据显示查询和安全的网络管理策略，不但大大地提高了工作效率和管理力度，同时也为运输公司向网络化、数字化和更高的水平发展，为适应当今"数字革命"的时代需求打下坚实的基础

考点2 道路运输管理信息系统的应用要求

项目	具体内容
信息系统的应用要求	**1. 当前道路运输管理信息化管理存在以下现状** 随着道路运输管理信息化的全面推进,业务量的快速增长,应用需求也呈现多样化,对业务功能、数据质量、信息服务等提出了更高的要求和更深入的需求,道路运输管理信息化的要求实现可持续发展,主要面临着以下的问题: (1)对信息化的意识不够强。 从当前的情况来看,部分工作人员对信息化工作还没有很好地掌握,没有充分认识到信息化的管理工作是做好道路运输管理工作的前提和基础;没有认识到信息化在道路运输管理工作中的地位和作用,只是信息的收集不完全,不懂得怎么应用各类有利于实际工作中的信息,只是被动的接收,不能及时地去发现和解决问题。一些市信息化工作跟不上去,与部分领导重视不够、组织不力有很大的关系,许多道路运输部门把信息化工作简单等同于技术工作,信息化工作主要依靠科技部门来推进,业务部门很少进入或者根本就没有介入,科技部门进行单打独斗,致使信息化工作不能正常开展。 (2)应用管理信息化考核机制不健全,信息效果不好。 除了对有关信息化的认识、技能等方面的原因外,考核机制不健全是导致效果不好的重要原因之一。道路运输信息系统建设虽然已经大规模的得到应用,但目前绝大多数道路运输部门没有将信息化工作纳入实际的绩效考核内容之中,即使得到考核了也缺乏科学的评价指标体系,影响了信息系统的应用效果。但同时也存在较大的信息安全隐患,应用规模的扩大对信息安全管理提出了更高的要求,目前信息系统从安全管理方面到技术防范方面都存在着严重的隐患。一些地区系统安全备份滞后,数据丢失等事件严重地影响了业务工作。在最近几年中,系统崩溃、数据丢失等信息安全事件在各地都时有发生。 (3)部分信息系统功能有待完善,信息系统整体规划设计等有待加强。 在目前,业务对信息化的需求越来越高,部分系统功能、数据质量、系统关联性等已经不能满足业务工作的需求。一些较为落后的城市信息化设备投入不足,设备老化,部分基层工作地网络接入质量差,故障维护受条件制约,严重影响系统运行和业务办理。另外,各市普遍存在重建设、轻管理的现象,对信息系统的管理不够重视,运行维护机制不够健全。道路运输信息系统建设应用起步晚,业务相对来说比较多,但是目前有些地区仍然反应运政信息的综合平台的应用衔接不够顺畅。 **2. 道路运输信息化管理工作的相应对策** (1)强化教育,加强组织领导,使工作人员能够充分意识并适应信息化的工作要求。 (2)要积极抓好对广大在职人员的教育与工作,增强他们的信息化意识,促使他们要不断地更新观念,放弃旧的思想观念,正确树立信息化的思想。 (3)可以定期地组织工作人员开展信息化工作等技能的教育培训活动,促使他们全面掌握并做好信息工作的各项技能。 (4)各级相关部门要采取更加有力的措施,成立信息化工作组织机构,建立业务部门负责人推进相关系统的应用等。 (5)健全信息化工作考核机制,加大信息化的考核力度,严格实施奖罚制度,激发工作人员的工作热情,充分发挥主观能动性,确保各项工作的措施落到实处,推进道路运输管理信息化工作的进程

第二节　道路运输车辆卫星定位及动态监控系统

考点1　车辆卫星定位系统及动态监控

项目	具体内容
车辆卫星定位系统的含义	道路运输车辆卫星定位系统(简称卫星定位系统)是指以提供道路运输车辆实时位置和状态信息为特征,具有运输车辆驾乘人员及运输车辆管理者等用户远程信息服务,反映运输车辆实时动态数据,满足政府监管部门及运营企业对系统信息运用要求,能对服务范围内的车辆进行管理和控制的综合性信息处理系统
车辆卫星定位系统的架构	道路运输车辆卫星定位系统由政府平台、企业平台、车载终端、计算机通信网络等组成。通过系统各组成部分之间的互联互通,实现业务管理以及数据交换和共享。 (1)政府平台通过平台接口及统计分析功能,主要实现对上级平台的数据报送、对下级政府平台的管理和对企业平台的监管和服务。 (2)企业平台接入到政府平台,主要通过对车载终端的控制,实现对营运车辆安全运营的监控,并实时上报各项数据给政府平台。 (3)政府平台之间通过专线网络或互联网络方式进行连接,企业平台与政府平台可以通过互联网或专线网络方式进行连接,车载终端与企业平台或政府平台之间通过无线通信网络进行连接
车辆卫星定位系统的建设要求	车辆卫星定位系统的建设要求有以下几方面内容: (1)道路运输车辆动态监督管理应当遵循企业监控、政府监管、联网联控的原则。 (2)道路运输管理机构、公安机关交通管理部门、应急管理部门依据法定职责,对道路运输车辆动态监控工作实施联合监督管理。 (3)道路旅客运输企业、道路危险货物运输企业和拥有50辆及以上重型载货汽车或者牵引车的道路货物运输企业应当按照标准建设道路运输车辆动态监控平台,或者使用符合条件的社会化卫星定位系统监控平台(以下统称监控平台),对所属道路运输车辆和驾驶员运行过程进行实时监控和管理。 (4)道路运输企业新建或者变更监控平台,在投入使用前应当向原发放道路运输经营许可证的道路运输管理机构备案。 (5)提供道路运输车辆动态监控社会化服务的,应当向省级道路运输管理机构备案,并提供以下材料:①营业执照;②服务格式条款、服务承诺;③履行服务能力的相关证明材料。 (6)旅游客车、包车客车、三类以上班线客车和危险货物运输车辆在出厂前应当安装符合标准的卫星定位装置。重型载货汽车和半挂牵引车在出厂前应当安装符合标准的卫星定位装置,并接入全国道路货运车辆公共监管与服务平台。 (7)车辆制造企业为道路运输车辆安装符合标准的卫星定位装置后,应当随车附带相关安装证明材料。

续表

项目	具体内容
车辆卫星定位系统的建设要求	(8)道路运输经营者应当选购安装符合标准的卫星定位装置的车辆,并接入符合要求的监控平台。 (9)道路运输企业应当在监控平台中完整、准确地录入所属道路运输车辆和驾驶人员的基础资料等信息,并及时更新。 (10)道路旅客运输企业和道路危险货物运输企业监控平台应当接入全国重点营运车辆联网联控系统(简称联网联控系统),并按照要求将车辆行驶的动态信息和企业、驾驶人员、车辆的相关信息逐级上传至全国道路运输车辆动态信息公共交换平台。 (11)道路货运企业监控平台应当与道路货运车辆公共平台对接,按照要求将企业、驾驶人员、车辆的相关信息上传至道路货运车辆公共平台,并接收道路货运车辆公共平台转发的货运车辆行驶的动态信息。 (12)道路运输管理机构在办理营运手续时,应当对道路运输车辆安装卫星定位装置及接入系统平台的情况进行审核。 (13)对新出厂车辆已安装的卫星定位装置,任何单位和个人不得随意拆卸。除危险货物运输车辆接入联网联控系统监控平台时按照有关标准要求进行相应设置以外,不得改变货运车辆车载终端监控中心的域名设置。 (14)道路运输管理机构负责建设和维护道路运输车辆动态信息公共服务平台,落实维护经费,向地方人民政府争取纳入年度预算。道路运输管理机构应当建立逐级考核和通报制度,保证联网联控系统长期稳定运行。 (15)道路运输管理机构、公安机关交通管理部门、应急管理部门间应当建立信息共享机制。公安机关交通管理部门、应急管理部门根据需要可以通过道路运输车辆动态信息公共服务平台,随时或者定期调取系统中的全国道路运输车辆动态监控数据。 (16)任何单位、个人不得擅自泄露、删除、篡改卫星定位系统平台的历史和实时动态数据
车辆动态监控要求	道路运输企业是道路运输车辆动态监控的责任主体。 《道路运输车辆动态监督管理办法》规定: (1)道路旅客运输企业、道路危险货物运输企业和拥有 50 辆及以上重型载货汽车或牵引车的道路货物运输企业应当配备专职监控人员。专职监控人员配置原则上按照监控平台每接入 100 辆车设 1 人的标准配备,最低不少于 2 人。监控人员应当掌握国家相关法规和政策,经运输企业培训、考试合格后上岗。 (2)道路货运车辆公共平台负责对个体货运车辆和小型道路货物运输企业(拥有 50 辆以下重型载货汽车或牵引车)的货运车辆进行动态监控。道路货运车辆公共平台设置监控超速行驶和疲劳驾驶的限值,自动提醒驾驶员纠正超速行驶、疲劳驾驶等违法行为。 (3)道路运输企业应当建立健全并严格落实动态监控管理相关制度,规范动态监控工作: ①系统平台的建设、维护及管理制度;②车载终端安装、使用及维护制度;③监控人员

续表

项目	具体内容
车辆动态 监控要求	岗位职责及管理制度;④交通违法动态信息处理和统计分析制度;⑤其他需要建立的制度。 (4)道路运输企业应当根据法律法规的相关规定以及车辆行驶道路的实际情况,按照规定设置监控超速行驶和疲劳驾驶的限值,以及核定运营线路、区域及夜间行驶时间等,在所属车辆运行期间对车辆和驾驶员进行实时监控和管理。 (5)设置超速行驶和疲劳驾驶的限值,应当符合客运驾驶员24小时累计驾驶时间原则上不超过8小时,日间连续驾驶不超过4小时,夜间连续驾驶不超过2小时,每次停车休息时间不少于20分钟,客运车辆夜间行驶速度不得超过日间限速80%的要求。 (6)监控人员应当实时分析、处理车辆行驶动态信息,及时提醒驾驶员纠正超速行驶、疲劳驾驶等违法行为,并记录存档至动态监控台账;对经提醒仍然继续违法驾驶的驾驶员,应当及时向企业安全管理机构报告,安全管理机构应当立即采取制止措施;对拒不执行制止措施仍然继续违法驾驶的,道路运输企业应当及时报告公安机关交通管理部门,并在事后解聘驾驶员。 (7)动态监控数据应当至少保存6个月,违法驾驶信息及处理情况应当至少保存3年。对存在交通违法信息的驾驶员,道路运输企业在事后应当及时给予处理。道路运输经营者应当确保卫星定位装置正常使用,保持车辆运行实时在线。 (8)卫星定位装置出现故障不能保持在线的道路运输车辆,道路运输经营者不得安排其从事道路运输经营活动。 (9)任何单位和个人不得破坏卫星定位装置以及恶意人为干扰、屏蔽卫星定位装置信号,不得篡改卫星定位装置数据。 (10)卫星定位系统平台应当提供持续、可靠的技术服务,保证车辆动态监控数据真实、准确,确保提供监控服务的系统平台安全、稳定运行
监督检查	(1)道路运输管理机构应当充分发挥监控平台的作用,定期对道路运输企业动态监控工作的情况进行监督考核,并将其纳入企业质量信誉考核的内容,作为运输企业班线招标和年度审验的重要依据。 (2)公安机关交通管理部门可以将道路运输车辆动态监控系统记录的交通违法信息作为执法依据,依法查处。 (3)应急管理部门应当按照有关规定认真开展事故调查工作,严肃查处违反本办法规定的责任单位和人员。 (4)道路运输管理机构、公安机关交通管理部门、应急管理部门监督检查人员可以向被检查单位和个人了解情况,查阅和复制有关材料。被监督检查的单位和个人应当积极配合监督检查,如实提供有关资料和说明情况。 (5)道路运输车辆发生交通事故的,道路运输企业或者道路货运车辆公共平台负责单位应当在接到事故信息后立即封存车辆动态监控数据,配合事故调查,如实提供肇事车辆动态监控数据;肇事车辆安装车载视频装置的,还应当提供视频资料。

续表

项目	具体内容
监督检查	(6)鼓励各地利用卫星定位装置,对营运驾驶员安全行驶里程进行统计分析,开展安全行车驾驶员竞赛活动
法律责任	道路运输管理机构对未按照要求安装卫星定位装置,或者已安装卫星定位装置但未能在联网联控系统(重型载货汽车和半挂牵引车未能在道路货运车辆公共平台)正常显示的车辆,不予发放或者审验道路运输证。 道路运输企业有下列情形之一的,由县级以上道路运输管理机构责令改正。拒不改正的,处1 000元以上3 000元以下罚款: (1)道路运输企业未使用符合标准的监控平台、监控平台未接入联网联控系统、未按规定上传道路运输车辆动态信息的。 (2)未建立或者未有效执行交通违法动态信息处理制度、对驾驶员交通违法处理率低于90%的。 (3)未按规定配备专职监控人员的,或者监控人员未履行监控职责的。 违反本办法的规定,道路运输经营者使用卫星定位装置出现故障不能保持在线的运输车辆从事经营活动的,由县级以上道路运输管理机构对其进行教育并责令改正,拒不改正或者改正后再次发生同类违反规定情形的,处200元以上800元以下罚款。 违反本办法的规定,道路运输企业或者提供道路运输车辆动态监控社会化服务的单位伪造、篡改、删除车辆动态监控数据的,由县级以上道路运输管理机构责令改正,处500元以上2 000元以下罚款。 道路运输管理机构、公安机关交通管理部门、应急管理部门工作人员执行本办法过程中玩忽职守、滥用职权、徇私舞弊的,给予行政处分;构成犯罪的,依法追究刑事责任

考点2　客运联网售票信息系统

项目	具体内容
道路客运联网售票系统组成	道路客运联网售票系统是指在某区域实现票务信息查询、联网售票、票务结算等功能的综合性服务系统。
道路客运联网售票应用系统要求	1.售票服务系统 通过互联网、移动智能终端、自动售票终端、道路客运联网售票客户端等方式,面向公众和旅客,提供各联网票源地的班次、票价、余票等信息的查询,提供实名制预订、退订、购买、退购各联网票源地车票等功能。 2.联网售票业务管理系统 调用票源地联网售票服务接口,协调各应用子系统完成联网售票操作,维护联网售票多方交易事务的完整性;统一管理联网售票所需的各类基础数据(包括站点、营运车辆、经营业户、班线、班次和票价等);监控票源地联网售票服务的运行状态;控制接入道

续表

项目	具体内容
道路客运联网售票应用系统要求	路客运联网售票系统的各类售票渠道的售票量、售票金额和可售班次等。 **3.客运信息监测服务系统** 通过图、表等方式，面向道路客运行业管理部门，提供联网客运站的班次计划、票价、售票、检票、结算以及联网售票等数据的汇总统计，并与行业管理部门提供的经营、营运车辆、从业人员、客运班线、票价等数据进行关联，综合反映道路客运各类统计指标（包括实载率、周转量等）情况和变化趋势，实现客流预警、辅助行业监管和决策。 **4.清分结算系统** 按照制定的清分结算规则，生成结算数据，提供结算报表，办理结算登记，平台自动清分，实现联网售票票款和各类费用的清分结算，应支持客运站与省级联网平台、客运站与部级联网平台之间的清分结算
道路客运联网售票系统的性能要求	道路客运联网售票系统的性能要求包括： （1）系统的可用性应大于99.5%。 （2）系统具有高并发业务请求响应和海量数据处理能力，能同时支持多种渠道的订票和购票并发请求
道路客运联网售票系统的运行管理	**1.运行维护管理** 工程应按照"政府引导、市场主导、多方参与"的原则，积极引入市场机制，鼓励企业积极参与系统运行维护，探索系统运行维护的商业化运作模式，原则上不对公众增加额外收费。 **2.数据采集管理** 完善联网售票数据的采集与更新管理相关制度，明确各项数据的采集责任部门及业务流程，规定数据采集频度、送达时间，针对不同的信息采集方式提出相应的质量管控要求，并建立数据采集奖惩机制，确保数据质量。 **3.信息交换共享** 建立联网售票信息交换共享机制，明确不同部门间、不同业务间信息交换共享双方的责任和义务，对联网售票信息的共享内容、共享方式、共享时效、共享范围制定相关的规定。 **4.业务协同** 建立健全联网售票系统与其他道路运输管理信息系统的业务协同机制，完善不同业务间、不同系统间的业务协同方案，明确相关各方的职责

第三节 道路运输网络信息安全

考点 1 计算机组件基本概念和原理

项目	具体内容
基本概念	**1.计算机软件** 计算机软件是指为方便使用计算机和提高使用效率而组织的程序以及用于开发、使用和维护的有关文档。软件系统可分为系统软件和应用软件两大类。 计算机软件是知识密集型产品,开发难度大,投资高,但开发成功后复制却相当容易,且成本低,利润高,为非法复制者所垂青。 **2.计算机硬件** 计算机硬件是指构成计算机的设备实体。一台计算机的硬件系统应由五个基本部分组成:运算器、控制器、存储器、输入和输出设备。现代计算机还包括中央处理器和总线设备。这五大部分通过系统总线完成指令所传达的操作,当计算机在接受指令后,由控制器指挥,将数据从输入设备传送到存储器存放,再由控制器将需要参加运算的数据传送到运算器,由运算器进行处理,处理后的结果由输出设备输出。 **3.计算机网络** 计算机网络,连接分散计算机设备以实现信息传递的系统,是指将地理位置不同的具有独立功能的多台计算机及其外部设备,通过通信线路连接起来,在网络操作系统,网络管理软件及网络通信协议的管理和协调下,实现资源共享和信息传递的计算机系统。 **4.数据库** 数据库是按照数据结构来组织、存储和管理数据的仓库,随着信息技术和市场的发展,数据管理不再仅仅是存储和管理数据,而转变成用户所需要的各种数据管理的方式。数据库有很多种类型,从最简单的存储有各种数据的表格到能够进行海量数据存储的大型数据库系统都在各个方面得到了广泛的应用。 在信息化社会,充分有效地管理和利用各类信息资源,是进行科学研究和决策管理的前提条件。数据库技术是管理信息系统、办公自动化系统、决策支持系统等各类信息系统的核心部分,是进行科学研究和决策管理的重要技术手段
原理	计算机在运行时,先从内存中取出第一条指令,通过控制器的译码,按指令的要求,从存储器中取出数据进行指定的运算和逻辑操作等加工,然后按地址把结果送到内存中。接下来,再取出第二条指令,在控制器的指挥下完成规定操作。依此进行下去,直至遇到停止指令。 程序与数据一样存贮,按程序编排的顺序,一步一步地取出指令,自动地完成指令规定的操作是计算机最基本的工作原理。这一原理最初是由美籍匈牙利数学家冯·诺依曼于 1945 年提出来的,故称为冯·诺依曼原理

考点2　网络信息安全

项目	具体内容
网络安全概述	网络信息安全是一门涉及计算机科学、网络技术、通信技术、密码技术、信息安全技术、应用数学、数论、信息论等多种学科的综合性学科。 随着计算机网络技术的发展，网络中传输的信息的安全性和可靠性成为用户所共同关心的问题。人们都希望自己的网络能够更加可靠地运行，不受外来入侵者的干扰和破坏，所以解决好网络的安全性和可靠性，是保证网络正常运行的前提和保障。 它主要是指网络系统的硬件、软件及其系统中的数据受到保护，不受偶然的或者恶意的原因而遭到破坏、更改、泄露，系统连续可靠正常地运行，网络服务不中断
主要特征	1.完整性 指信息在传输、交换、存储和处理过程中保持非修改、非破坏和非丢失的特性，即保持信息原样性，使信息能正确生成、存储、传输，这是最基本的安全特征。 2.保密性 指信息按给定要求不泄漏给非授权的个人、实体或过程，或提供其利用的特性，即杜绝有用信息泄漏给非授权个人或实体，强调有用信息只被授权对象使用的特征。 3.可用性 指网络信息可被授权实体正确访问，并按要求能正常使用或在非正常情况下能恢复使用的特征，即在系统运行时能正确存取所需信息，当系统遭受攻击或破坏时，能迅速恢复并能投入使用。可用性是衡量网络信息系统面向用户的一种安全性能。 4.不可否认性 指通信双方在信息交互过程中，确信参与者本身，以及参与者所提供的信息的真实同一性，即所有参与者都不可能否认或抵赖本人的真实身份，以及提供信息的原样性和完成的操作与承诺。 5.可控性 指对流通在网络系统中的信息传播及具体内容能够实现有效控制的特性，即网络系统中的任何信息要在一定传输范围和存放空间内可控。除了采用常规的传播站点和传播内容监控这种形式外，最典型的如密码的托管政策，当加密算法交由第三方管理时，必须严格按规定可控执行
安全隐患	计算机网络面临的隐患及风险主要包括7个方面： 1.系统漏洞及复杂性 创建互联网最初只用于科研和计算，其设计及技术本身并不安全。另外，主机系统和网络协议的结构复杂，以及一些难以预料的软件设计和实现过程中的疏忽及漏洞隐患，致使网络安全与防范非常繁杂困难。 2.网络共享性 网络快速发展、资源共享与更新，致使相关的法律法规、管理、运行及技术保障等方面问题难以及时有效地得到解决。网络资源共享增加更多开放端口，使黑客和病毒的侵入有机可乘，为系统安全带来更大隐患。

项目	具体内容
安全隐患	3. 网络开放性 开放的服务、端口和通信协议等给网络带来极大的隐患和风险,而且站点主机和路由等数量剧增,致使网络监控与管理难以及时准确有效。 4. 身份认证难 网络环境下的身份认证技术、机制和环节等较薄弱,常用的静态口令极不安全,以越权借用管理员的检测信道,便可窃取用户名和密码等重要信息。 5. 传输路径与结点不安全 用户通过网络互相传输的路径多且中间结点多,因此两端的安全保密性根本无法保证中间结点的安全问题。 6. 信息聚集度高 信息量少且分散时,其价值不易被注意。当大量相关信息聚集以后,显示出其重要价值。网络聚集大量敏感信息后,容易受到分析性等方式的攻击。 7. 边界难确定 为了网络升级与维护预留的扩展性致使网络边界难以确定,网络资源共享访问也使网络安全边界"长城"被削弱,致使对网络安全构成严重的威胁
安全威胁	1. 黑客攻击 黑客使用专用工具和采取各种入侵手段非法进入网络、供给网络,并非法使用网络资源。 2. 计算机病毒 计算机病毒侵入网络,对网络资源进行破坏,使网络不能正常工作,甚至造成整个网络的瘫痪。 3. 拒绝服务攻击 攻击者在短时间内发送大量的访问请求,而导致目标服务器资源枯竭,不能提供正常的服务
安全漏洞	1. 网络的漏洞 网络的漏洞包括网络传输时对协议的信任以及网络传输漏洞,比如 IP 欺骗和信息腐蚀就是利用网络传输时对 IP 和 DNS 的信任。 2. 服务器的漏洞 利用服务进程的漏洞和配置错误,任何向外提供服务的主机都有可能被攻击。这些漏洞常被用来获取对系统的访问权。 3. 操作系统的漏洞 Windows 和 UNIX 操作系统都存在许多安全漏洞,如 Internet 蠕虫事件就是由 UNIX 的安全漏洞引发的
安全破坏	网络安全破坏的技术手段是多种多样的,了解最通常的破坏手段,有利于加强技术防患。 1. 中断 中断是对可利用性的威胁,如破坏信息存储硬件、切断通信线路、侵犯文件管理系统等。

续表

项目	具体内容
安全破坏	**2. 窃取** 入侵者窃取信息资源是对保密性的威胁,如入侵者窃取线路上传送的数据,或非法拷贝文件和程序等。 **3. 篡改** 篡改是对数据完整性的威胁,如改变文件中的数据,改变程序功能,修改网上传送的报文等。 **4. 假冒** 入侵者在系统中加入伪造的内容,如向网络用户发送虚假的消息、在文件中插入伪造的记录等
安全措施	在网络设计和运行中应考虑一些必要的安全措施,以便使网络得以正常运行。网络的安全措施主要从物理安全、访问控制、网络通信安全和网络安全管理等4个方面进行考虑。 1. 物理安全措施 物理安全性包括机房的安全、所有网络的网络设备(包括服务器、工作站、通信线路、路由器、网桥、磁盘、打印机等)的安全性以及防火、防水、防盗、防雷等。网络物理安全性除了在系统设计中需要考虑之外,还要在网络管理制度中分析物理安全性可能出现的问题及相应的保护措施。 2. 访问控制措施 访问控制措施的主要任务是保证网络资源不被非法使用和非常规访问。访问控制措施包括: ①入户访问控制。 ②网络的权限控制。 ③目录级安全控制。 ④属性安全控制。 ⑤网络服务器安全控制。 ⑥网络检测和锁定控制。 ⑦网络端口和节点的安全控制。 ⑧防火墙控制。 3. 网络通信安全措施 网络通信安全措施包括:建立物理安全的传输媒介;对传输数据进行加密。 4. 网络安全管理措施 除了技术措施外,加强网络的安全管理,制定相关配套的规章制度,确定安全管理等级,明确安全管理范围,采取系统维护方法和应急措施等,对网络安全、可靠地运行,将起到很重要的作用。网络安全策略要从可用性、实用性、完整性、可靠性和保密性等方面综合考虑,才能得到有效的安全策略

◆ **案例分析**

我国网络遭受攻击近况。根据国家互联网应急中心 CNCERT 抽样监测结果和国家信息安全漏洞共享平台 CNVD 发布的数据,某一周境内被篡改网站数量为 5470 个;境内被植入后门的网站数量为 3203 个;针对境内网站的仿冒页面数量为 754 个。被篡改政府网站数量为 384 个;境内被植入后门的政府网站数量为 98 个;针对境内网站的仿冒页面 754 个。感染网络病毒的主机数量约为 69.4 万个,其中包括境内被木马或被僵尸程序控制的主机约 23 万以及境内感染飞客蠕虫的主机约 46.4 万个。新增信息安全漏洞 150 个,其中高危漏洞 50 个。

中国网络安全问题非常突出。随着互联网技术和应用的快速发展,我国大陆地区互联网用户数量急剧增加。据估计,到 2020 年,全球网络用户将上升至 50 亿户,移动用户将上升 100 亿户。我国网民规模、宽带网民数、国家顶级域名注册量三项指标仍居世界第一,互联网普及率稳步提升。然而各种操作系统及应用程序的漏洞不断出现,相比西方发达国家,我国网络安全技术、互联网用户安全防范能力和意识较为薄弱,极易成为境内外黑客攻击利用的主要目标。

根据以上材料,回答下列问题:

1. 简述网络系统都面临哪些安全隐患。

2. 如何维护网络信息安全?

参考答案及解析

1.(1)系统漏洞及复杂性。

创建互联网最初只用于科研和计算,其设计及技术本身并不安全。另外,主机系统和网络协议的结构复杂,以及一些难以预料的软件设计和实现过程中的疏忽及漏洞隐患,致使网络安全与防范非常繁杂困难。

(2)网络共享性。

网络快速发展、资源共享与更新,致使相关的法律法规、管理、运行及技术保障等方面问题难以及时有效地得到解决。网络资源共享增加更多开放端口,使黑客和病毒的侵入有机可乘,为系统安全带来更大隐患。

(3)网络开放性。

开放的服务、端口和通信协议等给网络带来极大的隐患和风险,而且站点主机和路由等数量剧增,致使网络监控与管理难以及时准确有效。

(4)身份认证难。

网络环境下的身份认证技术、机制和环节等较薄弱,常用的静态口令极不安全,以越权借用管理员的检测信道,便可窃取用户名和密码等重要信息。

(5)传输路径与结点不安全。

用户通过网络互相传输的路径多且中间结点多,因此两端的安全保密性根本无法保证中间结点的安全问题。

（6）信息聚集度高。

信息量少且分散时，其价值不易被注意。当大量相关信息聚集以后，显示出其重要价值。网络聚集大量敏感信息后，容易受到分析性等方式的攻击。

（7）边界难确定。

为了网络升级与维护预留的扩展性致使网络边界难以确定，网络资源共享访问也使网络安全边界"长城"被削弱，致使对网络安全构成严重的威胁。

2. 在网络设计和运行中应考虑一些必要的安全措施，以便使网络得以正常运行。网络的安全措施主要从物理安全、访问控制、网络通信安全和网络安全管理等4个方面进行考虑。

（1）物理安全措施。

物理安全性包括机房的安全、所有网络的网络设备（包括服务器、工作站、通信线路、路由器、网桥、磁盘、打印机等）的安全性以及防火、防水、防盗、防雷等。网络物理安全性除了在系统设计中需要考虑之外，还要在网络管理制度中分析物理安全性可能出现的问题及相应的保护措施。

（2）访问控制措施。

访问控制措施的主要任务是保证网络资源不被非法使用和非常规访问。访问控制措施包括：入户访问控制、网络的权限控制、目录级安全控制、属性安全控制、网络服务器安全控制、网络检测和锁定控制、网络端口和节点的安全控制、防火墙控制。

（3）网络通信安全措施。

网络通信安全措施包括：建立物理安全的传输媒介；对传输数据进行加密。

（4）网络安全管理措施。

除了技术措施外，加强网络的安全管理，制定相关配套的规章制度，确定安全管理等级，明确安全管理范围，采取系统维护方法和应急措施等，对网络安全、可靠地运行，将起到很重要的作用。网络安全策略要从可用性、实用性、完整性、可靠性和保密性等方面综合考虑，才能得到有效的安全策略。

第六章 道路运输事故应急处置与救援

◆ 知识框架

道路运输事故应急处置与救援
- 道路运输突发事件应急预案编制
  - 应急预案的编制
  - 应急预案的主要内容
- 道路运输事故应急救援及现场处置
  - 道路运输事故应急救援
  - 道路运输事故现场处置
  - 典型道路运输事故的应急处置
- 应急救援方案演练
  - 应急救援方案演练的目的、定义和原则
  - 应急救援方案的类型
  - 应急演练的组织与实施
- 道路运输事故应急处理器材、安全防护设施设备
  - 道路运输事故应急处理器材
  - 道路运输事故安全防护设施设备
- 道路运输事故调查处理
  - 事故调查
  - 事故处理

◆ 考点精讲

第一节 道路运输突发事件应急预案编制

考点1 应急预案的编制

项目	具体内容
基本任务	事故应急救援的基本任务包括： (1)立即组织营救受害人员,组织撤离或者采取其他措施保护危害区域内的其他人员。 (2)迅速控制事态,并对事故造成的危害进行检测、监测,测定事故的危害区域、危害性质及危害程度。消除危害后果,做好现场恢复。 (3)查清事故原因,评估危害程度

续表

项目	具体内容
工作原则	1. 以人民为中心,安全第一 道路运输突发事件应对的预警、预测,以及道路运输事故的善后处置和调查处理应坚持以人民为中心,把保护人民群众生命、财产安全放在首位,不断完善应急预案,做好突发事件应对准备,把事故损失降到最低限度。 2. 依法应对,预防为主 道路运输突发事件应对应按国家相关法律法规要求,不断提高应急科技水平,增强预警预防、应急处置与保障能力,坚持预防与应急相结合,常态与非常态相结合,提高防范意识,做好预案演练、宣传和培训工作,以及有效应对道路运输突发事件的各项保障工作。 3. 统一领导,分级负责 道路运输突发事件应急处置工作以属地管理为主,在各级人民政府的统一领导下,按照事件等级和法定职责,分工合作,共同做好突发事件的应急处置工作。由交通运输主管部门牵头,结合各地道路运输管理体制,充分发挥道路运输管理机构的作用,建立健全责任明确、分级响应、条块结合、保障有力的应急管理体系。 4. 规范有序,协调联动 建立统一指挥、分工明确、反应灵敏、协调有序、运转高效的应急工作响应程序,加强与其他相关部门的协作,形成资源共享、互联互动的道路运输突发事件应急处置机制,实现应急管理工作的制度化、规范化、科学化、高效化
预案体系	《生产经营单位安全生产事故应急预案编制导则》规定: 生产经营单位的应急预案体系主要由综合应急预案、专项应急预案和现场处置方案构成。生产经营单位应根据本单位组织管理体系、生产规模、危险源的性质以及可能发生的事故类型确定应急预案体系,并可根据本单位的实际情况,确定是否编制专项应急预案。风险因素单一的小微型生产经营单位可只编写现场处置方案。 (1)综合应急预案。 综合应急预案是生产经营单位应急预案体系的总纲,主要从总体上阐述事故的应急工作原则,包括生产经营单位的应急组织机构及职责、应急预案体系、事故风险描述、预警及信息报告、应急响应、保障措施、应急预案管理等内容。 (2)专项应急预案。 专项应急预案是生产经营单位为应对某一类型或某几种类型事故,或者针对重要生产设施、重大危险源、重大活动等内容而定制的应急预案。专项应急预案主要包括事故风险分析、应急指挥机构及职责、处置程序和措施等内容。 (3)现场处置方案。 现场处置方案是生产经营单位根据不同事故类型,针对具体的场所、装置或设施所制定的应急处置措施,主要包括事故风险分析、应急工作职责、应急处置和注意事项等内容。生产经营单位应根据风险评估、岗位操作规程以及危险性控制措施,组织本单位现场作业人员及安全管理等专业人员共同编制现场处置方案
基本要求	(1)符合有关法律、法规、规章和标准的规定。 (2)结合本地区、本部门、本单位的安全生产实际情况。 (3)结合本地区、本部门、本单位的危险性分析情况。 (4)应急组织和人员的职责分工明确,并有具体的落实措施。 (5)有明确、具体的事故预防措施和应急程序,并与其应急能力相适应,。 (6)有明确的应急保障措施,并能满足本地区、本部门、本单位的应急工作要求。

续表

项目	具体内容
基本要求	(7)预案基本要素齐全、完整,预案附件提供的信息准确。 (8)预案内容与相关应急预案相互衔接
预案编制	(1)各级人民政府应当针对本行政区域多发易发突发事件、主要风险等,制定本级政府及其部门应急预案编制规划,并根据实际情况变化适时修订完善。 　　单位和基层组织可根据应对突发事件需要,制定本单位、本基层组织应急预案编制计划。 　　(2)应急预案编制部门和单位应组成预案编制工作小组,吸收预案涉及主要部门和单位业务相关人员、有关专家及有现场处置经验的人员参加。编制工作小组组长由应急预案编制部门或单位有关负责人担任。 　　(3)编制应急预案应当在开展风险评估和应急资源调查的基础上进行。 　　①风险评估 　　针对突发事件特点,识别事件的危害因素,分析事件可能产生的直接后果以及次生、衍生后果,评估各种后果的危害程度,提出控制风险、治理隐患的措施。 　　②应急资源调查 　　全面调查本地区、本单位第一时间可调用的应急队伍、装备、物资、场所等应急资源状况和合作区域内可请求援助的应急资源状况,必要时对本地居民应急资源情况进行调查,为制定应急响应措施提供依据。 　　(4)政府及其部门应急预案编制过程中应当广泛听取有关部门、单位和专家的意见,与相关的预案做好衔接。涉及其他单位职责的,应当书面征求相关单位意见。必要时,向社会公开征求意见。 　　单位和基层组织应急预案编制过程中,应根据法律、行政法规要求或实际需要,征求相关公民、法人或其他组织的意见。 　　应急预案的编制包括下面9个步骤: 　　①成立应急预案编制工作组; 　　②资料收集; 　　③事故风险辨识、评估; 　　④应急资源调查; 　　⑤应急预案编制; 　　⑥推演论证; 　　⑦应急预案评审; 　　⑧批准实施; 　　⑨备案和社会公布。 　　需要指出的是,应急预案的改进是预案管理工作的重要内容,与以上9项工作共同构成一个工作循环,通过这个循环可以持续改进预案的编制工作,完善预案体系
基本结构	(1)基本预案。 　　基本预案主要阐述应急预案所要解决的紧急情况,应急的组织体系、方针、应急资源、应急的总体思路,并明确各应急组织在应急准备和应急行动中的职责以及应急预案的演练和管理等规定。 　　(2)应急功能设置。 　　设置应急功能时,应针对潜在重大事故的特点综合分析并将其分配给相关部门。对每一项应急功能都应明确其针对的形势、目标、负责机构和支持机构、任务要求、应急准备和操作程序等。

续表

项目	具体内容
基本结构	（3）特殊风险管理。 应说明处置此类风险应该设置的专有应急功能或有关应急功能所需的特殊要求,明确这些应急功能的责任部门、支持部门、有限介入部门及其职责和任务,为制定该类风险的专项预案提出特殊要求和指导 （4）标准操作程序。 各应急功能的主要责任部门必须组织制定相应的标准操作程序,为应急组织或个人提供履行应急预案中规定职责和任务的详细指导。标准操作程序应保证与应急预案的协调和一致性,其中重要的标准操作程序可作为应急预案附件或以适当方式引用。 （5）支持附件。 支持附件主要包括:应急救援的有关支持保障系统的描述及有关的附图表
评估和修订	应急预案编制单位应当建立定期评估制度,分析评价预案内容的针对性、实用性和可操作性,实现应急预案的动态优化和科学规范管理。 有下列情形之一的,应当及时修订应急预案: （1）有关法律、行政法规、规章、标准、上位预案中的有关规定发生变化的。 （2）应急指挥机构及其职责发生重大调整的。 （3）面临的风险发生重大变化的。 （4）重要应急资源发生重大变化的。 （5）预案中的其他重要信息发生变化的。 （6）在突发事件实际应对和应急演练中发现问题需要作出重大调整的。 （7）应急预案制定单位认为应当修订的其他情况。 应急预案修订涉及组织指挥体系与职责、应急处置程序、主要处置措施、突发事件分级标准等重要内容的,修订工作应参照本办法规定的预案编制、审批、备案、公布程序组织进行。仅涉及其他内容的,修订程序可根据情况适当简化。 各级政府及其部门、企事业单位、社会团体、公民等,可以向有关预案编制单位提出修订建议
培训和宣传教育	（1）应急预案编制单位应当通过编发培训材料、举办培训班、开展工作研讨等方式,对与应急预案实施密切相关的管理人员和专业救援人员等组织开展应急预案培训。 （2）各级政府及其有关部门应将应急预案培训作为应急管理培训的重要内容,纳入领导干部培训、公务员培训、应急管理干部日常培训内容。 （3）对需要公众广泛参与的非涉密的应急预案,编制单位应当充分利用互联网、广播、电视、报刊等多种媒体广泛宣传,制作通俗易懂、好记管用的宣传普及材料,向公众免费发放
组织保障	（1）各级政府及其有关部门应对本行政区域、本行业（领域）应急预案管理工作加强指导和监督。国务院有关部门可根据需要编写应急预案编制指南,指导本行业（领域）应急预案编制工作。 （2）各级政府及其有关部门、各有关单位要指定专门机构和人员负责相关具体工作,将应急预案规划、编制、审批、发布、演练、修订、培训、宣传教育等工作所需经费纳入预算统筹安排

考点 2　应急预案的主要内容

项目	具体内容
应急预案概况	应急预案概况主要描述生产经营单位概况以及危险特性状况等,同时对紧急情况下应急事件、适用范围和方针原则等提供简述并作必要说明。应急救援体系首先应有一个明确的方针和原则来作为指导应急救援工作的纲领
事故预防	预防程序是对潜在事故、可能的次生与衍生事故进行分析并说明所采取的预防和控制事故的措施。应急预案是有针对性的,具有明确的对象,其对象可能是某一类或多类可能的重大事故类型。应急预案的制定必须基于对所针对的潜在事故类型有一个全面系统的认识和评价,识别出重要的潜在事故类型、性质、区域、分布及事故后果,同时,根据危险分析的结果,分析应急救援的应急力量和可用资源情况,并提出建设性意见。 　　(1)危险分析。 　　危险分析的最终目的是要明确应急的对象(可能存在的重大事故)、事故的性质及其影响范围、后果严重程度等,为应急准备、应急响应和减灾措施提供决策和指导依据。 　　危险分析包括:危险识别、脆弱性分析和风险分析。危险分析应依据国家和地方有关的法律法规要求,根据具体情况进行。 　　(2)资源分析。 　　针对危险分析所确定的主要危险,明确应急救援所需的资源,列出可用的应急力量和资源。包括:各类应急力量的组成及分布情况;各种重要应急设备、物资的准备情况;上级救援机构或周边可用的应急资源。通过资源分析,可为应急资源的规划与配备、与相邻地区签订互助协议和预案编制提供指导。 　　(3)法律法规要求。 　　有关应急救援的法律法规是开展应急救援工作的重要前提保障。编制预案前,应调研国家和地方有关应急预案、事故预防、应急准备、应急响应和恢复相关的法律法规文件,以作为预案编制的依据和授权
准备程序	(1)准备程序应说明应急行动前所需采取的准备工作。包括应急组织及其职责权限、应急队伍建设和人员培训、应急物资的准备、预案的演习、公众的应急知识培训、签订互助协议等。 　　(2)应急预案能否在应急救援中成功地发挥作用,不仅仅取决于应急预案自身的完善程度,还依赖于应急准备得充分与否。 　　(3)应急准备主要包括各应急组织及其职责权限的明确、应急资源的准备、公众教育、应急人员培训、预案演练和互助协议的签署等。 　　①机构与职责。 　　必须建立完善的应急机构组织体系,包括城市应急管理的领导机构、应急响应中心以及各有关机构部门等。对应急救援中承担任务的所有应急组织,应明确相应的职责、负责人、候补人及联络方式。

项目	具体内容
准备程序	②应急资源。 应急资源的准备是应急救援工作的重要保障,应根据潜在事故的性质和危险分析,合理组建专业和社会救援力量,配备应急救援中所需的各种救援机械和装备、监测仪器、堵漏和清消材料、交通工具、个体防护装备、医疗器械和药品、生活保障物资等,并定期检查、维护与更新,保证始终处于完好状态。另外,对应急资源信息应实施有效的管理与更新。 ③教育、培训与演习。 为全面提高应急能力,应急预案应对公众教育、应急训练和演习做出相应的规定。包括其内容、计划、组织与准备、效果评估等。 ④互助协议。 当有关的应急力量与资源相对薄弱时,应事先寻求与邻近区域签订正式的互助协议,并做好相应的安排,以便在应急救援中及时得到外部救援力量和资源的援助。此外,也应与社会专业技术服务机构、物资供应企业签署相应的互助协议
应急程序	1. 接警与通知 准确了解事故的性质和规模等初始信息是决定启动应急救援的关键。接警作为应急响应的第一步,必须对接警要求作出明确规定,保证迅速、准确地向报警人员询问事故现场的重要信息。 2. 指挥与控制 对应急行动的统一指挥和协调是有效开展应急救援的关键。建立统一的应急指挥、协调和决策程序,便于对事故进行初始评估,确认紧急状态,从而迅速有效地进行应急响应决策,建立现场工作区域,确定重点保护区域和应急行动的优先原则,指挥和协调现场各救援队伍开展救援行动,合理高效地调配和使用应急资源等。 3. 警报和紧急公告 应及时启动警报系统,向公众发出警报,同时通过各种途径向公众发出紧急公告,告知事故性质、对健康的影响、自我保护措施、注意事项等,以保证公众能够及时做出自我保护响应。决定实施疏散时,应通过紧急公告确保公众了解疏散的有关信息。 4. 通信 必须建立完善的应急通信网络,在应急救援过程中应始终保持通信网络畅通,并设立备用通信系统。 5. 事态监测与评估 必须对事故的发展势态及影响及时进行动态的监测,建立对事故现场及场外的监测和评估程序。 6. 警戒与治安 在事故现场周围建立警戒区域,实施交通管制,维护现场治安秩序的目的是要防止与救援无关人员进入事故现场,保障救援队伍、物资运输和人群疏散等的交通畅通,并避免发生不必要的伤亡。

续表

项目	具体内容
应急程序	**7. 人群疏散与安置** 　　人群疏散是减少人员伤亡扩大的关键,也是最彻底的应急响应。应当对疏散的紧急情况和决策、预防性疏散准备、疏散区域、疏散距离、疏散路线、疏散运输工具、避难场所以及回迁等作出细致的规定和准备,应考虑疏散人群的数量、所需要的时间、风向等环境变化以及老弱病残等特殊人群的疏散等问题。 **8. 医疗与卫生** 　　对受伤人员采取及时、有效的现场急救,合理转送医院进行治疗,是减少事故现场人员伤亡的关键。医疗人员必须了解城市主要的危险,并经过培训,掌握对受伤人员进行正确消毒和治疗方法。 **9. 公共关系** 　　应将有关事故的信息、影响、救援工作的进展等情况及时向媒体和公众公布,以消除公众的恐慌心理,避免公众的猜疑和不满。应保证事故和救援信息的统一发布,明确事故应急救援过程中对媒体和公众的发言人和信息批准、发布的程序,避免信息的不一致性。同时,还应处理好公众的有关咨询,接待和安抚受害者家属。 **10. 应急人员安全** 　　必须对应急人员自身的安全问题进行周密的考虑,包括安全预防措施、个体防护设备、现场安全监测等,明确紧急撤离应急人员的条件和程序,保证应急人员免受事故的伤害。 **11. 抢险与救援** 　　应对消防和抢险的器材和物资、人员的培训、方法和策略以及现场指挥等做好周密的安排和准备。 **12. 危险物质控制** 　　必须对危险物质进行及时有效地控制,如对泄漏物的围堵、收容和洗消,并进行妥善处置
现场恢复	现场恢复也可称为紧急恢复,是指事故被控制住后所进行的短期恢复,从应急过程来说意味着应急救援工作的结束,进入到另一个工作阶段,即将现场恢复到一个基本稳定的状态。 　　该部分主要内容应包括: ①宣布应急结束的程序。 ②撤离和交接程序。 ③恢复正常状态的程序。 ④现场清理和受影响区域的连续检测。 ⑤事故调查与后果评价等
预案管理与评审改进	应急预案是应急救援工作的指导文件。应当对预案的制定、修改、更新、批准和发布做出明确的管理规定,保证定期或在应急演习、应急救援后对应急预案进行评审和改进,针对各种实际情况的变化以及预案应用中所暴露出的缺陷,持续地改进,以不断地完善应急预案体系

第二节　道路运输事故应急救援及现场处置

考点1　道路运输事故应急救援

项目	具体内容
基本任务	事故应急救援的基本任务包括： ①立即组织营救受害人员，组织撤离或者采取其他措施保护危害区域内的其他人员。 ②迅速控制事态，并对事故造成的危害进行检测、监测，测定事故的危害区域、危害性质及危害程度。 ③消除危害后果，做好现场恢复。 ④查清事故原因，评估危害程度
特点	**1. 不确定性和突发性** 不确定性和突发性是各类公共安全事故、灾害与事件的共同特征。 **2. 应急活动的复杂性** (1)事故、灾害或事件影响因素与演变规律的不确定性和不可预见的多变性。 (2)众多来自不同部门参与应急救援活动的单位，在信息沟通、行动协调与指挥、授权与职责、通信等方面的有效组织和管理。 (3)应急响应过程中公众的反应和恐慌心理、公众过急等突发行为的复杂性。 (4)现场处置措施的复杂性
应急保障措施	**1. 队伍保障** 各级交通运输主管部门按照"统一指挥、分级负责，平急结合、军民融合"的原则，通过平急转换机制，将道路运输日常生产经营与应急运输相结合，建立道路运输应急保障车队及应急队伍。按照军民融合式发展思路，将道路运输突发事件应急体系建设同交通战备工作有机结合。 **2. 通信保障** 在充分整合现有交通通信信息资源的基础上，加快建立和完善"统一管理、多网联动、快速响应、处理有效"的道路运输应急通信系统，确保道路运输突发事件应对工作的通信畅通。 **3. 资金保障** 各级交通运输主管部门应积极协调同级财政部门，落实道路运输应急保障所需的各项经费；同时，积极争取各级政府设立应急保障专项基金，并确保专款专用。鼓励自然人、法人或者其他组织按照有关法律法规的规定进行捐赠和援助。 各级交通运输主管部门应当建立有效的监管和评估体系，对道路运输突发事件应急保障资金的使用及效果进行监管和评估。 **4. 应急演练** 交通运输部运输服务司会同部应急办建立应急演练制度，组织定期或不定期的桌面应急演练，组织应急相关人员、应急联动机构广泛参与。

续表

项目	具体内容
应急保障措施	地方交通运输主管部门要结合所辖区域实际,有计划、有重点地组织应急演练。预案至少每3年组织一次应急演练。应急演练结束后,演练组织单位应当及时组织演练评估。鼓励委托第三方进行演练评估。 　　5. 应急培训 　　各级交通运输主管部门应当将应急教育培训纳入日常管理工作,并定期开展应急培训

考点2　道路运输事故现场处置

项目	具体内容
指导方针和基本原则	落实"安全第一,预防为主"的指导方针,妥善处理道路运输安全生产环节中的事故及险情,做好道路运输安全生产工作。建立健全重大道路运输事故应急处置机制,一旦发生重大道路运输事故,要快速反应,全力抢救,妥善处理,最大限度地减少人员伤亡和财产损失,维护社会稳定。 　　坚持科学规划、全面防范、快速反应、统一指挥、分级负责、协同应对、措施果断、局部利益服从全局利益的原则
应急救援指挥组织体系	1. 领导小组 　　突发道路运输事故应急救援领导小组负责组织实施道路运输事故应急救援工作。按照"统一指挥、分类负责"的原则,明确职责与任务,开展道路运输事故应对工作。 　　2. 领导小组职责 　　领导小组应统一领导单位道路运输事故应急救援有关工作,负责监督指导各部门落实道路运输管理机构制定道路运输事故应急救援预案,负责参加重大道路运输事故抢救和调查,负责评估应急救援行动及应急预案的有效性,负责行政主管部门的应急救援其他事项。 　　道路运输事故发生后,领导小组组长或指派副组长和其他成员赶赴事故现场指导和协调进场施救。 　　3. 现场处置机构 　　道路运输事故发生后,根据道路运输事故严重程度、涉及范围和应急救援行动的需要,设立现场救援指挥部。参与现场应急处置行动的相关部门和人员,在现场救援指挥部的统一指挥下,实施现场应急救援和处置行动
应急处置措施	单位负责人接到事故报告后,应当迅速组织抢救,启动应急预案,防止事故扩大,减少人员伤亡和财产损失。视现场情况的不同,采取相应措施。 　　1. 交通事故现场应急处置 　　(1)当发生道路运输事故,应立即停车。停车后应首先检查有无人员伤亡,如有人员受伤,应立即施救或拦截过往车辆,送就近医院抢救;如伤员身体某部位被压或卡住,应立即设法将伤员救出,同时应标出事故现场位置。 　　现场保护的主要内容有:肇事车的停位、伤亡人员的倒位、各种碰撞碾压的痕迹、刹车拖痕、血迹及其他散落物。

项目	具体内容
应急处置措施	因抢救伤员需要搬动现场物品的,应如实记录并标明位置。事故现场应设置保护圈,阻止劝导无关人员和车辆进入或绕道通行。 　　在抢救伤员、保护现场的同时,应及时直接或委托他人向当地公安部门、交通主管部门及保险公司报案,然后向本企业领导报告。 　　报告内容如下:肇事地点、时间,报告人的姓名、住址及事故的死伤和损失情况。交通警察和应急救援人员到达现场后,要服从组织指挥,主动如实地反映情况,积极配合现场勘察和事故分析等工作。 　　(2)组织利用固定电话、手机拨打交通事故报警电话和120急救中心报警电话。在交通警察到来前,要保护现场,不要移动现场物品。 　　(3)交通事故造成人员伤亡时,不要与车主私了,以免事后伤情恶化,后患无穷;遇到肇事车逃逸时,要记下车牌号码、车身颜色及特征,及时向当地公安机关举报,为侦破工作提供依据和线索。 　　(4)车辆在道路上发生事故后,首先应设法让乘客迅速离开车辆,并组织乘客远离事故现场,选择安全的地方等候,以防发生二次事故。机动车在道路上发生事故或出现故障,要在来车方向30~50米处设置警告标志。机动车在高速公路上发生故障或交通事故时,应在故障车来车方向150米以外设置警告标志,车上人员应迅速转移至右侧路边或应急车道内,并迅速报警。 　　(5)遇有交通人身伤亡事故时,组织人员尽可能将伤者移至安全地带,以免其再次受伤;暴露的伤口要尽可能先用干净布覆盖,再进行包扎,以保护好伤口;利用身边现有的材料如三角巾、手绢、布条折成条状缠绕在伤口上方,用力勒紧,可以起止血作用。 　　2.火灾事故现场应急处置 　　(1)客货运(站)场发生火灾的应急处置。 　　①一旦发生火灾事故,要迅速判明火灾基本情况,如果火势迅猛且涉及面大,迅速组织拨打119报警电话,说明事故现场的具体位置,失火的材料,失火的大体原因。 　　②及时将电源切断,并且利用就近的灭火设施灭火。迅速转移现场及附近易引燃引爆的其他所有物品。 　　③如果火势迅猛且涉及面大,所有人员应撤离危险区,撤离时要躲开火势严重区域,绕过火区,循着安全的避灾路线,撤出火灾现场。 　　④客运站属于人员密集场所,一旦发生火灾,若不组织人员迅速撤离,很容易造成重大伤亡事故。因此,客运站发生火灾,要迅速组织所有人有序撤离,同时谨防踩踏事故。如果是危险货物发生爆炸事故,要组织人员撤离事故地点,防止中毒事故发生。 　　⑤火灾事故的现场救护要本着"先救人后救火,先活后死,先重伤后轻伤,先易后难"的原则进行抢救。先将伤员转移到安全地带进行急救,同时派人引导未受伤人员撤离灾区。 　　⑥尽快将伤员脱离火(热)源,缩短烧伤时间,将其转移到安全地带。 　　⑦抢险时注意避免助长火势的动作,如会使衣服烧得更炽热,站立有可能导致头发着火,并吸入烟火,引起呼吸道烧伤等。

项目	具体内容
应急处置 措施	⑧被火烧者应立即躺平,用厚衣服包裹,湿的更好;若无此类物品,则躺着慢慢滚动。用水及非燃性液体浇灭火焰,但不能用沙子或不洁物品。 ⑨救护伤员时首先要检查心脏,呼吸情况,确定是否有其他外伤和有毒气体中毒以及其他合并症状。对爆炸冲击烧伤人员,应检查有无颅内损伤、胸腹腔内脏损伤和呼吸道烧伤。 (2)车辆发生火灾的应急处置。 车辆发生火灾时,应迅速打开车门疏导旅客离开车辆。在车辆的不同部位起火时,具体的应急处置方法为: ①发动机室突然冒烟或起火。行车中发动机舱突然冒烟或起火时,应迅速命令驾驶员停车熄火,切断油源,协助乘员离开车辆,之后采取灭火措施。 ②车辆火灾的扑救对策: a.当发现车辆有烟或有火时,命令驾驶员应将车辆驶离重点要害部位或人员集中场所并将车辆停靠在路边安全的位置,打开车门,让乘客及时疏散逃生,并报警再用车上的灭火器灭火。特别是公交车辆,由于车上人多,组织救援时要特别冷静果断,首先应考虑到救人和报警,视着火的具体部位而确定逃生和扑救方法。 b.如果是货车着火,特别是装载危险物品的货车,组织抢救驾驶人员的同时劝围观群众远离现场,避免发生爆炸、泄漏事故时造成无辜群众伤亡,使灾害扩大化。 ③烧伤的现场急救。 火灾事故发生后,会对人体造成烧伤,烧伤的救护注意事项包括: a.使伤员脱离火(热)源,缩短烧伤时间。注意避免助长火势的动作,如会使衣服烧得更炽热,站立有可能导致头发着火,并吸入烟火,引起呼吸道烧伤等。被火烧者应立即躺平,用厚衣服包裹,湿的更好;若无此类物品,则躺着慢慢滚动。用水及非燃性液体浇灭火焰,但不能用沙子或不洁物品。 b.检查心脏,呼吸情况,确定是否有其他外伤和有毒气体中毒以及其他合并症状。对爆炸冲击烧伤人员,应检查有无颅内损伤、胸腹腔内脏损伤和呼吸道烧伤。 c.防休克、防窒息、防创面感染。烧伤的人员常常因疼痛或恐惧热发生休克,可用针灸止痛或给止痛药;若发生急性喉头梗阻或窒息,设法请医务人员做气管切开,以保证通气;现场检查和搬运伤员时,注意保护创面,防止污染。 d.迅速脱去伤员被烧的衣服、鞋及袜等,为节省时间和减少对创面的损伤,可用剪刀剪开。不要随意清理创面,避免其感染。为了减少外界空气刺激创面引起疼痛,暂时用较干净的衣服把创面包裹起来。对创面一般不做处理,尽量不弄破水泡,保护表皮,避免涂一些效果不确定的药物、油膏或油。 e.迅速离开现场,立即把严重烧伤人员送往医院。注意搬运时动作要轻柔,行动要平稳,随时观察伤情。 3.爆炸事故现场应急处置 (1)客货运(站)场发生爆炸事故的现场处置。

续表

项目	具体内容
应急处置措施	客货运(站)场发生爆炸事故后,应迅速采取以下措施: ①迅速组织人员进行疏散,撤离爆炸地点。客运站发生爆炸事故时,要组织乘客有序撤离,避免发生踩踏事故。 ②迅速拨打报警电话,报告事故发生的具体情形。 ③迅速转移现场及附近易引燃引爆的其他所有物品。 ④在确保自身安全的情况下,把受伤人员转移至安全地点,采取必要的急救措施。 ⑤如果是危险货物发生爆炸事故,要组织人员撤离事故地点,防止中毒事故发生。 (2)车辆爆炸事故的现场处置。 车辆发生碰撞、倾覆等事故,或者运载危险货物的车辆发生事故,一旦发生爆炸事故,要迅速撤离车辆,躲避至安全距离以外。其他应急处置方法及现场急救措施可以按照车辆火灾事故的处置方法。 4. 化学品泄漏事故现场应急处置 危险化学品运输途中一旦发生泄漏的情况,要迅速采取以下措施: ①驾驶员个人力量无法挽回时,要迅速命令其开往空旷地带,远离人群、水源,并立刻报警。 ②如果是在高速路上,要迅速组织将车辆移至紧急停靠带,规范设置警示区域。 ③组织报警时应详细说明危险化学品的名称、性状、数量和泄漏等情况,便于民警第一时间有效处置。 ④迅速组织驾驶人员离开车辆,撤离到安全区域。警示周围群众,劝告其勿围观
指挥与协调	1. 启动预案 发生道路运输事故后应急救援领导小组应立即核实和确认,将情况报告上级行政主管单位并提出启动应急预案,研究部署应急处置工作并联络相关部门启动应急救援预案。立即与保险公司取得联系,告知事故情况。 2. 赶赴现场 应急救援领导小组组长应立即带领有关人员和专家赶赴现场,参与现场指挥和处置工作。 3. 通信联系 开通与现场救援指挥部、各应急行动组的通信联系,随时掌握事故应急处置进展情况。 4. 保障措施 根据事态发展和应急处置工作进展情况,进一步落实抢救人员,抢救设备、设施,确保抢救工作有效进行。 5. 协调配合 政府及相关部门组成指挥部时,公司道路运输事故应急救援领导小组派出的救援人员积极配合,相互协调,服从指挥部统一领导
现场施救	应急救援人员到达现场,快速、果断地进行现场施救,全力控制事故态势,防止事故扩大

续表

项目	具体内容
现场施救	**1. 伤员抢救** 在医疗部门人员到达现场之前,事先到达事故现场的应急救援人员(或事故中未受伤人员)应当按照救护操作规程,对伤情危急的伤员进行止血、包扎等紧急处置。急救、医疗部门人员到达现场后,由急救、医疗人员组织抢救受伤人员,突发道路运输事故应急救援领导机构要组织人员,积极协助运送伤员。 **2. 现场保护** 应急救援人员要注意保护现场痕迹物证,固定相关证据,因抢救伤员需要搬动现场物品的必须如实记录并标明位置。 **3. 救护医疗** 受伤人员由当地政府落实卫生行政部门负责组织开展紧急医疗救护和现场卫生处置工作。必要时由突发道路运输事故应急救援领导机构的应急救援人员及时帮助,或者协调医疗救护,包括医疗专家、特种药品和特种救治装备的救助支援,组织现场卫生防疫有关工作
终止与善后	(1)交通运输突发事件的威胁和危害得到控制或者消除后,负责应急处置的交通运输主管部门应当按照相关人民政府的决定停止执行应急处置措施,并按照有关要求采取必要措施,防止发生次生、衍生事件。 (2)交通运输突发事件应急处置结束后,负责应急处置工作的交通运输主管部门应当对应急处置工作进行评估,并向上级交通运输主管部门和本级人民政府报告。 (3)交通运输突发事件应急处置结束后,交通运输主管部门应当根据国家有关扶持遭受突发事件影响行业和地区发展的政策规定以及本级人民政府的恢复重建规划,制定相应的交通运输恢复重建计划并组织实施,重建受损的交通基础设施,消除突发事件造成的破坏及影响。 (4)因应急处置工作需要被征用的交通运输工具、装备和物资在使用完毕应当及时返还。交通运输工具、装备、物资被征用或者征用后毁损、灭失的,应当按照相关法律法规予以补偿
监督检查	根据《交通运输突发事件应急管理规定》,交通运输主管部门应当建立健全交通运输突发事件应急管理监督检查和考核机制。 监督检查应当包含以下内容: (1)应急组织机构建立情况。 (2)应急预案制订及实施情况。 (3)应急物资储备情况。 (4)应急队伍建设情况。 (5)危险源监测情况。 (6)信息管理、报送、发布及宣传情况。 (7)应急培训及演练情况。 (8)应急专项资金和经费落实情况。

项目	具体内容
监督检查	(9)突发事件应急处置评估情况。 交通运输主管部门应当加强对辖区内交通运输企业等单位应急工作的指导和监督。 违反本规定影响交通运输突发事件应对活动有效进行的,由其上级交通运输主管部门责令改正、通报批评;情节严重的,对直接负责的主管人员和其他直接责任人员按照有关规定给予相应处分;造成严重后果的,由有关部门依法给予处罚或追究相应责任

考点3　典型道路运输事故的应急处置

项目	具体内容
典型道路运输事故的应急处置	1. 火灾事故 不同的危险货物在不同情况下发生火灾时,其扑救方法差异很大。扑救时应注意以下几点: (1)扑救人员应占领上风或侧风阵地进行灭火,并有针对性地采取自我防护措施,如佩戴防护面具、穿戴专用防护服等。 (2)扑救危险货物火灾决不可盲目行动,应针对每一类危险货物,选择正确的灭火剂和灭火方法来安全地控制火灾。 (3)如控制不了火势,向消防部门请求援助,待消防队到达后,介绍物料性质,配合扑救。 2. 泄漏事故 现场人员应避免接触渗漏液,如果车上没有物品溅出,可把车开到远离人流集中或居民区、机关、学校、医院、商业区、厂矿、仓库、桥梁、隧道等地点,并请求救援。 如果危险化学品货物的渗漏会引发大火,造成污染扩散或车辆损坏,应立即停车,停车地点应选择在尽量远离居民区、机关、学校、医院、商业区、厂矿、仓库、桥梁、隧道等地点。驾驶人员应留在现场,站在上风处,监护好车辆和现场,并报警请求救援。 3. 车辆侧翻 当发生车辆侧翻事故时应首先救人,如果着火,立即进行警戒,禁止车辆、人员靠近现场,报警救援。如果发生泄漏,带上防护装备,现场进行堵漏处理,围堵泄漏物,减少环境污染,现场禁止吸烟、打手机,报警请求救援

第三节　应急救援方案演练

考点1　应急救援方案演练的目的、定义与原则

项目	具体内容
定义	应急演练是指各级政府部门、企事业单位、社会团体,组织相关应急人员与群众,针对特定的突发事件假想情景,按照应急预案所规定的职责和程序,在特定的时间和地域,执行应急响应任务的训练活动
目的	检验预案、完善准备、锻炼队伍、磨合机制、科普宣教
原则	结合实际、合理定位;着眼实战、讲求实效。 精心组织、确保安全;统筹规划、厉行节约

考点 2　应急救援方案的类型

项目	具体内容
按演练形式分类	(1)桌面演练。 是一种圆桌讨论或演习活动;其目的是使各级应急部门、组织和个人在较轻松的环境下,明确和熟悉应急预案中所规定的职责和程序,提高协调配合及解决问题的能力。 (2)现场演练。 是以现场实战操作的形式开展的演练活动。参演人员在贴近实际状况和高度紧张的环境下,根据演练情景的要求,通过实际操作完成应急响应任务,以检验和提高相关应急人员的组织指挥、应急处置以及后勤保障等综合应急能力
按演练内容分类	(1)单项演练。 是指只涉及应急预案中特定应急响应功能或现场处置方案中一系列应急响应功能的演练活动。 (2)综合演练。 是指涉及应急预案中多项或全部应急响应功能的演练活动。注重对多个环节和功能进行检验,特别是对不同单位之间应急机制和联合应对能力的检验
按演练目的和作用分类	(1)检验性演练。 主要是指为了检验应急方案的可行性及应急准备的充分性而组织的演练。 (2)示范性演练。 主要是指为了向参观、学习人员提供示范,为普及宣传应急知识而组织的观摩性演练。 (3)研究型演练。 主要是为了研究突发事件应急处置的有效方法,试验应急技术、设施和设备,探索存在问题的解决方案等而组织的演练

考点 3　应急演练的组织与实施

项目	具体内容
概述	一次完整的应急演练活动包括计划、准备、实施、评估总结和改进等五个阶段,其中: (1)计划阶段的主要任务:是明确演练需求,提出演练的基本构想和初步安排。 (2)准备阶段的主要任务:完成演练策划,编制演练总体方案及其附件,进行必要的培训和预演,做好各项保障工作安排。 (3)实施阶段的主要任务:按照演练总体方案完成各项演练活动,为演练评估总结收集信息。 (4)评估总结阶段的主要任务:评估总结演练参与单位在应急准备方面的问题和不足,明确改进的重点,提出改进计划。 (5)改进阶段的主要任务:按照改进计划,由相关单位实施落实,并对改进效果进行监督检查
计划	(1)梳理需求。 确定演练目的,归纳提炼举办应急演练活动的原因、演练要解决的问题和期望达到的效

项目	具体内容
计划	果等。分析演练需求,首先是在对所面临的风险及应急预案进行认真分析的基础上,发现可能存在的问题和薄弱环节,确定需加强演练的人员、需锻炼提高的技能、需测试的设施装备、需完善的突发事件应急处置流程和需进一步明确的职责等,然后仔细了解过去的演练情况。确定演练范围,是根据演练需求及经费、资源和时间等条件的限制,确定演练事件类型、等级、地域、参与演练机构及人数和适合的演练方式。 (2)明确任务。 演练组织单位根据演练需求、目标、类型、范围和其他相关需要,明确细化主要任务,安排日程计划。包括各种演练文件编写与审定的期限、物资器材准备的期限、演练实施的日期等。 (3)编制计划。 演练组织单位负责起草演练计划文本。计划内容应包括:演练目的需求、时间、地点、演练准备实施进程安排、领导小组和工作小组构成、预算等。 (4)计划审批。 演练计划编制完成后,应按相关管理要求,呈报上级主管部门批准。演练计划获准后,按计划开展具体演练准备工作
准备	(1)演练准备的核心工作是设计演练总体方案。 (2)演练总体方案是对演练活动的详细安排: ①成立演练组织机构。 演练应在相关预案确定的应急领导机构或指挥机构领导下组织开展。演练组织单位要成立由相关单位领导组成的演练领导小组,通常下设策划部、保障部和评估组;对于不同类型和规模的演练活动,其组织机构和职能可以适当调整。演练组织机构的成立是一个逐步完善的过程,在演练准备过程中,演练组织机构的部门设置和人员配备及分工可能根据实际需要随时调整,在演练方案审批通过之后,最终的演练组织机构才得以确立。 ②确定演练目标。 演练目标是为实现演练目的而需完成的主要演练任务及其效果。演练组织机构召集有关方面和人员,商讨确认范围、演练目的需求、演练目标以及各参与机构的目标,并进一步商讨,为确保演练目标实现而在演练场景、评估标准和方法、技术保障及对演练场地等方面应满足的要求。演练目标应简单、具体、可量化、可实现。一次演练一般有若干项演练目标,每项演练目标都要在演练方案中有相应的事件和演练活动予以实现,并在演练评估中有相应的评估项目判断该目标的实现情况。 ③演练情景事件设计。 演练情景事件是为演练而假设的一系列突发事件,为演练活动提供了初始条件并通过一系列的情景事件,引导演练活动继续直至演练完成。其设计过程包括:确定原生突发事件类型、请专家研讨、收集相关素材、结合演练目标、设计备选情景事件、研讨修改确认可用的情景事件、各情景事件细节确定。

项目	具体内容
准备	④演练流程设计。 是按照事件发展的科学规律,将所有情景事件及相应应急处置行动按时间顺序有机衔接的过程。其设计过程包括:确定事件之间的演化衔接关系;确定各事件发生与持续时间;确定各参与单位和角色在各场景中的期望行动以及期望行动之间的衔接关系;确定所需注入的信息及注入形式。 ⑤技术保障方案设计。 为保障演练活动顺利实施,演练组织机构应安排专人根据演练目标、演练情景事件和演练流程的要求,预先进行技术保障方案设计。当技术保障因客观原因确难实现时,可及时向演练组织机构相关负责人反映,提出对演练流程的相应修改建议。当演练情景事件和演练流程发生变化时,技术保障方案必须根据需要进行适当调整。 ⑥评估标准和方法选择。 演练评估组召集有关方面和人员,根据演练总体目标和各参与机构的目标以及演练的具体情景事件、演练流程和技术保障方案,商讨确定演练评估标准和方法。演练评估应以演练目标为基础。每项演练目标都要设计合理的评估项目方法、标准。根据演练目标的不同,可以用选择项、主观评分、定量测量等方法进行。 ⑦编写演练方案文件。 文案组负责起草演练方案相关文件。演练方案文件主要包括演练总体方案及其相关附件。 ⑧方案审批。 演练方案文件编制完成后,应按相关管理要求,报有关部门审批。对综合性较强或风险较大的应急演练,在方案报批之前,要由评估组组织相关专家对应急演练方案进行评审,确保方案科学可行。 ⑨落实各项保障工作。 为了按照演练方案顺利安全实施演练活动,应切实做好人员、经费、场地、物资器材、技术和安全方面的保障工作。 ⑩培训。 为了使演练相关策划人员及参演人员熟悉演练方案和相关应急预案,明确其在演练过程中的角色和职责,在演练准备过程中,可根据需要对其进行适当培训。 ⑪预演。 对大型综合性演练,为保证演练活动顺利实施,可在前期培训的基础上,在演练正式实施前,进行一次或多次预演。预演遵循先易后难、先分解后合练、循序渐进的原则。预演可以采取与正式演练不同的形式,演练正式演练的某些或全部环节
实施	(1)演练前检查。 演练实施当天,演练组织机构的相关人员应在演练开始前提前到达现场,对演练所用的设备设施等的情况进行检查,确保其正常工作。

项目	具体内容
实施	（2）演练前情况说明和动员。 导演组应在演练前夕分别召开控制人员、评估人员、演练人员的情况介绍会，确保所有演练参与人员了解演练现场规则、以及演练情景和演练计划中与各自工作相关的内容。演练模拟人员和观摩人员一般参加控制人员情况介绍会。 （3）演练启动。 示范性演练一般由演练总指挥或演练组织机构相关成员宣布演练开始并启动演练活动。检验性和研究性演练，一般在到达演练时间节点，演练场景出现后，自行启动。 （4）演练执行。 ①现场演练。参演应急组织和人员应尽可能按实际紧急事件发生时的响应要求进行演练，即"自由演示"，由参演应急组织和人员根据自己关于最佳解决办法的理解，对情景事件作出响应行动。 ②桌面演练。桌面演练的执行通常是五个环节的循环往复：演练信息注入、问题提出、决策分析、决策结果表达和点评。 ③演练演说。演练组织单位可以安排专人对演练过程进行解说。对于大型综合性示范演练，可按照脚本中的解说词进行讲解。 ④演练记录。演练实施过程中，一般要安排专门人员，采用文字、照片和音像等手段记录演练过程。 ⑤演练宣传报道。演练宣传组按照演练宣传方案做好演练宣传报道工作。 （5）演练结束与意外终止。 ①演练完毕，由总策划发出结束信号，演练总指挥或总策划宣布演练结束。 ②演练结束后所有人员停止演练活动，按预定方案集合进行现场总结讲评或者组织疏散。 ③演练实施过程中出现下列情况，经演练领导小组决定，由演练总指挥或总策划按照事先规定的程序和指令终止演练：出现真实突发事件，需要参演人员参与应急处置时，要终止演练，使参演人员迅速回归其工作岗位，履行应急处置职责；出现特殊或意外情况，短时间内不能妥善处理或解决时，可提前终止演练。 （6）现场点评会。 演练组织单位在演练活动结束后，应组织针对本次演练现场点评会。其中包括专家点评、领导点评、演练参与人员的现场信息反馈等
评估总结	（1）评估。 企业应对应急准备、应急处置工作进行评估。生产、经营、运输、储存、使用危险物品或处置废弃物品的企业，应每年进行一次应急准备评估。 （2）总结报告。 召开演练评估总结会议、编写演练总结报告。

续表

项目	具体内容
评估总结	（3）文件归档与备案。 　　演练组织单位在演练结束后应将演练计划、演练方案、各种演练记录（包括各种音像资料）、演练评估报告、演练总结报告等资料归档保存。对于由上级有关部门布置或参与组织的演练，或者法律、法规、规章要求备案的演练，演练组织单位应当将相关资料报有关部门备案
改进	（1）改进行动。 　　对演练中暴露出来的问题，演练组织单位和参与单位应及时采取措施予以改进。包括修改完善应急预案、有针对性地加强应急人员的教育和培训、对应急物资装备有计划地更新等。 　　（2）跟踪检查与反馈。 　　演练总结与讲评过程结束之后，演练组织单位和参与单位应指派专人，按规定时间对改进情况进行监督检查，确保本单位对自身暴露出的问题做出改进

第四节　道路运输事故应急处理器材、安全防护设施设备

考点 1　道路运输事故应急处理器材

项目	具体内容
应急处理器材	1. 拆除设备设施 破拆设备、叉车、推土机、金属切割机、电焊机、现场自备后勤保障组。 2. 高空抢险设备设施 起重提升设备——塔吊、单绳卷扬机、多绳卷扬机；登高车、梯子、安全绳、缓降器、救生气垫、施工现场自备后勤保障组。 3. 建筑抢险设备设施 挖掘机、推土机、装载机、工程运输车、清障车、行车信号工具等设备。施工现场自备后勤保障组、运输站段、分局调度指挥室。 4. 地下救治设备设施 强光照明、防护装备、通风机、发电机、施工现场自备后勤保障组。 5. 消防设备设施、器材 输水装置软管、喷头、便携式灭火器、抽水泵、照明车、指挥车、高压水枪、登高车、消防部门、施工现场、后勤保障组。 6. 个人防护设备 氧气呼吸器、防毒面具、防护服、救生衣、应急救援队伍自备抢险抢修组。

项目	具体内容
应急处理器材	7. 医疗支持设备 救护车、担架、夹板、氧气、急救箱、应急救援队伍自备医疗救护组。 8. 通信联络设备 对讲机、移动电话、固定电话、传真机、电报等,现场自备指挥部办公室

考点 2   道路运输事故安全防护设施设备

项目	具体内容
简介	运输系统设备包括运输基础设备和运输安全技术设备两类。 ①运输基础设备有线路(路基、桥隧建筑物、轨道)、车站、信号设备、机车、车辆、通信设备等。 ②运输安全技术设备包括安全监控设备、检测设备、自然灾害预报与防治设备、事故救援设备等。 道路危险货物运输企业(单位)应当根据所运危险货物的性质以及安全技术说明书和安全标签的要求,配备必需的应急处理器材和安全防护设备,以有效防止意外事故的发生并及时处理。 ③常见的应急处理器材和安全防护用品。 主要包括灭火器、塑料布、帆布、铲子、堵漏器材(如竹签、木塞、止漏器等)、警戒带、呼吸器、防护服、防尘面具、防护眼镜和手套等
道路危险货物运输管理	《道路危险货物运输管理规定》中关于运输许可规定: 申请从事道路危险货物运输经营的,应当具备下列条件: 1. 有符合下列要求的专用车辆及设备 (1)自有专用车辆(挂车除外)5 辆以上;运输剧毒化学品、爆炸品的,自有专用车辆(挂车除外)10 辆以上。 (2)专用车辆的技术要求应当符合《道路运输车辆技术管理规定》有关规定。 (3)配备有效的通讯工具。 (4)专用车辆应当安装具有行驶记录功能的卫星定位装置。 (5)运输剧毒化学品、爆炸品、易制爆危险化学品的,应当配备罐式、厢式专用车辆或者压力容器等专用容器。 (6)罐式专用车辆的罐体应当经质量检验部门检验合格,且罐体载货后总质量与专用车辆核定载质量相匹配。运输爆炸品、强腐蚀性危险货物的罐式专用车辆的罐体容积不得超过 20 立方米,运输剧毒化学品的罐式专用车辆的罐体容积不得超过 10 立方米,但符合国家有关标准的罐式集装箱除外。

续表

项目	具体内容
道路危险货物运输管理	(7)运输剧毒化学品、爆炸品、强腐蚀性危险货物的非罐式专用车辆,核定载质量不得超过 10 吨,但符合国家有关标准的集装箱运输专用车辆除外。 (8)配备与运输的危险货物性质相适应的安全防护、环境保护和消防设施设备。 **2. 有符合下列要求的停车场地** (1)自有或者租借期限为 3 年以上,且与经营范围、规模相适应的停车场地,停车场地应当位于企业注册地市级行政区域内。 (2)运输剧毒化学品、爆炸品专用车辆以及罐式专用车辆,数量为 20 辆(含)以下的,停车场地面积不低于车辆正投影面积的 1.5 倍,数量为 20 辆以上的,超过部分,每辆车的停车场地面积不低于车辆正投影面积;运输其他危险货物的,专用车辆数量为 10 辆(含)以下的,停车场地面积不低于车辆正投影面积的 1.5 倍;数量为 10 辆以上的,超过部分,每辆车的停车场地面积不低于车辆正投影面积。 (3)停车场地应当封闭并设立明显标志,不得妨碍居民生活和威胁公共安全。 **3. 有符合下列要求的从业人员和安全管理人员** (1)专用车辆的驾驶人员取得相应机动车驾驶证,年龄不超过 60 周岁。 (2)从事道路危险货物运输的驾驶人员、装卸管理人员、押运人员应当经所在地设区的市级人民政府交通运输主管部门考试合格,并取得相应的从业资格证;从事剧毒化学品、爆炸品道路运输的驾驶人员、装卸管理人员、押运人员,应当经考试合格,取得注明为"剧毒化学品运输"或者"爆炸品运输"类别的从业资格证。 (3)企业应当配备专职安全管理人员。 **4. 有健全的安全生产管理制度** (1)企业主要负责人、安全管理部门负责人、专职安全管理人员安全生产责任制度。 (2)从业人员安全生产责任制度。 (3)安全生产监督检查制度。 (4)安全生产教育培训制度。 (5)从业人员、专用车辆、设备及停车场地安全管理制度。 (6)应急救援预案制度。 (7)安全生产作业规程。 (8)安全生产考核与奖惩制度。 (9)安全事故报告、统计与处理制度

第五节　道路运输事故调查处理

考点 1　事故调查

项目	具体内容
分类	(1)事故的类别:物体打击、车辆伤害、机械伤害、起重伤害、触电、淹溺、灼烫、火灾、高处坠落、坍塌、冒顶片帮、透水、放炮、火药爆炸、瓦斯爆炸、锅炉爆炸、容器爆炸、其他爆炸、中毒和窒息、其他伤害。 (2)对事故造成的伤害分析要考虑的因素:受伤部位、受伤性质(人体受伤的类型)、起因物、致害物、伤害方式、不安全状态、不安全行为。 (3)按照事故造成的伤害程度可将伤害事故分为:轻伤事故、重伤事故、死亡事故
事故调查要求	(1)发生道路运输安全后,现场有关人员立即采取有效的措施组织抢救,同时应当立即报告本单位主要负责人。 (2)事故发生单位负责人接到事故报告后,应当立即启动事故相应应急预案,或者采取有效措施,组织抢救,防止事故扩大,减少人员伤亡和财产损失。 (3)发生道路运输安全死亡事故时,发生事故单位应当在 2 小时内向有关职能部门报告,不得隐瞒不报、谎报或者拖延不报。自事故发生之日起 7 日内,事故造成的伤亡人数发生变化的,应当及时补报。 (4)安全事故报告的内容包括:事故发生的时间、地点、伤亡情况、财产损失金额、事故简要经过、采取的施救措施、事故发生的初步原因、报告单位、报告人及其他应当报告的事项。 (5)事故发生单位在事故发生后应成立事故调查小组,对事故发生的原因、经过、损失等情况进行调查。调查小组应将调查情况和处理建议以书面形式向单位和上级有关部门汇报
事故上报的时限和部门	(1)生产安全事故发生后,事故现场有关人员应当立即向本单位负责人报告。单位负责人接到报告后,应当于 1 小时内向事故发生地县级以上人民政府安全生产监督管理部门和负有安全生产监督管理职责的有关部门报告。情况紧急时,事故现场有关人员可以直接向事故发生地县级以上人民政府安全生产监督管理部门和负有安全生产监督管理职责的有关部门报告。如果事故现场条件特别复杂,难以准确判定事故等级,情况十分危急,上一级部门没有足够能力开展应急救援工作,或者事故性质特殊、社会影响特别重大时,就应当允许越级上报事故。 (2)安全生产监督管理部门和负有安全生产监督管理职责的有关部门接到事故报告后,应当依照下列规定上报事故情况,并通知公安机关、劳动保障行政部门、工会和人民检察院;特别重大事故、重大事故逐级上报至国务院安全生产监督管理部门和负有安全生产监督管理职责的有关部门。较大事故逐级上报至省、自治区、直辖市人民政府安全生产监督管理部门和负有安全生产监督管理职责的有关部门。一般事故上报至设区的市级人民政府安全生产监督管理部门和负有安全生产监督管理职责的有关部门。安全生产监督管理部门和负有安全生产监督管理职责的有关部门逐级上报事故情况。

续表

项目	具体内容
事故上报的时限和部门	（3）事故报告后出现新情况的,应当及时补报。自事故发生之日起30日内,事故造成的伤亡人数发生变化的,应当及时补报。道路交通事故、火灾事故自发生之日起7日内,事故造成的伤亡人数发生变化的,应当及时补报
事故调查组织	（1）特别重大事故由国务院或者国务院授权有关部门组织事故调查组进行调查。重大事故、较大事故、一般事故分别由事故发生地省级人民政府、设区的市级人民政府、县级人民政府负责调查。省级人民政府、设区的市级人民政府、县级人民政府可以直接组织事故调查组进行调查,也可以授权或者委托有关部门组织事故调查组进行调查。 （2）未造成人员伤亡的一般事故,县级人民政府也可以委托事故发生单位组织事故调查组进行调查。上级人民政府可以调查由下级人民政府负责调查的事故;对于事故性质恶劣、社会影响较大的;同一地区连续频繁发生同类事故的;事故发生地不重视安全生产工作,不能真正吸取事故教训的;社会和群众对下级政府调查的事故反响十分强烈的;事故调查难以做到客观、公正的等事故调查工作,上级人民政府可以调查由下级人民政府负责调查的事故。事故调查工作实行"政府领导、分级负责"的原则。 （3）自事故发生之日起30日内（道路交通事故、火灾事故自发生之日起7日内）,因事故伤亡人数变化导致事故等级发生变化,应当由上级人民政府负责调查的,上级人民政府可以另行组织事故调查组进行调查。特别重大事故以下等级事故,事故发生地与事故发生单位不在同一个县级以上行政区域的,由事故发生地人民政府负责调查,事故发生单位所在地人民政府应当派人参加
事故调查组的组成和职责	（1）组成。 事故调查组的组成应当遵循精简、效能的原则。根据事故的具体情况,事故调查组由有关人民政府、安全生产监督管理部门、负有安全生产监督管理职责的有关部门、监察机关、公安机关以及工会派人组成,并应当邀请人民检察院派人参加。事故调查组可以聘请有关专家参与调查。事故调查组组长由负责事故调查的人民政府指定。事故调查组组长主持事故调查组的工作。 （2）职责。 ①查明事故发生的经过。 ②查明事故发生的原因:事故发生的直接原因、事故发生的间接原因、事故发生的其他原因。 ③人员伤亡情况。 ④事故的直接经济损失: a.人员伤亡后所支出的费用:医疗费用、丧葬及抚恤费用、补助及救济费用、歇工工资等。 b.事故善后处理费用:处理事故的事务性费用;现场抢救费用;现场清理费用;事故罚款;赔偿费用等。 c.事故造成的财产损失费用:固定资产损失价值、流动资产损失价值等。 ⑤认定事故性质和事故责任分析:通过事故调查分析,对事故的性质要有明确结论。

续表

项目	具体内容
事故调查组的组成和职责	其中对认定为自然事故(非责任事故或者不可抗拒的事故)的可不再认定或者追究事故责任人;对认定为责任事故的,要按照责任大小和承担责任的不同分别认定直接责任者、主要责任者、领导责任者。 ⑥对事故责任者的处理建议:通过事故调查分析,在认定事故的性质和事故责任的基础上,对责任事故者提出行政处分、纪律处分、行政处罚、追究刑事责任、追究民事责任的建议。 ⑦总结事故教训:通过事故调查分析,在认定事故的性质和事故责任者的基础上,要认真总结事故教训,主要是在安全生产管理、安全生产投入,安全生产条件等方面存在哪些薄弱环节、漏洞和隐患,要认真对照问题查找根源,吸取教训。 ⑧提出防范和整改措施:防范和整改措施是在事故调查分析的基础上针对事故发生单位在安全生产方面的薄弱环节、漏洞、隐患等提出的,要具备针对性、可操作性、普遍适用性和时效性。 ⑨提交事故调查报告:事故调查报告在事故调查组全面履行职责的前提下由事故调查组完成,是事故调查工作成果的集中体现。事故调查报告在事故调查组组长的主持下完成;事故调查报告的内容应当符合《生产安全事故报告和调查处理条例》的规定,并在规定的提交事故调查报告的时限内提出。事故调查报告应当附具有关证据材料,事故调查组成员应当在事故调查报告上签名。事故调查报告应当包括:事故发生单位概况;事故发生经过和事故救援情况;事故造成的人员伤亡和直接经济损失;事故发生的原因和事故性质;事故责任的认定;对事故责任者的处理建议;事故防范和整改措施。事故调查报告报送负责事故调查的人民政府后,事故调查工作即告结束。事故调查的有关资料应当归档保存
事故调查组的职权和事故发生单位的义务	(1)职权。 事故调查组有权向有关单位和个人了解与事故有关的情况,并要求其提供相关文件、资料,有关单位和个人不得拒绝。 (2)义务。 事故发生单位的负责人和有关人员在事故调查期间不得擅离职守,并应当随时接受事故调查组的询问,如实提供有关情况。事故调查中发现涉嫌犯罪的,事故调查组应当及时将有关材料或者其复印件移交司法机关处理。事故调查中需要进行技术鉴定的,事故调查组应当委托具有国家规定资质的单位进行技术鉴定。必要时,事故调查组可以直接组织专家进行技术鉴定。技术鉴定所需时间不计入事故调查期限
事故调查的纪律和期限	(1)纪律。 事故调查组成员在事故调查工作中应当诚信公正、恪尽职守,遵守事故调查组的纪律,保守事故调查的秘密。未经事故调查组组长允许,事故调查组成员不得擅自发布有关事故的信息。 (2)期限。 事故调查组应当自事故发生之日起60日内提交事故调查报告,特殊情况下,经事故调查的人民政府批准,提交事故调查报告的期限可以适当延长,但延长的期限最长不超过60日

考点 2　事故处理

项目	具体内容
事故调查处理的基本内容	事故调查组向负责组织事故调查的有关人民政府提出事故调查报告后,事故调查工作即告结束。有关人民政府按照《生产安全事故报告和调查处理条例》规定的期限,及时作出批复,并督促有关机关、单位落实批复,包括对生产经营单位的行政处罚,对事故责任人行政责任的追究以及整改措施的落实等
事故调查报告的批复	(1)事故调查组是为了调查某一特定事故而临时组成的,不管是有关人民政府直接组织的事故调查组,还是授权或者委托有关部门组织的事故调查组,其形成的事故调查报告只有经过有关人民政府批复后,才具有效力,才能被执行和落实。事故调查报告批复的主体是负责事故调查的人民政府。特别重大事故的调查报告由国务院批复;重大事故、较大事故、一般事故的事故调查报告分别由负责事故调查的有关省级人民政府、设区的市级人民政府、县级人民政府批复。 (2)特别重大以下等级事故,事故发生地与事故发生单位不在同一个县级以上行政区域的,由事故发生地人民政府负责调查,事故发生单位所在地人民政府应当派人参加。重大事故、较大事故、一般事故,负责事故调查的人民政府应当自收到事故调查报告之日起15日内作出批复;特别重大事故,30日内作出批复,特殊情况下,批复时间可以适当延长,但延长的时间最长不超过30日。 (3)有关机关应当按照人民政府的批复,依照法律、行政法规规定的权限和程序,对事故发生单位和有关人员进行行政处罚,对负有事故责任的国家工作人员进行处分。事故发生单位应当按照负责事故调查的人民政府的批复,对本单位负有事故责任的人员进行处理。负有事故责任的人员涉嫌犯罪的,依法追究刑事责任
事故调查报告中防范和整改措施的落实及其监督	1.落实 (1)事故调查处理的最终目的是预防和减少事故。 (2)事故调查组在调查事故中要查清事故经过,查明事故原因和事故性质,总结事故教训,并在事故调查报告中提出防范和整改措施。 (3)事故发生单位应当认真吸取事故教训,落实防范和整改措施,防止事故再次发生。 (4)防范和整改措施的落实情况应当接受工会和职工的监督。 2.监督 (1)安全生产监督管理部门和负有安全生产监督管理职责的有关部门,应当对事故发生单位负责落实防范和整改措施的情况进行监督检查。 (2)事故处理的情况由负责事故调查的人民政府或者其授权的有关部门、机构向社会公布,依法应当保密的除外
处理要求	(1)在进行事故调查分析的基础上,事故责任部门应根据事故调查报告中提出的建议,制定整改措施。 (2)对事故责任单位和责任人,依据事故调查报告中对事故责任单位和责任人的处理意见和建议,进行行政处分和经济处罚,触犯刑律构成犯罪的交由司法机关依法追究刑事责任。

项目	具体内容
处理要求	(3)对事故造成的伤亡人员工伤认定、劳动鉴定、工伤评残和工伤保险待遇处理,按照国务院《工伤保险条例》和有关省、市综合保险、意外伤害保险等有关规定进行处置。 (4)事故调查处理结束后,公司或安全部门应负责将事故详情、原因及责任人处理等编印成事故通报,组织全体职工进行学习,从中吸取教训,防止事故的再次发生
事故调查处理的原则	各级人民政府及其负有安全生产监督管理职责的部门在事故调查处理工作中积累了丰富的实践经验,总结形成了"四不放过"原则。对事故调查处理应当坚持实事求是、科学严谨、依法依规、注重实效的原则。事故调查是一项严肃的工作,必须以尊重事实、尊重科学的态度对事故发生的经过、伤亡和经济损失的情况、事故原因、事故性质、事故责任进行全面深入和完整准确调查,收集证据材料,去伪存真,得出真实、科学的事故调查结论。《生产安全事故报告和调查处理条例》对事故调查处理原则的规定体现在以下四个方面: (1)及时、准确地查清事故经过、事故原因和事故损失。事故调查工作必须坚持"快"和"准",否则就会失去调查取证的最佳时机和有利条件。事故现场情况、当事人和相关证据对查清事故经过、事故原因、事故损失至关重要。所以,事故调查必须及时展开,进行周密细致的调查取证,取得第一手材料。在此基础上,整理分析,核实固证,搞清楚事故全貌,为确定事故性质、认定事故责任提供可靠的依据。 (2)查明事故性质,认定事故责任。各种事故的性质可分为两大类,一类是责任事故,另一类是非责任事故。责任事故是指由事故单位或者从业人员的不安全行为所引发的事故,即人为原因造成的事故。非责任事故是指由自然力所引发的事故,即人类不可预见、不可抗拒、不可避免的事故。目前发生的事故中绝大多数是责任事故。事故性质属于责任事故还是非责任事故,不能确定于调查之前,只能确定于调查之后。所以,事故调查的主要任务就是查明事故性质,认定事故性质和责任。 (3)总结事故教训,提出整改措施。事故调查不是就事论事,而是要吸取教训,举一反三,提出预防事故的措施,防止再次发生同类事故。所以,事故调查要避免重追究、轻整改的倾向,要在调查报告中提出整改意见或者措施,为其他单位提供事故案例和经验教训,加强管理,防止或者减少同类事故。 (4)对事故责任者依法追究责任。《中华人民共和国安全生产法》规定:"国家实行生产安全事故责任追究制度,依照本法和有关法律、法规的规定,追究生产安全事故责任单位和责任人员的法律责任。"有责必究是事故调查处理的一项重要原则。事故处理绝不放过一个违法者,也绝不冤枉一个守法者。安全生产违法行为导致的责任事故,对人身安全和财产安全造成了危害。因此,对事故责任单位及其责任人、事故报告和调查处理违法行为人,必须依法追究其法律责任

◆ **案例分析** ////

　　某年12月20日18时,66号高速公路因降雪封闭,21日7时重新开放。9时该高速公路Y路段M隧道内距入口20米处,一辆以60千米/小时速度自西向东行驶的空载货车,与前方缓行的运输甲醇的罐车发生追尾碰撞,罐车失控前冲碰撞隧道内同方向行驶的小客车。

　　事故发生后,甲醇罐车押运员甲从右侧门下车,走到车后,发现甲醇罐车尾部防撞设施损坏,卸料管断裂,甲醇泄漏,为关闭卸料管根部球阀防止甲醇进一步泄漏,甲要求司机乙向前移动车辆,该车重新启动向前启动1米后停止,司机乙熄火下车走到车身左侧罐体中部时,发现地面泄露的甲醇已经起火燃烧,并形成流淌火,迅速引燃前后车辆,事发时受气象和地势影响,隧道内气流由西向东流动,且隧道东高西低,形成烟囱效应,甲醇和车辆燃烧产生的高温有毒烟气迅速在隧道内向东蔓延,继而在隧道内引起大火和浓烟,事故烧毁隧道内车辆12辆,造成25人死亡,6人受伤,隧道受损严重。

　　事故调查发现:甲醇罐车由轻型货车改装而成,车辆整备质量2.76吨,核定载货量2.24吨,实际装载甲醇3.7吨,司机乙持大货车驾驶证,驾驶证在有效期内,押运员甲为临时用工人员,空载货车为D物流运输公司零担货车,车辆和驾驶员手续齐全,均在有效期内,事发时,因长时间封路等待,零担货车驾驶员丙疲劳驾驶,未及时注意到前方路况变化,导致追尾碰撞。

　　甲醇罐车隶属E公司,该公司自半年前开始一直使用改装车运输甲醇。E公司为危险化学品经营企业,危险化学品经营许可证在有效期内,无危险化学品道路运输资质,该公司共有员工15名,其中安全生产管理人员1名,由公司出纳兼任。该公司实际控制人为丁,丁上一次接受安全生产培训时间为两年前。

　　根据以上材料,回答下列问题:

　　1.根据《危险化学品安全管理条例》,指出E公司哪些人员应通过有关主管部门对其安全生产知识和管理能力的考核。

　　2.简述甲醇罐车被追尾碰撞后,甲、乙应采取的应急处理措施。

　　3.根据《安全生产事故报告和调查处理条例》,简要说明该起事故调查报告应包括的主要内容。

　　4.指出E公司在安全管理方面存在的问题。

　　5.简述事故的处理要求。

参考答案及解析

1.E公司下列人员应通过有关主管部门对其安全生产知识和管理能力的考核:

(1)驾驶员、装卸管理人员、押运人员、申报人员、集装箱装箱现场检察员。

(2)公司主要负责人、安全管理人员、特种作业人员。

2.(1)司机乙将车辆立即熄火并关闭汽车电源总开关。

（2）押运员甲立即告知前后车辆的司机熄火和关闭自己车辆的电源，要求司机和乘客禁止烟火和打手机，要求其他车辆司机和乘客立即疏散到安全地带，并协助警戒，阻止其他车辆和人员进入危险地带。

（3）司机乙在事故车辆前后设置警示标识，提醒后面车辆停车熄火关闭电源开关。

（4）押运员甲远离泄漏位置打110、119报警（公安机关接到报告后，应当根据实际情况立即向安监部门、环保部门、卫生部门通报）。

（5）如果车上配有防护眼镜、自给式呼吸器、消防服、防毒面具、防护手套等劳保用品，甲和乙佩戴好劳保用品后，尝试关闭卸料管根部球阀，如无法关闭，利用车上防爆堵漏工具进行堵漏；如果没有劳保用品和堵漏工具，在确保安全的情况下，利用车上的水雾型灭火器喷水雾减少蒸发，用沙土吸收泄漏的甲醇，处理过程中，必须禁止明火、防静电、不使用容易产生火花的工具。

（6）如果没有任何劳保用品和处理工具，撤离现场，在安全处等待消防等部门前来处理，做好配合工作。

3. 事故调查报告的主要内容：

（1）事故发生单位概况。甲醇罐车隶属E公司，该公司自事故发生半年前开始一直使用改装车运输甲醇。E公司为危险化学品经营企业，危险化学品经营许可证在有效期内，无危险化学品道路运输资质。

（2）事故发生经过和事故救援情况。事故发生之日，66号公路Y路段M隧道内距入口20米处，一辆以60千米/小时速度自西向东行驶的空载货车，与前方缓行的运输甲醇的罐车发生追尾碰撞，罐车失控前冲碰撞隧道内同方向行驶的小客车，造成连环追尾事故。甲醇罐车尾部防撞设施损坏，卸料管断裂，甲醇泄漏，押运员甲意图关闭卸料管根部球阀，让驾驶员乙重新启动车辆，向前启动，结果起火。

（3）事故造成的人员伤亡和直接经济损失。事故烧毁隧道内车辆12辆，造成25人死亡，6人受伤，隧道受损严重。

（4）事故发生的原因和事故性质。这是一起责任事故，事故原因有：零担货车驾驶员丙疲劳驾驶，导致追尾，甲醇泄漏；押运员甲和驾驶员乙违规操作，重启汽车，导致起火；甲醇车辆系轻型货车改装，超载，司机乙和押运员甲未经危化品安全培训，司机乙无危化品运输驾驶员证；E公司无危险化学品道路运输资质，无专业安全管理人员，主要负责人没有参加再教育。

（5）事故责任的认定以及对事故责任者的处理建议。驾驶员乙、丙，押运员甲是造成事故的直接责任者，E公司实际控制人丁是造成事故的领导责任者和主要责任者；根据《中华人民共和国安全生产法》《中华人民共和国刑法》等的法规对E公司进行罚款，对E公司领导撤职；押运员甲，驾驶员乙、丙，控制人丁有司法机关根据法律规定，给予刑事责任处理。

（6）事故防范和整改措施。为防止类似事故再次发生，要求E公司办理危险化学品道路运输资质，使用合格车辆运输，建立健全安全管理制度，主要负责人按时参加安全再教育，提高安全意识，配置专职安全管理人员，对押运员、司机等进行危化品安全教育，并制定应急预案,定期演练。

4.(1)违反危化品安全法规。无危险化学品道路运输资质。使用改装车运输甲醇。并且超载。甲醇罐车由轻型货车改装而成,车辆整备质量2.76吨,核定载货量2.24吨,实际装载甲醇3.7吨。

(2)违反安全培训法律法规。公司实际控制人丁没有每年参加安全再教育。丁上一次接受安全生产培训时间为两年前。相关员工从未接受过危险化学品道路运输事故应急培训。导致驾驶员乙和押运员甲缺乏安全应急知识,违规操作。司机乙持大货车驾驶证,没有参加危险品运输培训,取得相应证书。

(3)违反《中华人民共和国安全生产法》,安全管理制度不健全,没有配备专职的安全管理人员,安全生产管理人员1名,由公司出纳兼任。

5.(1)在进行事故调查分析的基础上,事故责任部门应根据事故调查报告中提出的建议,制定整改措施。

(2)对事故责任单位和责任人,依据事故调查报告中对事故责任单位和责任人的处理意见和建议,进行行政处分和经济处罚,触犯刑律构成犯罪的交由司法机关依法追究刑事责任。

(3)对事故造成的伤亡人员工伤认定、劳动鉴定、工伤评残和工伤保险待遇处理,按照国务院《工伤保险条例》和有关省、市综合保险、意外伤害保险等有关规定进行处置。

(4)事故调查处理结束后,公司或安全部门应负责将事故详情、原因及责任人处理等编印成事故通报,组织全体职工进行学习,从中吸取教训,防止事故的再次发生。

第七章　道路运输其他安全生产技术

◆ 知识框架

道路运输其他安全生产技术
├─ 车辆维护与检测作业中安全生产及管理 ┬ 车辆维护和修理
│　　　　　　　　　　　　　　　　　　└ 车辆检测
├─ 检测、维修设备各岗位安全技术及管理 ┬ 各岗位安全技术及管理
│　　　　　　　　　　　　　　　　　　└ 车辆检验在检测区的安全防范措施
├─ 特种车辆及危险品运输车辆维修要求 ┬ 特种车辆维修管理措施
│　　　　　　　　　　　　　　　　　　└ 危险品运输车辆维修要求
└─ 驾驶员培训安全管理 ┬ 驾驶员培训安全管理要求
　　　　　　　　　　　├ 驾驶员培训机构训练场的安全防护
　　　　　　　　　　　└ 训练过程中其他安全要求

◆ 考点精讲

第一节　车辆维护与检测作业中安全生产及管理

考点 1　车辆维护和修理

项目	具体内容
车辆维护	1. 车辆维护的原则 车辆维护应贯彻预防发生、强制维护的原则。 2. 车辆维护的目的 车辆维护是为了保持车辆外观整洁,降低机件磨损,防止机件早期损坏,主动及时地检查故障和隐患并加以排除,从而保持汽车各总成的技术状况均衡,以延长整车的大修间隔里程。 3. 车辆维护的分类及相关规定 车辆维护分为日常维护、一级维护和二级维护。日常维护由驾驶员实施,一级维护和二级维护由道路运输经营者组织实施,并做好记录。 ①道路运输经营者应当依据国家有关标准和车辆维修手册、使用说明书等,结合车辆类别、车辆运行状况、行驶里程、道路条件、使用年限等因素,自行确定车辆维护周期,确保车辆正常维护。

续表

项目	具体内容
车辆维护	②车辆维护作业项目应当按照国家关于汽车维护的技术规范要求确定。 ③道路运输经营者可以对自有车辆进行二级维护作业,保证投入运营的车辆符合技术管理要求,无须进行二级维护竣工质量检测。 ④道路运输经营者不具备二级维护作业能力的,可以委托二类以上机动车维修经营者进行二级维护作业。机动车维修经营者完成二级维护作业后,应当向委托方出具二级维护出厂合格证
车辆修理	(1)道路运输经营者应当遵循视情修理的原则,根据实际情况对车辆进行及时修理。 (2)道路运输经营者用于运输剧毒化学品、爆炸品的专用车辆及罐式专用车辆(含罐式挂车),应当到具备道路危险货物运输车辆维修资质的企业进行维修。 (3)专用车辆的牵引车和其他运输危险货物的车辆由道路运输经营者消除危险货物的危害后,可以到具备一般车辆维修资质的企业进行维修

考点 2　车辆检测

项目	具体内容
车辆检测	道路运输经营者应当定期到机动车综合性能检测机构,对道路运输车辆进行综合性能检测。 (1)道路运输经营者应当自道路运输车辆首次取得道路运输证当月起,按照下列周期和频次,委托汽车综合性能检测机构进行综合性能检测和技术等级评定: ①客车、危货运输车自首次经国家机动车辆注册登记主管部门登记注册不满 60 个月的,每 12 个月进行 1 次检测和评定;超过 60 个月的,每 6 个月进行 1 次检测和评定。 ②其他运输车辆自首次经国家机动车辆注册登记主管部门登记注册,每 12 个月进行 1 次检测和评定。 (2)客车、危货运输车的综合性能检测应当委托车籍所在地汽车综合性能检测机构进行。货车的综合性能检测可以委托运输驻在地汽车综合性能检测机构进行。 (3)道路运输经营者应当选择通过质量技术监督部门的计量认证、取得计量认证证书并符合国家相关标准的检测机构进行车辆的综合性能检测。 (4)汽车综合性能检测机构对新进入道路运输市场车辆应当按照《道路运输车辆燃料消耗量达标车型表》进行比对。对达标的新车和在用车辆,应当按照《道路运输车辆综合性能要求和检验方法》《道路运输车辆技术等级划分和评定要求》实施检测和评定,出具全国统一式样的道路运输车辆综合性能检测报告,评定车辆技术等级,并在报告单上标注。车籍所在地县级以上道路运输管理机构应当将车辆技术等级在道路运输证上标明。汽车综合性能检测机构应当确保检测和评定结果客观、公正、准确,对检测和评定结果承担法律责任。 (5)道路运输管理机构和受其委托承担客车类型等级评定工作的汽车综合性能检测机构,应当按照《营运客车类型划分及等级评定》进行营运客车类型等级评定或者年度类型等级评定复核,出具统一式样的客车类型等级评定报告。 (6)汽车综合性能检测机构应当建立车辆检测档案,档案内容主要包括:车辆综合性能检测报告(含车辆基本信息、车辆技术等级)、客车类型等级评定记录。车辆检测档案保存期不少于 2 年

第二节 检测、维修设备各岗位安全技术及管理

考点1 各岗位安全技术及管理

项目	具体内容
质检员岗位安全技术及管理	(1)质检员在确立服务对象后,要做到车旁接待。质检员先查看车身外部完好情况,查看发动机部分油水液面及相关附件的完好性,查看车辆里程数,然后请用户到工作台。根据用户的要求以及描述填写接待单,必要时给予提醒服务项目及请相关人员试车。 (2)质检员必须了解车间生产情况、关心所接车辆进展情况,必要时提醒主修人员对所接车辆的进度及质量等方面的要求,并根据车间生产及配件供应的情况确定每辆车的交车时间,保证交车时间的正确性。对修理运作中的未尽事宜必须告知用户,如变更项目要直接通知客户或电话通知,并在委托书上做好记录。质检员必须做到来电必听,做好电话预约的登记和传递,关心车间和仓库为预约车辆的准备情况;需要外出抢修填单后及时传递;做好客户投诉等相关的记录。 (3)质检员接收维修人员竣工的竣工单后,必须检查各项目的完成情况及自检、总检的签字情况,对不合格的竣工单必须要求相关人员完善后再接收。实施结算委托书必须根据委托书项目进行核对,保证结算的真实性。 (4)质检员必须做到维修接待谁接待谁负责的原则,保证用户档案的真实有效,同时确保维修进度满足交车时间的要求,必须收集好结算所需手续。 (5)质检员对每台车结算完成后都必须依据结算清单向用户解释,并到停车位向用户解释所服务的项目
维修人员岗位安全技术及管理	(1)车间维修人员必须衣着整洁,服从车间调度工作安排,严格按照维修手册、行业标准、维修工艺等操作规程进行维修作业,做好维修过程中的自检、记录等工作。 (2)维护人员应维护好维修设备,保持作业场所的清洁,根据设备的特性正确使用设备,不得盲目操作。借用工具时必须做到借前检查、还前检查,发现问题必须回报给保管员,还回工具必须保持清洁,不得把工具带出公司。借用工具必须当天归还,不得过夜。 (3)维修人员必须按委托书所立项目进行维修作业,不得在维修中漏项。维修过程中要对车辆进行检查,发现委托书未定项目必须报服务顾问,由服务顾问与用户磋商,如用户在车旁,维修人员必须填写好需要检修的项目,然后请用户签字确认。 (4)维修人员在实施维修作业过程中根据委托书批示认真仔细检修,不得对一些难以排除的故障向客户推托解释,必须报技术部门由技术人员共同处理。 (5)维修人员有责任对用户的财产实施保护及保管。在维修过程中不得随意动用与维修不相关的车内装备或物品。 (6)维修人员必须对更换的旧件根据要求返还仓库,对索赔要求做好记录,填写并捆绑标签。 (7)维修人员必须保管好个人工具小车,小车内不得存放旧件,车内工具必须保持整洁完好。不得出现领用不用或过失领用,在维修中损坏而仍用旧件以次充好。

项目	具体内容
维修人员岗位安全技术及管理	(8)维修人员必须检查所负责设备的运行状况,做好保养工作,发现问题及时汇报。使用设备时先查后用,有保险装置的设备一定查看保险是否到位,不得在保险未到位的情况下使用设备。 (9)维修人员维修完毕后必须进行自检,自检合格后交技术人员检查。在维修中需路试的需报技术人员或业务主管,原则上不允许维修人员外出试车,试车人员不得单独外出试车,试车在公司内部场地进行。 (10)钣金维修工在动用焊接设备时必须遵照有关的安全规定进行操作,遵守"十不烧"的原则,在车上焊接必须熟悉车辆技术要求后再实施操作。设备使用完毕必须关闭好各种气体并重复检查关闭情况。 (11)各维修人员完成维修后必须做好工位与工具清洁工作,打扫好工位或库房,保持工位及库房的绝对清洁。在无维修任务时不得串岗或擅自离开公司。 (12)维修人员都必须团结一致,树立团体精神,充分发挥自己的技术特长。对站内维修车辆遇难题时都必须主动帮助排除和参与共同讨论
电焊工岗位安全技术及管理	(1)电焊工工作前穿戴好规定的防护用品,并必须认真检查电焊机、焊接机、夹钳及电线各部位是否完好。 (2)焊割工件放置平衡,以免倒塌造成伤亡,高空焊割必须落实安全措施。 (3)进入禁火区作业,需经安全部门批准,并采取有效的安全措施方可工作。氧气瓶、乙炔瓶与明火点应按规定距离放置,严禁一切油脂触及氧气瓶。 (4)对车辆进行电焊作业时,应拆下车辆电瓶桩头,以防损坏电子元器件。 (5)电焊工必须做到"十不烧"。工作中断时必须切断电源,并关闭氧气和乙炔瓶开关,下班时应整理场地,消灭火种
汽车维修工岗位安全技术及管理	(1)汽车维修工须了解所修车辆的构造、性能、修理方法及安全要求。 (2)汽车维修工工作前应清理好场地,并检查工具、量具和设备是否完好。工作中必须正确合理使用各种工具及设备,专用工具不得代用或乱用。 (3)汽车维修工使用千斤顶时要用木板垫稳,不得垫砖头或易碎物品,进入车下修理检查前,拉紧手制动。 (4)吊起物件时,绳扣应仔细检查,确保牢固可靠。在吊物下严禁站人。用汽油清洗机件时应做好现场禁火工作,5米内严禁明火。清洗结束,做好清场工作,处理好废油。存放过易燃易爆品及危险品的容器,严禁动用明火。 (5)汽车维修工使用电器工具和接线板之前,必须检查电线插头、插座等是否完好,发现有损坏应及时叫电工修复。加注电解液时要小心轻放,防止酸液飞溅伤人。油污棉纱不准乱扔,应及时清除
油漆工岗位安全技术及管理	(1)喷油漆时严禁吸烟或燃火,汽油、油漆等易燃易挥发物品应有专人保管,放置在安全地点,并加盖密封。 (2)室内操作时应保持良好的自然通风,操作时合理使用防护用品。喷漆时先开通风机后喷漆,工作结束时应先停喷漆后关通风机。喷漆间不准安装砂轮及其他产生火花的设备。操作人员必须会使用灭火器材,并熟知其放置地点。擦拭油漆、溶剂及各种油类的棉纱、破布必须集中放在箱内定期妥善处理,不准乱扔

考点 2　车辆检验在检测区的安全防范措施

项目	具体内容
检验人员检验现场危险源应对的具体措施	检验过程中涉及设备基本信息的查验和校对,涉及动力系、传动系、行驶系、转向系、制动系、工作装置等系统的检验,情况复杂,稍有不慎极易发生现场安全事故。这就需要检验人员增强危险源辨识能力,努力防止检验时安全事故的发生。 具体应主要从以下几个方面着手: (1)进入如履带吊等大型厂内机动车辆驾驶室内核对整机铭牌,检查仪表、后视镜、雨刮器、应急断电开关等项目及攀登结构件上部察看有关情况时易从高处滑倒坠落这一隐含的风险,应采取以下应对措施。 应对措施:给每个检验员配备具有良好防滑作用的绝缘鞋,必要时佩戴安全带。 (2)针对检验场所高大建筑物上的物体可能会意外坠落打伤检验人员这一危险,应采取以下应对措施。 应对措施:给每个检验员配备合格的安全帽,并正确穿戴。检验时尽量远离在建的高大建筑。 (3)针对在核对发动机型号编号、检查蓄电池和电动机时,盖板撑杆可能会突然失稳,致盖板落下砸伤检验人员这一危险,应采取以下应对措施。 应对措施:除要求每个检验员佩戴安全帽外,还要要求检验员严格执行相关检验规定,发现盖板撑杆状况不良时,应寻找其他可靠替代物来辅助支撑。 (4)对于检验员钻到车辆下面检查车架编号、车辆车桥、车架变形、钢板弹簧、减震器以及车轮等项目时,会撞到检验员头部,或车辆意外移动碰伤检验员这一危险,应采取以下应对措施。 应对措施:每个检验员佩戴安全箱并确保车辆在发动机熄火并实施有效驻车制动的情况下方能够进入车架下进行检验,同时采取必要的安全措施。 (5)对于进行液力传动车辆挡位启动试验和静压传动车辆启动试验时,车辆可能意外移动撞击检验人员这一危险,应采取以下应对措施。 应对措施:进行该项试验时,相关检验人员站在被检车辆的一侧,并且保持一定距离。 (6)针对在坡道上检测驻车制动时,由于驻车制动失效,被检车辆在坡道上意外移动撞击检验人员这一风险,应采取以下应对措施。 应对措施:在进行坡道试验前,先在平地上初步验证驻车制动效能。 (7)针对检测车辆制动效能时,制动距离过大,可能会意外撞击人员和障碍物这一危险,应采取以下应对措施。 应对措施:如被测车辆是气压制动,首先要保证制动气压达到规定压力(查看气压表),其次保证车场地面附着系数符合检验要求,最后要充分预留一定的安全制动距离。 (8)针对被检车辆工作装置(如上下移动的装载机铲斗、旋转的挖掘机的斗臂等)动作范围内撞击检验员这一危险,应采取以下应对措施。 应对措施:严格遵守有关机动车辆安全操作规定,站在车辆动作范围(或回转半径)外检验

项目	具体内容
确保检验人员人身安全的相关措施	1. 重视检验现场的安全教育 (1)检验部门应落实好安全教育工作,警钟长鸣。 (2)检验员在检验过程中新发现的危险源应及时向单位负责人汇报,单位负责人应立即组织召开安全会议并提出防范措施,避免安全事故的发生。 2. 加大现场安全的抽查力度,始终把安全工作的立足点放在现场 应加大检验现场安全的抽查力度,而且不能流于形式,重在落实,采取事先不通知,单位有关负责人直接赶赴检验现场进行突击检查的方式,看检验人员是否严格按照规定佩戴好安全防护用品(戴好安全帽,系好安全带,穿好检验工作服和绝缘鞋,放好检验牌等),是否严格按照检验机构制定的有关机动车辆安全操作规范来安全检验。 3. 增强检验人员的危险源辨识能力 检验部门可以经常召开专题会议,将检验人员在检验现场不断发掘出的危险源进行汇总,发放到每个检验人员手里并张贴在办公室,时刻提醒检验人员提高危险源辨识能力,减少安全事故。 4. 提高检验人员的安全意识 (1)人的不安全行为是由人的安全意识淡薄造成的。因此,要抓好检验现场安全,必须从提高检验人员的安全意识和安全技能入手。只有具有较高的安全意识,才能做到行为安全。同时,良好的安全愿望还需要一定的操作技能作保证,只有这样才能真正最大限度避免事故发生。 (2)通过各种途径和办法努力提高职工的安全素质。检验检测机构应加大检验员的安全培训考核力度,使其充分理解本单位的安全管理规定,熟悉国家市场监督管理总局颁布的有关机动车辆监督检验的规定。 5. 尽量减少人工检验,进一步推进仪器检验方法 (1)随着国家"科技兴检"战略的实施,检验检测机构应加大检验检测仪器的购置力度。 (2)厂车检验中微机制动性能测试仪、液压踏板力计、手拉力计以及声级计等先进仪器的应用,不仅能提高检验工作效率,而且还能大大降低检验过程中的风险,有效保护检验人员的安全。 6. 将检验现场安全与检验检测机构奖惩机制有机结合 (1)检验检测机构应建立现场检验安全奖惩制度,促进检验人员严格按照安全操作规程进行检验。 (2)对现场安全抽查过程中发现的操作规范者给予奖励,对现场安全抽查过程中发现的不安全行为进行严厉处罚,以坚决杜绝违规检验

第三节　特种车辆及危险品运输车辆维修要求

考点 1　特种车辆维修管理措施

项目	具体内容
维修管理措施	1.维修报修 各种特种车辆的情况都有所不同。例如其所属的单位、出现的故障的情况以及状态等等有不同之处,针对这种情况在进行维修报修时需要遵循一定的程序,要根据不同的情况来处理。大致分为以下几步: (1)特车驾驶员报备车辆所属单位,经过单位的技术鉴定,再确认情况。然后,主管签字且得到部长审批后,在设备部办理各种车辆维修手续,最后实施维修工作。 (2)确认车辆情况,填写《小修保修跟踪表》,安技员签字,驾驶员在汽车调度室办理车辆维修手续,最后实施维修。 (3)对于存在维修难点的车辆,汽修没有能力进行修理,则可以申报外委维修。 2.维修过程 (1)特种车辆在维修的过程中同样需要对其进行监督管理,这一般属于设备部的工作内容。 (2)设备部需要提前掌握各类特种车辆的信息,这其中包括特种车辆的维修工期、维修进度、维修质量等,并且需要在车辆出厂 3 天后进行跟踪调查,以便随时掌握车辆状况的动态发展,如果出现异常,需要及时解决。 (3)如果特种车辆在维修过程中或者维修之后,尚处于保质期内出现的质量纠纷,设备部需要进行协调,妥善把问题解决好。 (4)维修的时间不宜太长,以便车辆能够尽快投入生产。 3.维修场地 汽车维护现场是指从事汽车维护和小修,为汽车运输提供技术状况完好车辆的基地。按生产规模,分大、中、小三类。按所维护车辆的型式,分载货汽车、客车、轿车、汽油车、柴油车及特种汽车或综合性的维修场,按专业化分为维修一种车型、两种车型和两种以上车型的维护场。按工艺,分日常维护站、一级维护站、二级维护站、汽车技术状况诊断调试站、加油站、外部清洗站、润滑站和小修站等

考点 2　危险品运输车辆维修要求

项目	具体内容
操作规定	(1)定期对专项车间技术人员、维修人员进行常见危险物品性能知识及消防知识培训。必须做到持证上岗。 (2)严格遵守各工种安全操作规程,特别是气焊、电焊作业安全操作规程。严禁维修罐体。 (3)危险货物运输车辆进厂维修前,必须由专人进行严格的入库前检验,对危险货物运输车辆维修应在修理车间内进行,严禁露天作业。维修时周围应设置相适应的警戒区,警戒区内无火源、热源,并设置警示牌。

项目	具体内容
操作规定	（4）严禁载货进行二级维护。车辆发生故障时，特别是外出救援服务，如维修时间及维修程度危及货物安全的，应将危险货物转移到安全场地，由承运人安排专人看管，方可进行车辆维修。 （5）动用明火维修作业时，严格做好安全防护措施，作业现场配备灭火器和隔热板，作业前必须对车辆采取安全预防措施。 （6）车辆入库维修前必须切断电瓶电源
设施条件	1.危险货物运输车辆停放场地 （1）应有与承修危险货物运输车型、经营规模相适应的独立的危险货物运输车辆停放场地，停车场地面平整坚实，区域界定标志明显。 （2）危险货物运输车辆停放场地地面平整坚实，设置相适应的警戒线，警戒区域内消防设施齐全，无火源、热源。设置消防安全通道警示牌，并保持通畅无阻。 2.危险货物运输车辆维修车间 （1）应具有维修危险货物运输车辆独立的专用修理车间。专用修理车间远离生活场所、公路、铁路以及供电变压器等，独立设置，干净整洁，通风良好，面积不少于200平方米。 （2）非危险货物运输车辆不应进入危险货物运输车辆专用修理车间。 （3）专用修理车间结构，建筑材料应能满足维修车辆所装载、接触的危险货物的要求。 （4）危险货物运输车辆维修地应平整坚实，设置警戒线，车间内消防设施齐全，无火源、热源，设置相应的警示标志和报警装置。应对维修车间和应急通道等进行监控。 （5）专用危险货物运输车辆维修车间应使用防爆照明装置及电气设施、设备。禁止在专用危险货物运输车辆维修车间内放置或使用可能产生火花、火源的设备设施
设备条件	危险货物运输车辆维修企业除符合规定中一类货车整车维修企业开业所需的设备条件外，还应具备以下设备：工业温度计，可燃气体防爆测试仪，有毒、有害气体探测仪，铜质专用工具，制动试验台

第四节 驾驶员培训安全管理

考点1 驾驶员培训安全管理要求

项目	具体内容
驾驶员聘用要求	驾驶员有以下三点聘用要求： （1）驾驶员必须经交通警察部门审核合格并持有相应的驾驶证件。驾驶员必须经道路交通主管部门审核合格，并持有相应的从业资格证件。 （2）驾驶客运车辆必须至少具有两年安全驾驶经历。驾驶员必须经公司考核合格后，与公司签订安全行车责任书后方准驾车。 （3）公司对符合条件的新驾驶员进行理论和实际操作考试，合格的择优录取。其中，理论科目的内容包括：职业道德、道路运输法规、安全行车知识、车辆维修及技术管理知识、道路运输业务知识等。实际操作是指机动车常见故障排除，行车安全检查

续表

项目	具体内容
客运驾驶员岗前培训制度	(1)为了强化安全生产责任制,加强安全生产监督管理,确保驾驶员的安全生产工作措施到位,公司聘用的驾驶员必须进行岗前安全生产教育培训。 (2)客运驾驶员在上岗前必须参加由交通、运管部门和公司组织的各项从业资格、服务技能培训,经考核合格后,方可参加客车营运。 (3)岗前培训的主要内容包括:国家道路交通安全和安全生产相关的法律法规、安全行车知识、典型交通事故案例警示教育、职业道德、安全告知知识、应急处置知识、公司有关安全运营管理的规定等。 (4)公司安全部门负责拟定培训计划、编制培训教程、确定授课人员,统一开展驾驶员的上岗前培训。驾驶员的召集、通知和组织,由安全部门相关人员负责落实。 (5)参加培训人员必须按时参加,认真听讲,专心实践,不得迟到早退或找人代替。每次培训都要将出勤、评估、理论考试、实践考核记录在案
驾驶员岗位责任制度和工作标准	1.驾驶员岗位责任制 (1)驾驶员应严格遵守交通规则和操作规程及客运管理有关规定,按时参加安全学习,精心保养车辆,严格执行"三检"制度(出车前,行驶中,收车后)和例保制度,确保行车安全和车辆技术状况良好,不开带"病"车和超员车。 (2)驾驶员应遵守运输纪律,服从调度命令和现场指挥,认真执行运行作业计划,正点运行,按时完成各项运输任务。 (3)驾驶员应爱护车辆,保持车容整洁,车上各项设施齐备有效,节约燃料、润料,做到质优高产低耗。 (4)驾驶员应协助乘务员维护好乘车秩序,车上未安排乘务员时要做好行包的监装和监卸工作,做到不越站、不甩客、不停车办私事、不载无票乘客和行包,按规定线路营运。 (5)驾驶员应服从站内指挥和管理,协助乘务员做好清洁工作,保证正点发车,运行中遇稽查人员查车时应主动停车接受检查。 2.驾驶员工作标准 (1)驾驶员应在上岗前认真检查车辆各系统,特别是制动、转向系统技术状况是否良好,整理车容,检查各项设施是否齐备有效,油、水是否充足,严禁车辆带"病"行驶。 (2)驾驶员应携带各种证件,领取行车路单,按规定时间进站,听从站内调度,进入指示停靠站口,开启行包仓。 (3)驾驶员应检查行包是否装捆牢固,长、宽、高及重量是否符合规定,协助乘务员组织旅客上车,维护好乘车秩序。旅客全部上车后,驾驶员应进入驾驶座位,检查车门是否关好,并告知旅客系好安全带。 (4)驾驶员应集中精力,谨慎驾驶,按规定时速运行,礼貌行车,安全第一。途经危桥,险路,要主动停车以组织旅客下车。 (5)途中停、歇后,应协助乘务员核实人数后方可继续运行。遇有非常情况或发生事故应尽快呼救,抢救伤员,保护现场,必要时及时疏散旅客。 (6)按规定站点进站停靠,不越站、不甩客、不超员。临近车站时要减速行驶、平稳停靠,要利用停歇时间抓紧检查车辆,发现故障立即排除,不带"病"运行。要协助乘务员监装、监卸行包。 (7)收车后把车辆开到指定停车位进行检查、清洁车辆卫生,加足燃料,做好下班准备

续表

项目	具体内容
驾驶员安全 管理规定	驾驶员安全管理规定内容有: (1)驾驶员驾驶车辆时,须携带驾驶证、行驶证和企业办理的准驾证等,缺少证件或证件未按规定审验或审验不合格者,不准驾驶车辆,且证件不得转借、涂改或伪造。 (2)驾驶员严禁酒后开车,不准在驾驶车辆时吸烟、闲谈或有其他妨碍安全行车的行为;不准穿拖鞋驾驶车辆;患有妨碍安全行车的疾病或过度疲劳时不准驾驶车辆。 (3)驾驶员不准超速行驶,下坡严禁空挡熄火滑行,不准直流供油,严禁将车交给没有驾驶资格的人或外单位人员驾驶。 (4)驾驶员不准驾驶与驾驶证、准驾证不相符合的车辆;不准驾驶安全设备不符合规定或机件失灵的车辆;不准人货混装;不准私自聘请不符合公司安全管理规定的人员驾驶营运车辆。 (5)车未停稳时,驾驶员不准开门下客;车门未关好不准行车,不准驾驶装运危险品的车辆。 (6)驾驶车辆时,驾驶员必须严格遵纪守法,做到各行其道,中速行驶,礼貌行车。 ①转弯做好四件事:减速、鸣笛、靠右行和随时准备停车。 ②起步做到"三看":一看车辆周围上下有无障碍,二看仪表是否正常,三看有无车辆超车。 ③会车时做到先让、先慢和先停。 ④超车时做到"二不":不强行超车,不搞让道不让速。 ⑤停车做好"四好":选好地点,挂好排挡,拉好手刹,塞好三角木。 ⑥行车中做到"四慢":情况不明慢,视线不良慢,起步、会车、停车慢,通过交叉路口、狭路、桥梁、弯道、险坡、繁华路段慢。 ⑦车辆加油时必须熄火,不准载客加油。 (7)驾驶员做好"五掌握":掌握车辆安全技术状况,掌握道路及装载情况,掌握气候及地区变化,掌握各种车辆动态,掌握行人、儿童及牲畜活动特点等。 (8)驾驶员在行车过程中必须做好开车前、行驶中、收车后的安全例保工作,对所驾车辆应妥善保管和使用,经常保持车容整洁,严格按照车辆保养计划按期进行车辆各级保养作业,使车辆保持良好的技术状况。 (9)驾驶员应自觉服从交通管理机关和企业的安全管理和检查,严格遵守交通法规及企业的安全管理规定,自觉地参加单位组织的安全学习。 (10)驾驶员应严格遵守运行纪律,服从调度和站务管理,不准私自开班。行驶途中遇道路塌方或过漫水路桥时,驾驶员必须探明情况,在确保安全情况下,下客后方能谨慎驾驶通过。驾驶员不准冒险通过危险路段。 (11)担负出车任务的驾驶员要养成良好的生活习惯,自觉安排好休息时间,要保证足够的休息,以旺盛精力投入驾驶工作。 (12)发生行车事故时,驾驶员必须立即停车抢救伤者,保护好现场并及时向交警部门、车队和单位报告,听候处理。驾驶员不得开车逃逸或伪造现场。肇事驾驶员必须按照"四不放过"的原则认真吸取教训,写出深刻检讨,按照公司规定接受处理

159

考点2　驾驶员培训机构训练场的安全防护

项目	具体内容
驾驶员培训机构训练场的安全防护	机动车驾驶员培训教练场 概念:为机动车驾驶学员提供教练场地、配套设施设备等进行驾驶训练的教练场所。 1. 场地规模 (1)机动车驾驶员培训教练场的训练场地建设规模应该根据预定的训练规模确定。 (2)机动车驾驶员培训教练场的最小训练规模应达到教练车总数不少于100辆。(教练车总数中不包含三轮汽车、普通三轮摩托车、普通二轮摩托车和轻便摩托车等车型教练车) 2. 场地训练项目设施、设备及道路条件 (1)场地训练项目设施条件。 ①教练场配置的训练项目设施总数量及技术要求应符合规定,教练场可根据培训车型训练的实际需要,按照相关要求增加其他训练项目设施。 ②项目衔接处应设置缓冲路段,一般应大于1.5倍训练车长。 ③训练项目场地路面应压实、平整和硬化。 ④训练项目应设置明显的项目名称指引标志。 (2)场地道路条件。 ①训练道路应按规定的要求建设。 ②单车道训练道路的路基路面按不低于四级公路建设,行车道宽度不小于3.5米(不提供大型客车、牵引车、城市公交车、中型客车和大型货车等车型驾驶培训服务的,行车道宽度不小于3.25米),圆曲线半径不小于30米。 ③双车道训练道路的路基路面按不低于三级公路建设,行车道宽度不小于6.5米(不提供大型客车、牵引车、城市公交车、中型客车和大型货车等车型驾驶培训服务的,行车道宽度不小于6.0米),圆曲线半径不小于65米。 ④除训练项目路段外,容易发生积雪或冰冻情形的场内道路坡度应不大于3.5%,其他地区场内道路坡度应不大于6%。 ⑤训练道路应充分利用地形,形成多种复杂的路型、路况。并行的训练道路之间应设置安全隔离设施。 ⑥训练道路应形成多条道路相互联通的循环路线网,增加路线交叉点和汇合点。应设置符合规定要求的十字形、T字形、环形及模拟道路与铁路交叉口等道路交叉口至少各一个,也可设置互通式立体交叉。 (3)交通信号。 ①训练场内应设置符合规定要求的交通标志,包括警告标志、禁令标志、指示标志和辅助标志等。 ②训练场内应设置符合规定要求的交通标线,包括指示标线、禁止标线和警告标线等。 ③训练场内应按规定的要求设置不少于两套交通信号灯。 (4)停车场。 ①停车位应按规定的要求设计。 ②停车场应靠近综合服务区域,停车场总面积应满足全部训练车辆同时停放的要求。

续表

项目	具体内容
驾驶员培训机构训练场的安全防护	③停车场应压实、平整和硬化。 3.办公、教学与服务设施 ①教练场应有足够的办公、教学和生活用房,应设有卫生、饮水设施及采暖、制冷设备。 ②教练场应提供相应的餐饮、教练员与学员休息场所等设施。 ③教练场应配备与其训练规模相适应的汽车维修场所、车辆外部清洗等设施、设备。 ④教练场应具有符合规定要求的图板橱窗或实物展台、警示教育活动室等交通安全宣传教育设施。 ⑤为残疾人提供驾驶训练服务的,应在办公区域、教学区域和生活区域设置符合规定要求的无障碍设施和无障碍标志。 4.安全条件 (1)教练场应设置封闭设施,教练场地与办公、教学和生活等区域之间应有隔离设施,并设有专人看守的通行口。 (2)教练场应满足以下安全要求: ①教练场地与场外道路衔接处应具有满足规定要求的停车视距; ②教练场内应按人车分离的原则布置人行通道; ③教练场内道路与路侧场地落差超过0.5米时,应在道路边缘设置防护设施; ④教练场内道路转弯、分流路口等处存在可能与车辆发生刚性碰撞的物体前,应设置有效的消能物体或设施; ⑤教练场内应配备照明设施和监控设施、设备。 (3)教练场应配备紧急救护药品和设备。 5.环境条件 教练场的教学区域、生活区域、训练道路两侧及场内空地应进行绿化布置。教练场地绿化率应符合国家和地方的相关规定

考点3 训练过程中其他安全要求

项目	具体内容
教练车辆安全管理	(1)严格遵守《中华人民共和国道路交通安全法》及安全操作规程。严格按规定的训练科目和指定的路线,进行道路驾驶训练,保证训练期间安全和训练质量。 (2)支持文明教学,安全训练,对学员要因人施教,耐心帮助,并做好驾驶技术和相关安全知识的教育。 (3)教练车严禁乘坐与训练无关人员和装载货物,驾驶室严禁超座,车未停稳不准上下人,严禁教员私自带人上车训练。 (4)夜间训练,应首先检查车辆的各项设备、部件,特别是灯光是否完好,如有毛病应修复后开车。

续表

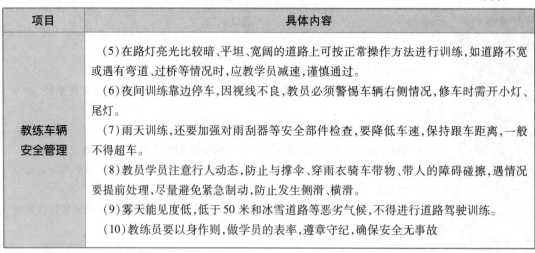

项目	具体内容
教练车辆安全管理	(5)在路灯亮光比较暗、平坦、宽阔的道路上可按正常操作方法进行训练,如道路不宽或遇有弯道、过桥等情况时,应教学员减速,谨慎通过。 (6)夜间训练靠边停车,因视线不良,教员必须警惕车辆右侧情况,修车时需开小灯、尾灯。 (7)雨天训练,还要加强对雨刮器等安全部件检查,要降低车速,保持跟车距离,一般不得超车。 (8)教员学员注意行人动态,防止与撑伞、穿雨衣骑车带物、带人的障碍碰擦,遇情况要提前处理,尽量避免紧急制动,防止发生侧滑、横滑。 (9)雾天能见度低,低于50米和冰雪道路等恶劣气候,不得进行道路驾驶训练。 (10)教练员要以身作则,做学员的表率,遵章守纪,确保安全无事故

◆ **案例分析** ///

2017年10月1日12时58分,子洲县何家集镇石磕沟村006号驾驶人高彩芳驾驶陕西省延安市宝塔区川口乡王小虎的陕××005号吉利美日牌小型轿车(该车是高彩芳于2017年10月1日10时19分从延安市宝塔区鼎福汽车租赁有限公司租赁车辆,登记所有人为陕西省延安市宝塔区川口乡王小虎,经审查该车的车辆档案资料齐全有效)由南向北行驶至205省道90km+850m(延安市宝塔区蟠龙镇永胜村)公路处,由于车辆失稳驶入公路西侧,与反方向子长县栾家坪乡徐世平驾驶的延川县德宏货运有限责任公司陕×32327号东风楚飞牌罐式货车相撞,造成陕××005号车驾驶人高彩芳及同车乘坐人闫彩芳2人当场死亡,陕××005号车乘坐人高香香、苗雨乐、苗雨梦、张越4人受伤,高香香、张越后经医院抢救无效死亡,两车受损,发生较大道路交通事故。

调查发现:

1.高彩芳驾驶机件不符合技术标准且具有安全隐患的机动车上路行驶。根据鉴定结论陕××005号车左前轮及左后轮轮胎花纹严重磨损,已磨损至磨损标记,属于具有安全隐患的机动车。

2.高彩芳驾驶车辆遇弯道操作不当,致车辆失稳,驶入对向车道。事故发生地为省道205线,由南向北有弯道半径72米的弯道,前50米处有弯道提示标志牌。

3.高彩芳驾驶技术生疏,遇弯道未能减速慢行,未在确保安全、畅通的原则下通行。高彩芳初领驾驶证时间为2017年3月19日,《机动车驾驶证申领和使用规定》明确规定:机动车驾驶人初次取得汽车类准驾车型或者初次取得摩托车类准驾车型后的12个月为实习期。

4.高彩芳驾驶机动车超速行驶。根据鉴定结论陕××005号车事故前行驶速度约为74千米/小时,而该事故路段属省级道路,同方向只有一条机动车道,最高行驶速度不得超过70千米/小时。

5.徐世平驾驶机件不符合技术标准具有安全隐患的机动车上路行驶。根据鉴定结论陕×32327号车事故前行车制动系统技术状况不正常,而《中华人民共和国道路交通安全法》第二十一条明确规定:驾驶人驾驶机动车上道路行驶前,应当对机动车的安全技术性能进行认真检查;不得驾驶安全设施不全或者机件不符合技术标准等具有安全隐患的机动车。

6.徐世平驾驶超载的机动车上路行驶。而该车行驶证核定载质量为19 000千克,陕西延长石油集团炼化公司永平炼油厂原料油(气)调拨单证实该车实载质量24 660千克,超载30%。

根据以上材料,回答下列问题:

1.简述该事故主要当事人高彩芳、徐世平应当负哪些责任。

2.有效防范类似事故再次发生,请针对该事故,提出相应的防范和整改措施。

参考答案及解析

1.(1)驾驶人高彩芳驾驶机件不符合技术标准具有安全隐患的机动车且超速行驶,遇弯道操作不当,致车辆失稳,驶入对向车道,且未能在确保安全、畅通的原则下通行,其行为违反了《中华人民共和国道路交通安全法》第二十一条"驾驶人驾驶机动车上道路行驶前,应当对机动车的安全技术性能进行认真检查;不得驾驶安全设施不全或者机件不符合技术标准等具有安全隐患的机动车";第三十五条"机动车、非机动车实行右侧通行";第三十八条"车辆、行人应当按照交通信号通行;遇有交通警察现场指挥时,应当按照交通警察的指挥通行;在没有交通信号的道路上,应当在确保安全、畅通的原则下通行。"和《中华人民共和国道路交通安全法实施条例》第四十五条二项"同方向只有1条机动车道的道路,城市道路为每小时50公里,公路为每小时70公里"之规定,对此事故应负主要责任。

(2)徐世平驾驶机件不符合技术标准具有安全隐患且超载的机动车上路行驶,其行为违反《中华人民共和国道路交通安全法》第二十一条"驾驶人驾驶机动车上道路行驶前,应当对机动车的安全技术性能进行认真检查;不得驾驶安全设施不全或者机件不符合技术标准等具有安全隐患的机动车";第四十八条"机动车载物应当符合核定的载质量,严禁超载"之规定,对此事故应负次要责任。

2.(1)宝塔区鼎福汽车租赁有限公司要认真汲取事故教训,严格落实安全生产主体责任,增强安全意识。要按照相关法律法规的具体要求,严格规范租赁车辆的租赁管理,严格定期和定程的日常维护保养,严格年度安全和环保的强制检测;凡非经营性车辆不得从事客运经营活动。

(2)延川县德宏货运有限责任公司要严格落实安全生产管理责任。要加强对驾驶员安全学习、培训教育,要加强车辆维修、按期对车辆进行二级维护保养。严格落实《中华人民共和国道路管理运输条例》《危险化学品安全管理条例》等相关法律法规规定,确保车辆安全运营。

(3)各级道路交通管理部门要认真吸取宝塔区"10·01"较大道路交通事故教训,举一反三,全面加强对全市所有汽车运输公司,特别是汽车租赁公司的安全监管,确保汽车租赁、

汽车运输行业规范经营,安全经营。

(4)要加大道路交通安全联合执法力度,加强联合专项整治,强化驾驶员和客运、租赁车辆的动态监管。

①相关部门要强化责任意识,加大联合执法力度。对恶劣气候、节假日等特殊时段和重点旅游景区往返路段,要采取有效的应对措施,强化各部门之间的协作,形成道路安全整治合力。严格落实旅游客车和客运车辆运营中的安全例行检查,严厉打击道路交通客运车辆超速、超员、驾驶员疲劳驾驶等违法行为。

②要对我市事故多发、易发险情路段加强巡逻管控,严肃查处违法占道、违章停靠等各类违法行为,维护道路交通安全秩序。

③整合 GPS 监控平台,充分利用 GPS 等高科技监控手段,加强对客运车辆的动态监管,有效防范客运车辆超速、超员、疲劳驾驶、违章停车上下客和串线经营等违法行为。

第二部分

安全生产案例分析

第一章　安全生产管理制度与职责

知识框架

安全生产管理制度与职责
- 国家安全生产法律、法规、规章、标准和政策
- 企业安全生产规章制度
  - 安全生产规章制度建设的目的和意义
  - 安全规章制度建设的依据和原则
  - 安全规章制度的编制和管理
- 安全生产责任制
- 安全生产管理机构设置和人员配备
  - 安全生产管理机构设置和人员配备相关内容
  - 生产经营单位安全生产管理机构以及安全生产管理人员应履行的职责

考点精讲

第一节　国家安全生产法律、法规、规章、标准和政策

考点　国家安全生产法律、法规、规章、标准和政策

项目	具体内容
法律	(1)国家现行的有关安全生产的专门法律有： 《中华人民共和国安全生产法》《中华人民共和国消防法》《中华人民共和国道路交通安全法》《中华人民共和国海上交通安全法》《中华人民共和国矿山安全法》等。 (2)与安全生产相关的法律主要有： 《中华人民共和国劳动法》《中华人民共和国职业病防治法》《中华人民共和国工会法》《中华人民共和国矿产资源法》《中华人民共和国铁路法》《中华人民共和国公路法》《中华人民共和国民用航空法》《中华人民共和国港口法》《中华人民共和国建筑法》《中华人民共和国煤炭法》《中华人民共和国电力法》等
法规	安全生产法规分为： (1)行政法规。 (2)地方性法规

167

续表

项目	具体内容
规章	安全生产行政规章分为： (1)部门规章。 (2)地方政府规章
标准	法定安全生产标准分为： (1)国家标准。安全生产国家标准是指国家标准化行政主管部门依照《中华人民共和国标准化法》制定的在全国范围内适用的安全生产技术规范。 (2)行业标准。安全生产行业标准是指国务院有关部门和直属机构依照《中华人民共和国标准化法》制定的在安全生产领域内适用的安全生产技术规范。 行业安全生产标准对同一安全生产事项的技术要求，可以高于国家安全生产标准但不得与其相抵触

第二节　企业安全生产规章制度

考点1　安全生产规章制度建设的目的和意义

项目	具体内容
安全生产规章制度建设的目的和意义	安全生产规章制度建设的目的和意义： 安全规章制度是生产经营单位贯彻国家有关安全生产法律法规、国家和行业标准，贯彻国家安全生产方针政策的行动指南，是生产经营单位有效防范生产、经营过程安全生产风险，保障从业人员安全和健康，加强安全生产管理的重要措施。具体表现在： (1)建立、健全安全规章制度是生产经营单位的法定责任。 (2)建立、健全安全生产规章制度是生产经营单位落实主体责任的具体体现。 (3)建立、健全安全规章制度是生产经营单位安全生产的重要保障。 (4)建立、健全安全规章制度是生产经营单位保护从业人员安全与健康的重要手段

考点2　安全规章制度建设的依据和原则

项目	具体内容
依据	(1)以安全生产法律法规、国家和行业标准、地方政府的法规、标准为依据。 生产经营单位安全规章制度首先必须符合国家法律法规，国家和行业标准，以及生产经营单位所在地方政府的相关法规、标准的要求。生产经营单位安全规章制度是一系列法律法规在生产经营单位生产、经营过程具体贯彻落实的体现。 (2)以生产、经营过程的危险有害因素辨识和事故教训为依据。 安全规章制度的建设，其核心就是危险有害因素的辨识和控制。通过危险有害因素的辨识，有效提高规章制度建设的目的性和针对性，保障生产安全。同时，生产经营单位

续表

项目	具体内容
依据	要积极借鉴相关事故教训,及时修订和完善规章制度,防范同类事故的重复发生。 (3)以国际、国内先进的安全管理方法为依据。 随着安全科学技术的迅猛发展,安全生产风险防范和控制的理论、方法不断完善。尤其是安全系统工程理论研究的不断深化,为生产经营单位的安全管理提供了丰富的工具,如职业安全健康管理体系、风险评估、安全性评价体系的建立等,都为生产经营单位安全规章制度的建设提供了宝贵的参考资料
原则	1. 主要负责人负责的原则 　安全规章制度建设,涉及生产经营单位的各个环节和所有人员,只有生产经营单位主要负责人亲自组织,才能有效调动生产经营单位的所有资源,才能协调各个方面的关系。 　2."安全第一、预防为主、综合治理"的原则 　"安全第一、预防为主、综合治理"是我国的安全生产方针,是我国经济社会发展现阶段安全生产客观规律的具体要求。安全第一,就是要求必须把安全生产放在各项工作的首位,正确处理好安全生产与工程进度、经济效益的关系。预防为主,就是要求生产经营单位的安全生产管理工作,要以危险、有害因素的辨识、评价和控制为基础,建立安全生产规章制度。通过制度的实施达到规范人员行为,消除物的不安全状态,实现安全生产的目标。综合治理,就是要求在管理上综合采取组织措施、技术措施,落实生产经营单位的各级主要负责人、专业技术人员、管理人员、从业人员等各级人员,以及党政工团有关管理部门的责任,各负其责,齐抓共管。 　3. 系统性原则 　风险来自生产、经营过程之中,只要生产、经营活动在进行,风险就客观存在。因而,要按照安全系统工程的原理,建立涵盖全员、全过程、全方位的安全规章制度。即涵盖生产经营单位每个环节、每个岗位、每个人;涵盖生产经营单位的规划设计、建设安装、生产调试、生产运行、技术改造的全过程;涵盖生产经营全过程的事故预防、应急处置、调查处理等全方位的安全规章制度。 　4. 规范化和标准化原则 　生产经营单位安全规章制度的建设应实现规范化和标准化管理,以确保安全规章制度建设的严密、完整、有序。建立安全规章制度起草、审核、发布、教育培训、修订的严密的组织管理程序,安全规章制度编制要做到目的明确,流程清晰,标准明确,具有可操作性,按照系统性原则的要求,建立完整的安全规章制度体系

考点3　安全规章制度的编制和管理

项目	具体内容
制定、修订的 工作计划	生产经营单位应每年编制安全规章制度制定、修订的工作计划,确保生产经营单位安全规章制度建设和管理的有序进行。

项目	具体内容
制定、修订的工作计划	计划的主要内容包括： (1)规章制度的名称。 (2)编制目的。 (3)主要内容。 (4)责任部门。 (5)进度安排等
制定的流程	安全生产规章制度制定的流程包括： (1)起草。 安全规章制度在起草前,应首先收集国家有关安全生产法律法规、国家行业标准、生产经营单位所在地方政府的有关法规、标准等,作为制度起草的依据,同时结合生产经营单位安全生产的实际情况,进行起草。 (2)会签。 责任部门起草的规章制度草案,应在送交相关领导签发前征求有关部门的意见,意见不一致时,一般由生产经营单位主要负责人或分管安全的负责人主持会议,取得一致意见。 (3)审核。 安全规章制度在签发前,应进行审核。一是由生产经营单位负责法律事务的部门,对规章制度与相关法律法规的符合性及与生产经营单位现行规章制度一致性进行审查;二是提交生产经营单位的职工代表大会或安全生产委员会会议进行讨论,对各方面工作的协调性、各方利益的统筹性进行审查。 (4)签发。 技术规程规范、安全操作规程等一般技术性安全规章制度由生产经营单位分管安全生产的负责人签发,涉及全局性的综合管理类安全规章制度应由生产经营单位主要负责人签发。 签发后要进行编号,注明生效时间,以"自发布之日起执行"或"现予发布,自某年某月某日起施行"。 (5)发布。 生产经营单位的安全规章制度,应采用固定的发布方式,如通过红头文件形式、在生产经营单位内部办公网络发布等。发布的范围应覆盖与制度相关的部门及人员。 (6)培训和考试。 新颁布的安全规章制度应组织相关人员进行培训,对安全操作规程类制度,还应组织进行考试。 (7)修订。 生产经营单位应每年对安全规章制度进行一次修订,并公布现行有效的安全规章制度清单。对安全操作规程类安全规章制度,除每年进行一次修订外,3 至 5 年应组织进行一次全面修订,并重新印刷

第三节　安全生产责任制

考点　安全生产责任制

项目	具体内容
定义	安全生产责任制是经长期的安全生产、劳动保护管理实践证明的成功制度与措施
对企业实行安全生产责任制的要求	(1)企业单位的各级领导人员在管理生产的同时,必须负责管理安全工作,认真贯彻执行国家有关劳动保护的法令和制度,在计划、布置、检查、总结、评比生产的时候,同时计划、布置、检查、总结、评比安全工作。 (2)企业单位中的生产、技术、设计、供销、运输、财务等各有关专职机构,都应该在各自业务范围内,对实现安全生产的要求负责。 (3)企业单位都应该根据实际情况加强劳动保护工作机构或专职人员的工作。劳动保护工作机构或专职人员的职责是:协助领导组织推动生产中的安全工作,贯彻执行劳动保护的法令、制度;汇总和审查安全技术措施计划,并且督促有关部门切实按期执行;组织和协助有关部门制订或修订安全生产制度和安全技术操作规程,对这些制度、规程的贯彻执行进行监督检查;经常进行现场检查,协助解决问题,遇有特别紧急的不安全情况时,有权指令先行停止生产,并且立即报告领导上研究处理;总结和推广安全生产的先进经验;对职工进行安全生产的宣传教育;指导生产小组安全员工作;督促有关部门按规定及时分发和合理使用个人防护用品、保健食品和清凉饮料;参加审查新建、改建、大修工程的设计计划,并且参加工程验收和试运转工作;参加伤亡事故的调查和处理,进行伤亡事故的统计、分析和报告,协助有关部门提出防止事故的措施,并且督促他们按期实现;组织有关部门研究执行防止职业中毒和职业病的措施;督促有关部门做好劳逸结合和女工保护工作。 (4)企业单位各生产小组都应该设有不脱产的安全员。小组安全员在生产小组长的领导和劳动保护干部的指导下,首先应当在安全生产方面以身作则,起模范带头作用,并协助小组长做好下列工作:经常对本组工人进行安全生产教育;督促他们遵守安全操作规程和各种安全生产制度;正确地使用个人防护用品;检查和维护本组的安全设备;发现生产中有不安全情况的时候,及时报告;参加事故的分析和研究,协助领导上实现防止事故的措施。 (5)企业单位的职工应该自觉地遵守安全生产规章制度,不进行违章作业,并且要随时制止他人违章作业,积极参加安全生产的各种活动,主动提出改进安全工作的意见,爱护和正确使用机器设备、工具及个人防护用品

第四节　安全生产管理机构设置和人员配备

考点1　安全生产管理机构设置和人员配备相关内容

项目	具体内容
概念	(1)安全生产管理机构:是指对安全生产工作进行的管理和控制的部门。 (2)专职安全管理人员:是指经有关部门安全生产考核合格,并取得安全生产考核合格证书,在企业从事安全生产管理工作的专职人员
设置安全生产管理机构或配备专职安全管理人员的企业	(1)矿山、金属冶炼、建筑施工、运输单位和危险物品的生产、经营、储存、装卸单位,应当设置安全生产管理机构或配备专职安全生产管理人员。 (2)前款以外的其他生产经营单位,从业人员超过100人的,应当设置安全生产管理机构或者配置专职安全生产管理人员;从业人员在100人以下的,应当配备专职或者兼职的安全生产管理人员

考点2　生产经营单位安全生产管理机构以及安全生产管理人员应履行的职责

项目	具体内容
职责	生产经营单位安全生产管理机构以及安全生产管理人员应履行下列职责: (1)组织或者参与拟订本单位安全生产规章制度、操作规程和生产安全事故应急救援预案。 (2)组织或者参与本单位安全生产教育和培训,如实记录安全生产教育和培训情况。 (3)组织开展危险源辨识评估,督促落实本单位重大危险源的安全管理措施。 (4)组织或者参与本单位应急救援演练。 (5)检查本单位的安全生产状况,及时排查生产安全事故隐患,提出改进安全生产管理的建议。 (6)制止和纠正违章指挥、强令冒险作业、违反操作规程的行为。 (7)督促落实本单位安全生产整改措施

第二章　危险因素辨识、隐患排查与安全评价

◆ 知识框架 ///

危险因素辨识、隐患排查与安全评价
- 危险、有害因素辨识
  - 人的因素
  - 物的因素
  - 环境因素
  - 管理因素
- 危险化学品重大危险源管理
  - 危险化学品重大危险源管理相关内容
  - 危险化学品重大危险源安全管理
- 安全生产检查
  - 安全生产检查工作重点
  - 安全生产检查的类型
  - 安全生产检查的内容
  - 安全生产检查的方法
  - 安全生产检查的工作程序
- 事故隐患排查
  - 安全生产事故隐患定义及分类
  - 对企业事故隐患排查的要求
  - 监督管理
- 安全评价
  - 安全评价的内容
  - 安全评价方法分类
  - 常用的安全评价方法
- 安全技术措施
  - 安全技术措施的分类及编制原则
  - 安全技术措施的编制方法

◆ 考点精讲 ///

第一节　危险、有害因素辨识

考点 1　人的因素

项目	具体内容
心理、生理性危险和有害因素	心理、生理性危险和有害因素主要包括:(1)负荷超限。(2)健康状况异常。(3)从事禁忌作业。(4)心理异常。(5)辨识功能缺陷。(6)其他心理、生理性危险和有害因素
行为性危险和有害因素	行为性危险和有害因素主要包括:(1)指挥错误。(2)操作错误。(3)监护失误。(4)其他行为性危险和有害因素

考点 2　物的因素

项目	具体内容
物理性危险和有害因素	物理性危险和有害因素主要包括:(1)设备、设施、工具、附件缺陷。(2)防护缺陷。(3)电伤害。(4)噪声。(5)振动危害。(6)电离辐射。(7)非电离辐射。(8)运动物危害。(9)明火。(10)高温物体。(11)低温物体。(12)信号缺陷。(13)标志标识缺陷。(14)有害光照。(15)信息系统缺陷。(16)其他物理性危险和危害因素
化学性危险和有害因素	化学性危险和有害因素主要包括:(1)理化危险。(2)健康危险。(3)其他化学性危险和有害因素
生物性危险和有害因素	生物性危险和有害因素主要包括:(1)致病微生物。(2)传染病媒介物。(3)致害动物。(4)致害植物。(5)其他生物性危险和有害因素

考点 3　环境因素

项目	具体内容
室内作业场所环境不良	室内作业环境不良因素主要包括:(1)室内地面滑。(2)室内作业场所狭窄。(3)室内作业场所杂乱。(4)室内地面不平。(5)室内梯架缺陷。(6)地面、墙和天花板上的开口缺陷。(7)房屋地基下沉。(8)室内安全通道缺陷。(9)房屋安全出口缺陷。(10)采光照明不良。(11)作业场所空气不良。(12)室内温度、湿度、气压不适。(13)室内给排水不良。(14)室内涌水。(15)其他室内作业场所环境不良

项目	具体内容
室外作业场所环境不良	室外作业环境不良因素主要包括:(1)恶劣气候与环境。(2)作业场所和交通设施湿滑。(3)作业场所狭窄。(4)作业场所杂乱。(5)作业场所不平。(6)交通环境不良。(7)脚手架、阶梯和活动梯架缺陷。(8)地面及地面开口缺陷。(9)建(构)筑物和其他结构缺陷。(10)门和周界设施缺陷。(11)作业场地基础下沉。(12)作业场地安全通道缺陷。(13)作业场地安全出口缺陷。(14)作业场地光照不良。(15)作业场地空气不良。(16)作业场地温度、湿度、气压不适。(17)作业场地涌水。(18)排水系统故障。(19)其他室外作业场所环境不良
地下(含水下)作业环境不良	地下(含水下)作业环境不良因素主要包括:(1)隧道/矿井顶板或巷帮缺陷。(2)隧道/矿井作业面缺陷。(3)隧道/矿井底板缺陷。(4)地下作业面空气不良。(5)地下火。(6)冲击地压。(7)地下水。(8)水下作业供氧不当。(9)其他地下(含水下)作业环境不良
其他作业环境不良	其他作业环境不良因素主要包括:(1)强迫体位。(2)综合性作业环境不良。(3)以上未包括的其他作业环境不良

考点4 管理因素

项目	具体内容
管理因素	管理因素主要包括: (1)职业安全卫生组织机构和人员配备不健全。 (2)职业安全卫生责任制不完善或未落实。 (3)职业安全卫生管理规章制度不完善或未落实。 (4)职业安全卫生投入不足。 (5)应急管理缺陷。 (6)其他管理因素缺陷

第二节 危险化学品重大危险源管理

考点1 危险化学品重大危险源管理相关内容

项目	具体内容
责任主体	危险化学品单位是本单位重大危险源安全管理的责任主体,其主要负责人对本单位的重大危险源安全管理工作负责,并保证重大危险源安全生产所必需的安全投入

175

项目	具体内容
实行原则	重大危险源的安全监督管理实行属地监管与分级管理相结合的原则。 县级以上地方人民政府安全生产监督管理部门按照有关法律、法规、标准和本规定，对本辖区内的重大危险源实施安全监督管理
重大危险源安全监管的信息化建设	国家鼓励危险化学品单位采用有利于提高重大危险源安全保障水平的先进适用的工艺、技术、设备以及自动控制系统，推进安全生产监督管理部门重大危险源安全监管的信息化建设

考点 2　危险化学品重大危险源安全管理

项目	具体内容
对危险化学品单位的要求	（1）危险化学品单位应当建立完善重大危险源安全管理规章制度和安全操作规程，并采取有效措施保证其得到执行。 （2）危险化学品单位应当根据构成重大危险源的危险化学品种类、数量、生产、使用工艺（方式）或者相关设备、设施等实际情况，按照下列要求建立健全安全监测监控体系，完善控制措施：①重大危险源配备温度、压力、液位、流量、组份等信息的不间断采集和监测系统以及可燃气体和有毒有害气体泄漏检测报警装置，并具备信息远传、连续记录、事故预警、信息存储等功能；一级或者二级重大危险源，具备紧急停车功能。记录的电子数据的保存时间不少于 30 天；②重大危险源的化工生产装置装备满足安全生产要求的自动化控制系统；一级或者二级重大危险源，装备紧急停车系统；③对重大危险源中的毒性气体、剧毒液体和易燃气体等重点设施，设置紧急切断装置；毒性气体的设施，设置泄漏物紧急处置装置。涉及毒性气体、液化气体、剧毒液体的一级或者二级重大危险源，配备独立的安全仪表系统（SIS）；④重大危险源中储存剧毒物质的场所或者设施，设置视频监控系统；⑤安全监测监控系统符合国家标准或者行业标准的规定。 （3）危险化学品单位应当按照国家有关规定，定期对重大危险源的安全设施和安全监测监控系统进行检测、检验，并进行经常性维护、保养，保证重大危险源的安全设施和安全监测监控系统有效、可靠运行。维护、保养、检测应当作好记录，并由有关人员签字。 （4）危险化学品单位应当明确重大危险源中关键装置、重点部位的责任人或者责任机构，并对重大危险源的安全生产状况进行定期检查，及时采取措施消除事故隐患。事故隐患难以立即排除的，应当及时制定治理方案，落实整改措施、责任、资金、时限和预案。 （5）危险化学品单位应当对重大危险源的管理和操作岗位人员进行安全操作技能培训，使其了解重大危险源的危险特性，熟悉重大危险源安全管理规章制度和安全操作规程，掌握本岗位的安全操作技能和应急措施。 （6）危险化学品单位应当在重大危险源所在场所设置明显的安全警示标志，写明紧急情况下的应急处置办法。 （7）危险化学品单位应当将重大危险源可能发生的事故后果和应急措施等信息，以适当方式告知可能受影响的单位、区域及人员。

续表

项目	具体内容
对危险化学品单位的要求	（8）危险化学品单位应当依法制定重大危险源事故应急预案,建立应急救援组织或者配备应急救援人员,配备必要的防护装备及应急救援器材、设备、物资,并保障其完好和方便使用;配合地方人民政府安全生产监督管理部门制定所在地区涉及本单位的危险化学品事故应急预案。 （9）危险化学品单位应当制定重大危险源事故应急预案演练计划,并按照下列要求进行事故应急预案演练:①对重大危险源专项应急预案,每年至少进行一次;②对重大危险源现场处置方案,每半年至少进行一次。 应急预案演练结束后,危险化学品单位应当对应急预案演练效果进行评估,撰写应急预案演练评估报告,分析存在的问题,对应急预案提出修订意见,并及时修订完善。 （10）危险化学品单位应当对辨识确认的重大危险源及时、逐项进行登记建档。 重大危险源档案应当包括下列文件、资料:①辨识、分级记录;②重大危险源基本特征表;③涉及的所有化学品安全技术说明书;④区域位置图、平面布置图、工艺流程图和主要设备一览表;⑤重大危险源安全管理规章制度及安全操作规程;⑥安全监测监控系统、措施说明、检测、检验结果;⑦重大危险源事故应急预案、评审意见、演练计划和评估报告;⑧安全评估报告或者安全评价报告;⑨重大危险源关键装置、重点部位的责任人、责任机构名称;⑩重大危险源场所安全警示标志的设置情况;⑪其他文件、资料。 （11）危险化学品单位在完成重大危险源安全评估报告或者安全评价报告后15日内,应当填写重大危险源备案申请表,连同重大危险源档案材料,报送所在地县级人民政府安全生产监督管理部门备案。 县级人民政府安全生产监督管理部门应当每季度将辖区内的一级、二级重大危险源备案材料报送至设区的市级人民政府安全生产监督管理部门。设区的市级人民政府安全生产监督管理部门应当每半年将辖区内的一级重大危险源备案材料报送至省级人民政府安全生产监督管理部门。 （12）危险化学品单位新建、改建和扩建危险化学品建设项目,应当在建设项目竣工验收前完成重大危险源的辨识、安全评估和分级、登记建档工作,并向所在地县级人民政府安全生产监督管理部门备案

第三节　安全生产检查

考点1　安全生产检查工作重点

项目	具体内容
工作重点	（1）安全生产检查是生产经营单位安全生产管理的重要内容。 （2）工作重点:①辨识安全生产管理工作存在的漏洞和死角;②检查生产现场安全防护设施、作业环境是否存在不安全状态;③现场作业人员的行为是否符合安全规范;④设

项目	具体内容
工作重点	备、系统运行状况是否符合现场规程的要求等。 （3）通过安全检查，不断堵塞管理漏洞，改善劳动作业环境，规范作业人员的行为，保证设备系统的安全、可靠运行，实现安全生产的目的

考点 2　安全生产检查的类型

项目	具体内容
定期安全生产检查	定期安全生产检查一般是通过有计划、有组织、有目的的形式来实现，一般由生产经营单位统一组织实施。检查周期的确定，应根据生产经营单位的规模、性质以及地区气候、地理环境等确定。定期安全检查一般具有组织规模大、检查范围广、有深度，能及时发现并解决问题等特点。定期安全检查一般和重大危险源评估、现状安全评价等工作结合开展
经常性安全生产检查	（1）经常性安全生产检查是由生产经营单位的安全生产管理部门、车间、班组或岗位组织进行的日常检查。一般来讲，包括交接班检查、班中检查、特殊检查等几种形式。 （2）交接班检查是指在交接班前，岗位人员对岗位作业环境、管辖的设备及系统安全运行状况进行检查，交班人员要向接班人员说清楚，接班人员根据自己检查的情况和交班人员的交代，做好工作中可能发生问题及应急处置措施的预想。 班中检查包括岗位作业人员在工作过程中的安全检查，以及生产经营单位领导、安全生产管理部门和车间班组的领导或安全监督人员对作业情况的巡视或抽查等。 （3）特殊检查是针对设备、系统存在的异常情况，所采取的加强监视运行的措施。一般来讲，措施由工程技术人员制定，岗位作业人员执行。 交接班检查和班中岗位的自行检查，一般应制定检查路线、检查项目、检查标准，并设置专用的检查记录本。 （4）岗位经常性检查发现的问题记录在记录本上，并及时通过信息系统和电话逐级上报。 （5）一般来讲，对危及人身和设备安全的情况，岗位作业人员应根据操作规程、应急处置措施的规定，及时采取紧急处置措施，不需请示，处置后则立即汇报。有些生产经营单位如化工单位等习惯做法是，岗位作业人员发现危及人身、设备安全的情况，只需紧急报告，而不要求就地处置
季节性及节假日前后安全生产检查	（1）由生产经营单位统一组织，检查内容和范围则根据季节变化，按事故发生的规律对易发的潜在危险，突出重点进行检查。如冬季防冻保温、防火、防煤气中毒，夏季防暑降温、防汛、防雷电等检查。 （2）由于节假日（特别是重大节日，如元旦、春节、劳动节、国庆节）前后容易发生事故。因而应在节假日前后进行有针对性的安全检查

续表

项目	具体内容
专业(项)安全生产检查	(1)专业(项)安全生产检查是对某个专业(项)问题或在施工(生产)中存在的普遍性安全问题进行的单项定性或定量检查。 (2)如对危险性较大的在用设备、设施,作业场所环境条件的管理性或监督性定量检测检验则属专业(项)安全检查。专业(项)检查具有较强的针对性和专业要求,用于检查难度较大的项目
综合性安全生产检查	综合性安全生产检查一般是由上级主管部门或地方政府负有安全生产监督管理职责的部门,组织对生产单位进行的安全检查
职工代表不定期对安全生产的巡查	根据《中华人民共和国工会法》及《中华人民共和国安全生产法》的有关规定,生产经营单位的工会应定期或不定期组织职工代表进行安全检查。重点查国家安全生产方针、法规的贯彻执行情况,各级人员安全生产责任制和规章制度的落实情况,从业人员安全生产权利的保障情况,生产现场的安全状况等

考点3　安全生产检查的内容

项目	具体内容
内容	安全生产检查的内容包括:软件系统和硬件系统。 (1)软件系统主要是查思想、查意识、查制度、查管理、查事故处理、查隐患、查整改。 (2)硬件系统主要是查生产设备、查辅助设施、查安全设施、查作业环境
原则	安全生产检查具体内容应本着突出重点的原则进行确定。 (1)对于危险性大、易发事故、事故危害大的生产系统、部位、装置、设备等应加强检查。一般应重点检查:①易造成重大损失的易燃易爆危险物品、剧毒品、锅炉、压力容器、起重设备、运输设备、冶炼设备、电气设备、冲压机械、高处作业和本企业易发生工伤、火灾、爆炸等事故的设备、工种、场所及其作业人员;②易造成职业中毒或职业病的尘毒产生点及其岗位作业人员;③直接管理的重要危险点和有害点的部门及其负责人。 (2)对非矿山企业,目前国家有关规定要求强制性检查的项目有:①锅炉、压力容器、压力管道、高压医用氧舱、起重机、电梯、自动扶梯、施工升降机、简易升降机、防爆电器、厂内机动车辆、客运索道、游艺机及游乐设施等;②作业场所的粉尘、噪声、振动、辐射、高温低温和有毒物质的浓度等。 (3)对矿山企业,目前国家有关规定要求强制性检查的项目有:①矿井风量、风质、风速及井下温度、湿度、噪声;②瓦斯、粉尘;③矿山放射性物质及其他有毒有害物质;④露天矿山边坡;⑤尾矿坝;⑥提升、运输、装载、通风、排水、瓦斯抽放、压缩空气和起重设备;⑦各种防爆电器、电器安全保护装置;⑧矿灯;⑨钢丝绳等;⑩瓦斯、粉尘及其他有毒有害物质检测仪器、仪表;自救器;⑪救护设备;⑫安全帽;⑬防尘口罩或面罩;⑭防护服、防护鞋;⑮防噪声耳塞、耳罩

考点 4　安全生产检查的方法

项目	具体内容
常规检查	（1）常规检查是常见的一种检查方法。 （2）通常是由安全管理人员作为检查工作的主体，到作业场所现场，通过感观或辅助一定的简单工具、仪表等，对作业人员的行为、作业场所的环境条件、生产设备设施等进行的定性检查。 （3）安全检查人员通过这一手段，及时发现现场存在的安全隐患并采取措施予以消除，纠正施工人员的不安全行为。 （4）常规检查主要依靠安全检查人员的经验和能力，检查的结果直接受安全检查人员个人素质的影响
安全检查表法	（1）为使安全检查工作更加规范，将个人的行为对检查结果的影响减少到最小，常采用安全检查表法。 （2）安全检查表一般由工作小组讨论制定。 （3）安全检查表一般包括检查项目、检查内容、检查标准、检查结果及评价、检查发现问题等内容。 （4）编制安全检查表应依据国家有关法律法规，生产经营单位现行有效的有关标准、规程、管理制度，有关事故教训，生产经营单位安全管理文化、理念，反事故技术措施和安全措施计划，季节性、地理、气候特点等
仪器检查及数据分析法	（1）有些生产经营单位的设备、系统运行数据具有在线监视和记录的系统设计，对设备、系统的运行状况可通过对数据的变化趋势进行分析得出结论。 （2）对没有在线数据检测系统的机器、设备、系统，只能通过仪器检查法来进行定量化的检验与测量

考点 5　安全生产检查的工作程序

项目	具体内容
安全检查准备	（1）确定检查对象、目的、任务。 （2）查阅、掌握有关法规、标准、规程的要求。 （3）了解检查对象的工艺流程、生产情况、可能出现危险和危害的情况。 （4）制定检查计划，安排检查内容、方法、步骤。 （5）编写安全检查表或检查提纲。 （6）准备必要的检测工具、仪器、书写表格或记录本。 （7）挑选和训练检查人员并进行必要的分工等
实施安全检查	实施安全检查就是通过访谈、查阅文件和记录、现场观察、仪器测量的方式获取信息。 （1）访谈。通过与有关人员谈话来检查安全意识和规章制度执行情况等。 （2）查阅文件和记录。检查设计文件、作业规程、安全措施、责任制度、操作规程等是

续表

项目	具体内容
实施安全检查	否齐全,是否有效;查阅相应记录,判断上述文件是否被执行。 (3)现场观察。对作业现场的生产设备、安全防护设施、作业环境、人员操作等进行观察。寻找不安全因素、事故隐患、事故征兆等。 (4)仪器测量。利用一定的检测检验仪器设备,对在用的设施、设备、器材状况及作业环境条件等进行测量,以发现隐患
综合分析	经现场检查和数据分析后,检查人员应对检查情况进行综合分析,提出检查的结论和意见。一般来讲,生产经营单位自行组织的各类安全检查,应有安全管理部门会同有关部门对检查结果进行综合分析;上级主管部门或地方政府负有安全生产监督管理职责的部门组织的安全检查,统一研究得出检查意见或结论
结果反馈	现场检查和综合分析完成后,应将检查的结论和意见反馈至被检查对象。结果反馈形式可以是现场反馈,也可以是书面反馈
提出整改要求	检查结束后,针对检查发现的问题,应根据问题性质的不同,提出相应的整改措施和要求
整改落实	对安全检查发现的问题和隐患,生产经营单位应制定整改计划,建立安全生产问题隐患台账,定期跟踪隐患的整改落实情况,确保隐患按要求整改完成,形成隐患整改的闭环管理
信息反馈及持续改进	生产经营单位自行组织的安全检查,在整改措施计划完成后,安全管理部门应组织有关人员进行验收。对于上级主管部门或地方政府负有安全生产监督管理职责的部门组织的安全检查,在整改措施完成后,应及时上报整改完成情况,申请复查或验收。 对安全检查中经常发现的问题或反复发现的问题,生产经营单位应从规章制度的健全和完善、从业人员的安全教育培训、设备系统的更新改造、加强现场检查和监督等环节入手,做到持续改进,不断提高安全生产管理水平,防范生产安全事故的发生

第四节 事故隐患排查

考点1 安全生产事故隐患定义及分类

项目	具体内容
定义	安全生产事故隐患是指生产经营单位违反安全生产法律、法规、规章、标准、规程和安全生产管理制度的规定,或者因其他因素在生产经营活动中存在可能导致事故发生的物的危险状态、人的不安全行为和管理上的缺陷

续表

项目	具体内容
分类	事故隐患分为一般事故隐患和重大事故隐患。 (1)一般事故隐患,是指危害和整改难度较小,发现后能够立即整改排除的隐患。 (2)重大事故隐患,是指危害和整改难度较大,应当全部或者局部停产停业,并经过一定时间整改治理方能排除的隐患,或者因外部因素影响致使生产经营单位自身难以排除的隐患

考点2 对企业事故隐患排查的要求

项目	具体内容
要求	(1)生产经营单位应当依照法律、法规、规章、标准和规程的要求从事生产经营活动。严禁非法从事生产经营活动。 (2)生产经营单位是事故隐患排查、治理和防控的责任主体。 (3)生产经营单位应当建立健全事故隐患排查治理和建档监控等制度,逐级建立并落实从主要负责人到每个从业人员的隐患排查治理和监控责任制 (4)生产经营单位应当保证事故隐患排查治理所需的资金,建立资金使用专项制度。 (5)生产经营单位应当定期组织安全生产管理人员、工程技术人员和其他相关人员排查本单位的事故隐患。对排查出的事故隐患,应当按照事故隐患的等级进行登记,建立事故隐患信息档案,并按照职责分工实施监控治理。 (6)生产经营单位应当建立事故隐患报告和举报奖励制度,鼓励、发动职工发现和排除事故隐患,鼓励社会公众举报。对发现、排除和举报事故隐患的有功人员,应当给予物质奖励和表彰。 (7)生产经营单位将生产经营项目、场所、设备发包、出租的,应当与承包、承租单位签订安全生产管理协议,并在协议中明确各方对事故隐患排查、治理和防控的管理职责。生产经营单位对承包、承租单位的事故隐患排查治理负有统一协调和监督管理的职责。 (8)安全监管监察部门和有关部门的监督检查人员依法履行事故隐患监督检查职责时,生产经营单位应当积极配合,不得拒绝和阻挠。 (9)生产经营单位应当每季、每年对本单位事故隐患排查治理情况进行统计分析,并分别于下一季度15日前和下一年1月31日前向安全监管监察部门和有关部门报送书面统计分析表。统计分析表应当由生产经营单位主要负责人签字。 对于重大事故隐患,生产经营单位除依照上述要求报送外,还应当及时向安全监管监察部门和有关部门报告。重大事故隐患报告内容应当包括:①隐患的现状及其产生原因;②隐患的危害程度和整改难易程度分析;③隐患的治理方案。 (10)对于一般事故隐患,由生产经营单位(车间、分厂、区队等)负责人或者有关人员立即组织整改。 对于重大事故隐患,由生产经营单位主要负责人组织制定并实施事故隐患治理方案。

项目	具体内容
要求	重大事故隐患治理方案应当包括以下内容:①治理的目标和任务;②采取的方法和措施;③经费和物资的落实;④负责治理的机构和人员;⑤治理的时限和要求;⑥安全措施和应急预案。 (11)生产经营单位在事故隐患治理过程中,应当采取相应的安全防范措施,防止事故发生。事故隐患排除前或者排除过程中无法保证安全的,应当从危险区域内撤出作业人员。并疏散可能危及的其他人员,设置警戒标志,暂时停产停业或者停止使用;对暂时难以停产或停止使用的相关生产储存装置、设施、设备,应当加强维护和保养,防止事故发生。 (12)生产经营单位应当加强对自然灾害的预防。对于因自然灾害可能导致事故灾难的隐患,应当按照有关法律、法规、标准和《安全生产事故隐患排查治理暂行规定》的要求排查治理,采取可靠的预防措施,制定应急预案。在接到有关自然灾害预报时,应当及时向下属单位发出预警通知;发生自然灾害可能危及生产经营单位和人员安全的情况时,应当采取撤离人员、停止作业、加强监测等安全措施,并及时向当地人民政府及其有关部门报告。 (13)地方人民政府或者安全监管监察部门及有关部门挂牌督办并责令全部或者局部停产停业治理的重大事故隐患,治理工作结束后,有条件的生产经营单位应当组织本单位的技术人员和专家对重大事故隐患的治理情况进行评估;其他生产经营单位应当委托具备相应资质的安全评价机构对重大事故隐患的治理情况进行评估。 经治理后符合安全生产条件的,生产经营单位应当向安全监管监察部门和有关部门提出恢复生产的书面申请,经安全监管监察部门和有关部门审查同意后,方可恢复生产经营。申请报告应包括治理方案的内容、项目和安全评价机构出具的评价报告等

考点3 监督管理

项目	具体内容
监督管理	(1)各级安全监管监察部门按照职责对所辖区域内生产经营单位排查治理事故隐患工作依法实施综合监督管理;各级人民政府有关部门在各自职责范围内对生产经营单位排查治理事故隐患工作依法实施监督管理。任何单位和个人发现事故隐患,均有权向安全监管监察部门和有关部门报告。安全监管监察部门接到事故隐患报告后,应当按照职责分工立即组织核实并予以查处;发现所报告事故隐患应当由其他有关部门处理的,应当立即移送有关部门并记录备查。 (2)安全监管监察部门应当指导、监督生产经营单位按照有关法律、法规、规章、标准和规程的要求,建立健全事故隐患排查治理等各项制度,定期组织对生产经营单位事故隐患排查治理情况开展监督检查。对检查过程中发现的重大事故隐患,应当下达整改指令书,并建立信息管理台账。必要时,报告同级人民政府并对重大事故隐患实行挂牌督办。

续表

项目	具体内容
监督管理	(3)安全监管监察部门应当配合有关部门做好对生产经营单位事故隐患排查治理情况开展的监督检查,依法查处事故隐患排查治理的非法和违法行为及其责任者。 (4)安全监管监察部门发现属于其他有关部门职责范围内的重大事故隐患的,应该及时将有关资料移送有管辖权的有关部门,并记录备案。 (5)已经取得安全生产许可证的生产经营单位,在其被挂牌督办的重大事故隐患治理结束前,安全监管监察部门应当加强监督检查。必要时,可以提请原许可证颁发机关依法暂扣其安全生产许可证。 (6)对挂牌督办并采取全部或者局部停产停业治理的重大事故隐患,国家监察委员会收到生产经营单位恢复生产的申请报告后,应当在10日内进行现场审查。审查合格的,对事故隐患进行核销,同意恢复生产经营;审查不合格的,依法责令改正或者下达停产整改指令。对整改无望或者生产经营单位拒不执行整改指令的,依法实施行政处罚;不具备安全生产条件的,依法提请县级以上人民政府按照国务院规定的权限予以关闭

第五节 安全评价

考点1 安全评价的内容

项目	具体内容
安全评价	安全评价是指以实现安全为目的,应用安全系统工程原理和方法,辨识与分析工程、系统、生产经营活动中的危险和有害因素,预测发生事故或造成职业危害的可能性及其严重程度,提出科学、合理、可行的安全对策措施建议,作出评价结论的活动
安全预评价	安全预评价是指在项目建设前,根据建设项目可行性研究报告的内容,分析和预测该建设项目可能存在的危险和有害因素的种类和程度,提出合理、可行的安全对策措施和建议,用以指导建设项目的初步设计。 安全预评价内容: (1)前期准备工作:①明确评价对象和评价范围;②组建评价组;③收集法律、法规;④分析基础资料等。 (2)辨识和分析评价对象存在的各种危险和有害因素。 (3)评价单元划分,以自然条件、基本工艺条件、危险和有害因素分布及状况、便于实施评价为原则进行。 (4)定性、定量评价,对危险和有害因素导致事故发生的可能性及其严重程度进行评价。 (5)提出安全技术对策措施,提出安全管理对策措施及其他安全对策措施。 (6)评价结论,给出评价对象的符合性结论,给出危险和有害因素引发各类事故的可能性及其严重程度的预测性结论,明确评价对象建成或实施后能否安全运行的结论

项目	具体内容
安全验收评价	（1）在建设项目竣工后正式生产运行前或工业园区建设完成后，通过检查建设项目安全设施与主体工程同时设计、同时施工、同时投入生产和使用的情况或工业园区内的安全设施、设备、装置投入生产和使用的情况。 （2）安全验收评价程序：①前期准备；②辨识与分析危险和有害因素；③划分评价单元；④定性、定量评价；⑤提出安全对策措施建议；⑥作出安全评价结论；⑦编制安全评价报告。 （3）安全验收评价包括：①危险、有害因素的辨识与分析；②符合性评价和危险危害程度的评价；③安全对策措施建议；④安全验收评价结论等内容
安全现状评价	（1）针对生产经营活动、工业园区的事故风险、安全管理等情况，辨识与分析其存在的危险和有害因素，审查确定其与安全生产法律、法规、规章、标准、规范要求的符合性，预测发生事故或造成职业危害的可能性及其严重程度，提出科学、合理、可行的安全对策措施建议，作出安全现状评价结论的活动。 （2）安全现状评价既适用于对一个生产经营单位或一个工业园区的评价，也适用于某一特定的生产方式、生产工艺、生产装置或作业场所的评价

考点2　安全评价方法分类

项目	具体内容
按照评价结果的量化程度分类	1.定性安全评价方法 属于定性安全评价方法的有安全检查表、专家现场询问观察法、因素图分析法、事故引发和发展分析、作业条件危险性评价法、故障类型和影响分析、危险可操作性研究等。 2.定量安全评价方法 （1）概率风险评价法。 故障类型及影响分析、事故树分析、逻辑树分析、概率理论分析、马尔可夫模型分析、模糊矩阵法、统计图表分析法等都可以由基本致因因素的事故发生概率计算整个评价系统的事故发生概率。 （2）伤害（或破坏）范围评价法。 液体泄漏模型、气体泄漏模型、气体绝热扩散模型、池火火焰与辐射强度评价模型、火球爆炸伤害模型、爆炸冲击波超压伤害模型、蒸气云爆炸超压破坏模型、毒物泄漏扩散模型和锅炉爆炸伤害 TNT 当量法。 （3）危险指数评价法。 道化学公司火灾、爆炸危险指数评价法；蒙德火灾爆炸毒性指数评价法；易燃、易爆、有毒重大危险源评价法
按照安全评价的逻辑推理过程分类	（1）归纳推理评价法。 （2）演绎推理评价法

续表

项目	具体内容
按照安全评价 要达到的 目的分类	(1)事故致因因素安全评价方法。 (2)危险性分级安全评价方法。 (3)事故后果安全评价方法
按照评价对象 的不同分类	(1)设备(设施或工艺)故障率评价法。 (2)人员失误率评价法。 (3)物质系数评价法。 (4)系统危险性评价法等

考点3 常用的安全评价方法

项目	具体内容
安全检查表 方法	为了查找工程、系统中各种设备设施、物料、工件、操作、管理和组织措施中的危险、有害因素,事先把检查对象加以分解,将大系统分割若干小的子系统,以提问或打分的形式,将检查项目列表逐项检查,避免遗漏
危险指数方法	(1)危险指数方法是通过评价人员对几种工艺现状及运行的固有属性(是以作业现场危险度、事故概率和事故严重度为基础,对不同作业现场的危险性进行鉴别)进行比较计算,确定工艺危险特性、重要性大小及是否需要进一步研究的安全评价方法。 (2)危险指数评价可以运用在工程项目的各个阶段(可行性研究、设计、运行等),可以在详细的设计方案完成之前运用,也可以在现有装置危险分析计划制定之前运用。 (3)也可用于在役装置,作为确定工艺操作危险的依据
预先危险 分析法	预先危险分析法是一项实现系统安全危害分析的初步或初始工作,在设计、施工和生产前,首先对系统中存在的危险性类别、出现条件、导致事故的后果进行分析,目的是识别系统中的潜在危险,确定危险等级,防止危险发展成事故。 预先危险分析方法的步骤如下: (1)通过经验判断、技术诊断或其他方法确定危险源,对所需分析系统的生产目的、物料、装置及设备、工艺过程、操作条件以及周围环境等,进行充分详细的了解。 (2)根据以往的经验及同类行业生产中的事故情况,对系统的影响、损坏程度,类比判断所要分析的系统中可能出现的情况,查找能够造成系统故障、物质损失和人员伤害的危险性,分析事故的可能类型。 (3)对确定的危险源分类,制成预先危险性分析表。 (4)转化条件,即研究危险因素转变为危险状态的触发条件和危险状态转变为事故的必要条件,并进一步寻求对策措施,检验对策措施的有效性。 (5)进行危险性分级,排列出重点和轻、重、缓、急次序,以便处理。 (6)制定事故的预防性对策措施

续表

项目	具体内容
故障假设分析方法	（1）故障假设分析方法是一种对系统工艺过程或操作过程的创造性分析方法。 （2）它一般要求评价人员用"what…if"作为开头对有关问题进行考虑,任何与工艺安全有关或与之不太相关的问题都可提出并加以讨论。 （3）通常,将所有的问题都记录下来,然后分门别类进行讨论。 （4）所提出的问题要考虑到任何与装置有关的不正常的生产条件,而不仅是设备故障或工艺参数。 （5）评价结果一般以表格形式表示,主要内容有:①提出的问题;②回答可能的后果;③降低或消除危险性的安全措施。 （6）故障假设分析方法可按分析准备、完成分析和编制分析结果报告3个步骤来完成
危险和可操作性研究	（1）危险和可操作性研究是一种定性的安全评价方法。 （2）它的基本过程是以关键词为引导,找出过程中工艺状态的变化(即偏差),然后分析找出偏差的原因、后果及可采取的对策。 （3）其侧重点是工艺部分或操作步骤各种具体值。 （4）危险和可操作性研究分析是对危险和可操作性问题进行详细识别的过程,由一个小组完成
故障类型和影响分析	（1）故障类型和影响分析是系统安全工程的一种方法。 （2）根据系统可以划分为子系统、设备和元件的特点,按实际需要将系统进行分割,然后分析各自可能发生的故障类型及其产生的影响,以便采取相应的对策,提高系统的安全可靠性。 （3）故障类型和影响分析步骤:①明确系统本身情况;②确定分析程度和水平;③绘制系统图和可靠性框图;④列出所有的故障类型并选出对系统有影响的故障类型;⑤理出造成故障的原因
故障树分析	（1）故障树分析是一种描述事故因果关系的有方向的"树",是系统安全工程中的重要的分析方法之一。 （2）它能对各种系统的危险性进行识别评价,既适用于定性分析,又能进行定量分析,具有简明、形象化的特点,体现了以系统工程方法研究安全问题的系统性、准确性和预测性。 （3）故障树分析的基本程序:①熟悉系统;②调查事故;③确定顶上事件;④确定目标值;⑤调查原因事件;⑥画出故障树;⑦定性分析;⑧确定事故发生概率;⑨比较;⑩分析
事件树分析	（1）事件树分析是用来分析普通设备故障或过程波动(称为初始事件)导致事故发生的可能性。 （2）在事件树分析中,事故是典型设备故障或工艺异常(称为初始事件)引发的结果。 （3）与故障树分析不同,事件树分析是使用归纳法(不是演绎法),可提供记录事故后果的系统性的方法,并能确定导致事件后果与初始事件的关系。 （4）事件树分析步骤:①确定初始事件;②判定安全功能;③发展事件树和简化事件树;④分析事件树;⑤事件树的定量分析

项目	具体内容
作业条件危险性评价法	（1）美国的 K.J. 格雷厄姆和 G.F. 金尼研究了人们在具有潜在危险环境中作业的危险性，提出了以所评价的环境与某些作为参考环境的对比为基础，将作业条件的危险性作为因变量（D），事故或危险事件发生的可能性（L）、暴露于危险环境的频率（E）及危险严重程度（C）作为自变量，确定了它们之间的函数式。 （2）根据实际经验，他们给出了 3 个自变量的各种不同情况的分数值，采取对所评价的对象根据情况进行"打分"的办法，然后根据公式计算出其危险性分数值，再在按经验将危险性分数值划分的危险程度等级表或图上，查出其危险程度的一种评价方法。 （3）这是一种简单易行的评价作业条件危险性的方法
定量风险评价方法	（1）识别危险分析方面，定性和半定量的评估是非常有价值的，但是这些方法仅是定性分析，不能提供足够的定量分析，特别是不能对复杂的并存在危险的工艺流程等提供决策的依据和足够的信息。 （2）在这种情况下，必须能够提供完全的定量的计算和评价 （3）风险可以表征为事故发生的频率和事故的后果的乘积。 （4）定量风险评价对这两方面均进行评价，可以将风险的大小完全量化，并提供足够的信息，为业主、投资者、政府管理者提供定量化的决策依据

第六节　安全技术措施

考点 1　安全技术措施的分类及编制原则

项目	具体内容
分类	防止事故发生的安全技术措施： （1）消除危险源。 （2）限制能量或危险物质。 （3）隔离。 （4）故障—安全设计。 （5）减少故障和失误。 减少事故损失的安全技术措施： （1）隔离。 （2）设置薄弱环节。 （3）个体防护。 （4）避难与救援

续表

项目	具体内容
编制原则	1.必要性和可行性 要考虑安全生产的实际需要和技术可行性与经济承受能力。 2.自力更生与勤俭节约 编制计划时,应注意充分利用现有的设备和设施,挖掘潜力,讲求实效。 3.轻重缓急与统筹安排 对影响最大、危险性最大的项目应优先考虑,逐步有计划地解决。 4.领导和群众相结合 加强领导,依靠群众,使计划切实可行,以便顺利实施

考点 2 安全技术措施的编制方法

项目	具体内容
确定编制时间	年度安全技术措施计划一般应与同年度的生产、技术、财务、物资采购等计划同时编制
布置编制工作	企业领导应根据本单位的具体情况向下属单位或职能部门提出编制措施计划的具体要求,并就有关工作进行布置
确定项目和内容	(1)下属单位在认真调查和分析本单位存在的问题,并征求群众意见的基础上,确定本单位的安全技术措施计划项目和主体内容,报上级安全生产管理部门。 (2)安全生产管理部门对上报的措施计划进行审查、平衡、汇总后,确定措施计划项目,并报有关领导审批
编制措施计划	安全技术措施计划项目经审批后,由安全生产管理部门和下属单位组织相关人员,编制具体的措施计划和方案,经讨论后,送上级安全生产管理部门和有关部门审查
审批措施计划	(1)上级安全、技术、计划部门对上报的安全技术措施计划进行联合会审后,报单位有关领导审批。 (2)安全技术措施计划一般由总工程师审批
下达措施计划	(1)单位主要负责人根据总工程师的审批意见,召集有关部门和下属单位负责人审查、核定措施计划。 (2)审查、核定通过后,与生产计划同时下达到有关部门贯彻执行
实施	(1)安全技术措施计划落实到各执行部门后,安全管理部门应定期对计划的完成情况进行监督检查,对已经完成的项目,应由验收部门负责组织验收。 (2)安全技术措施验收后,应及时补充、修订相关管理制度、操作规程,开展对相关人员的培训工作,建立相关的档案和记录

第三章　安全生产相关规定

◆ **知识框架** ///

安全生产相关规定
- 安全生产许可
  - 安全生产许可制度的适用范围
  - 取得安全生产许可证的条件
  - 取得安全生产许可证的程序
  - 违法行为应负的法律责任
- 建设项目安全设施
  - 建设项目安全设施的相关内容
  - 建设项目安全设施"三同时"
  - 建设项目安全设施设计审查
  - 建设项目安全设施施工和竣工验收
- 安全生产教育培训
  - 对安全生产教育培训的基本要求
  - 对单位主要负责人、安全生产管理人员及
  - 其他从业人员的培训、考核及认证
- 安全文化
  - 安全文化的定义与内涵
  - 安全文化建设的基本内容
  - 安全文化建设的操作步骤
  - 企业安全文化建设评价
- 安全生产标准化
  - 安全标准化建设的意义
  - 开展安全生产标准化建设的重点内容
- 安全风险分级管控和隐患排查治理双重预防机制
  - 总体思路和工作目标
  - 着力构建企业双重预防机制
  - 健全完善双重预防机制的政府监管体系
  - 强化政策引导和技术支撑
  - 有关工作要求
  - 风险分级及管控原则

◆ 考点精讲 ///

第一节　安全生产许可

考点 1　安全生产许可制度的适用范围

项目	具体内容
设定范围	直接涉及国家安全、公共安全,有限自然资源开发利用、提供公共服务等
设定种类	行政许可包括5类:普通许可、特许、认可、核准、登记。 (1)空间:涵盖了在我国国家主权所及范围内从事矿产资源开发、建筑施工和危险化学品、烟花爆竹和民用爆炸物品生产等活动。 (2)主体及其行为:凡是在中华人民共和国领域内从事矿产资源开发、建筑施工和危险化学品、烟花爆竹、民用爆炸物品生产等活动的所有企业法人、非企业法人单位和中国人、外籍人、无国籍人

考点 2　取得安全生产许可证的条件

项目	具体内容
三类企业	(1)矿山企业:①煤矿企业;②非煤矿企业。 (2)危险物品生产企业:①危险化学品生产企业;②烟花爆竹生产企业;③民用爆炸物品生产企业。 (3)建筑施工企业

考点 3　取得安全生产许可证的程序

项目	具体内容
程序	1.公开申请事项和要求 安全生产许可证颁发管理机关制定的安全生产许可证颁发管理的规章制度等具体规定应当公布,否则不能作为实施行政许可的具体依据。 2.企业应当依法提出申请 企业依法向安全生产许可证颁发管理机关提出申请: (1)新设立生产企业的申请。 (2)已经进行生产企业的申请。 (3)申请人应当提交相关文件、资料。

项目	具体内容
程序	3.受理申请及审查 (1)形式审查。 所谓形式审查,是指安全生产许可证颁发管理机关依法对申请人提交的申请文件、资料是否齐全、真实、合法,进行检查核实的工作。这时申请人提交的证明其具备法定安全生产条件的都是书面的文件、资料。 (2)实质性审查。 申请人提交的文件、资料通过形式审查以后,安全生产许可证颁发管理机关认为有必要的,应当对申请文件、资料和企业的实际安全生产条件进行实地审查或者核实。 安全生产许可证颁发管理机关进行实质性审查的主要方式:①委派本机关的工作人员直接进行审查或者核实;②委托其他行政机关代为进行审查或者核实;③委托安全中介机构对一些专业技术性很强的设施、设备和工艺进行专门检验。 4.决定 (1)经审查或核实后,安全生产许可证颁发管理机关可以依法作出两种决定:①企业具备法定安全生产条件的,决定颁发安全生产许可证;②企业不具备法定安全生产条件的,决定不予颁发安全生产许可证,书面通知企业并说明理由。 (2)安全生产许可证颁发管理机关应当对有关人员提出的审查意见进行讨论,并在受理申请之日起45个工作日内作出颁发或者不予颁发安全生产许可证的决定。对决定颁发的,安全生产许可证颁发管理机关应当自决定之日起10个工作日内送达或者通知申请人领取安全生产许可证;对不予颁发的,应当在10个工作日内书面通知申请人并说明理由。 5.期限与延续 (1)安全生产许可证的有效期为3年。 (2)延续有以下两种情形:①有效期满的例行延续。安全生产许可证的有效期为3年,企业应当于期满前3个月内向原安全生产许可证颁发管理机关办理延期手续。②有效期满的免审延续。安全生产状况良好、没有发生死亡生产安全事故的企业,不需经过审查即可延续3年,但不是自动延期,应当在有效期满前提出延期的申请,经原安全生产许可证颁发管理机关同意后方可免审延续3年。 6.补办与变更 (1)安全生产许可证如遇损毁、丢失等情况,就需要向原安全生产许可证颁发管理机关申请补办。 (2)企业的有关事项发生变化,也需要及时办理安全生产许可证。 7.公告 (1)安全生产许可证颁发管理机关定期向社会公布企业取得安全生产许可证情况。 (2)公布的具体形式可以多样但须规范,公布时间由安全生产许可证颁发管理机关决定

考点4 违法行为应负的法律责任

项目	具体内容
法律责任追究的原则	"谁持证谁负责"和"谁发证谁处罚"
违法行为的界定	1. 许可证颁发管理机关工作人员的安全生产许可违法行为 (1)向不符合安全生产条件的企业颁发安全生产许可证的。 (2)发现企业未依法取得安全生产许可证擅自从事生产活动,不依法处理的。 (3)发现取得安全生产许可证的企业不再具备本条例规定的安全生产条件,不依法处理的。 (4)接到对违反本条例规定行为的举报后,不及时处理的。 (5)在安全生产许可证颁发、管理和监督检查工作中,索取或者接受企业的财物,或者谋取其他利益的。 2. 企业的安全生产许可违法行为 (1)未取得安全生产许可证擅自进行生产的。 (2)取得安全生产许可证后不再具备安全生产条件的。这是一种持证违法行为。 (3)安全生产有效期满未办理延期手续,继续进行生产的。 (4)转让、冒用或者使用伪造安全生产许可证的。 (5)在《安全生产许可证条例》规定期限内逾期不办理安全生产许可证,或者经审查不具备本条例规定的安全生产条件,未取得安全生产许可证,继续进行生产的
行政处理的种类	(1)责令停止生产。 (2)没收违法所得。 (3)罚款。 (4)暂扣或吊销安全生产许可证

第二节 建设项目安全设施

考点1 建设项目安全设施的相关内容

项目	具体内容
定义	建设项目是指生产经营单位进行新建、改建、扩建工程项目的总称。 建设项目安全设施,是指生产经营单位在生产经营活动中用于预防生产安全事故的设备、设施、装置、构(建)筑物和其他技术措施的总称
责任主体	生产经营单位是建设项目安全设施建设的责任主体

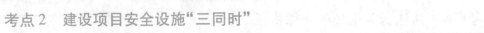

考点2　建设项目安全设施"三同时"

项目	具体内容
概念	建设项目安全设施必须与主体工程同时设计、同时施工、同时投入生产和使用
相关规定	《建设项目安全设施"三同时"监督管理办法》规定： (1)国家安全生产监督管理总局（现改为应急管理部）对全国建设项目安全设施"三同时"实施综合监督管理，并在国务院规定的职责范围内承担有关建设项目安全设施"三同时"的监督管理。 (2)县级以上地方各级安全生产监督管理部门对本行政区域内的建设项目安全设施"三同时"实施综合监督管理，并在本级人民政府规定的职责范围内承担本级人民政府及其有关主管部门审批、核准或者备案的建设项目安全设施"三同时"的监督管理。 (3)跨两个及两个以上行政区域的建设项目安全设施"三同时"由其共同的上一级人民政府安全生产监督管理部门实施监督管理。 (4)上一级人民政府安全生产监督管理部门根据工作需要，可以将其负责监督管理的建设项目安全设施"三同时"工作委托下一级人民政府安全生产监督管理部门实施监督管理。 安全生产监督管理部门应当加强建设项目安全设施建设的日常安全监管，落实有关行政许可及其监管责任，督促生产经营单位落实安全设施建设责任

考点3　建设项目安全设施设计审查

项目	具体内容
建设项目安全设施设计的内容	建设项目安全设施设计应当包括下列内容： (1)设计依据。 (2)建设项目概述。 (3)建设项目潜在的危险、有害因素和危险、有害程度及周边环境安全分析。 (4)建筑及场地布置。 (5)重大危险源分析及检测监控。 (6)安全设施设计采取的防范措施。 (7)安全生产管理机构设置或者安全生产管理人员配备要求。 (8)从业人员教育培训要求。 (9)工艺、技术和设备、设施的先进性和可靠性分析。 (10)安全设施专项投资概算。 (11)安全预评价报告中的安全对策及建议采纳情况。 (12)预期效果以及存在的问题与建议。 (13)可能出现的事故预防及应急救援措施。 (14)法律、法规、规章、标准规定需要说明的其他事项

续表

项目	具体内容
申请审查需提供的资料	建设项目安全设施设计完成后,生产经营单位应当向安全生产监督管理部门提出审查申请,并提交下列文件资料: (1)建设项目审批、核准或者备案的文件。 (2)建设项目安全设施设计审查申请。 (3)设计单位的设计资质证明文件。 (4)建设项目安全设施设计。 (5)建设项目安全预评价报告及相关文件资料。 (6)法律、行政法规、规章规定的其他文件资料
相关规定	(1)安全生产监督管理部门收到申请后,对属于本部门职责范围内的,应当及时进行审查,并在收到申请后5个工作日内作出受理或者不予受理的决定,书面告知申请人;对不属于本部门职责范围内的,应当将有关文件资料转送有审查权的管理部门,并书面告知申请人。 (2)对已经受理的建设项目安全设施设计审查申请,安全生产监督管理部门应当自受理之日起20个工作日内作出是否批准的决定,并书面告知申请人。20个工作日内不能作出决定的,经本部门负责人批准,可以延长10个工作日,并将延长期限的理由书面告知申请人
不得开工的情形	建设项目安全设施设计有下列情形之一的,不予批准,并不得开工建设: (1)无建设项目审批、核准或者备案文件的。 (2)未委托具有相应资质的设计单位进行设计的。 (3)安全预评价报告由未取得相应资质的安全评价机构编制的。 (4)设计内容不符合有关安全生产的法律、法规、规章和国家标准或者行业标准、技术规范的规定的。 (5)未采纳安全预评价报告中的安全对策和建议,且未作充分论证说明的。 (6)不符合法律、行政法规规定的其他条件的。 建设项目安全设施设计审查未予批准的,生产经营单位经过整改后可以向原审查部门申请再审。 已经批准的建设项目及其安全设施设计有下列情形之一的,生产经营单位应当报原批准部门审查同意;未经审查同意的,不得开工建设: (1)建设项目的规模、生产工艺、原料、设备发生重大变更的。 (2)改变安全设施设计且可能降低安全性能的。 (3)在施工期间重新设计的

考点4　建设项目安全设施施工和竣工验收

项目	具体内容
各单位的职责	1.施工单位 (1)施工单位应当在施工组织设计中编制安全技术措施和施工现场临时用电方案,同

项目	具体内容
各单位的职责	时对危险性较大的分部分项工程依法编制专项施工方案,并附具安全验算结果,经施工单位技术负责人、总监理工程师签字后实施。 (2)施工单位应当严格按照安全设施设计和相关施工技术标准、规范施工,并对安全设施的工程质量负责。 (3)施工单位发现安全设施设计文件有错漏的,应当及时向生产经营单位、设计单位提出。生产经营单位、设计单位应当及时处理。 (4)施工单位发现安全设施存在重大事故隐患时,应当立即停止施工并报告生产经营单位进行整改。整改合格后,方可恢复施工。 2.监理单位 (1)工程监理单位应当审查施工组织设计中的安全技术措施或者专项施工方案是否符合工程建设强制性标准。 (2)工程监理单位在实施监理过程中,发现存在事故隐患的,应当要求施工单位整改;情况严重的,应当要求施工单位暂时停止施工,并及时报告生产经营单位。施工单位拒不整改或者不停止施工的,工程监理单位应当及时向有关主管部门报告。 (3)工程监理单位、监理人员应当按照法律、法规和工程建设强制性标准实施监理,并对安全设施工程的工程质量承担监理责任。 3.建设单位 (1)建设项目安全设施建成后,生产经营单位应当对安全设施进行检查,对发现的问题及时整改。 (2)建设项目竣工投入生产或者使用前,生产经营单位应当组织对安全设施进行竣工验收,并形成书面报告备查。安全设施竣工验收合格后,方可投入生产和使用

第三节　安全生产教育培训

考点1　对安全生产教育培训的基本要求

项目	具体内容
基本要求	(1)生产经营单位的主要负责人和安全生产管理人员必须具备与本单位所从事的生产经营活动相应的安全生产知识和管理能力。 (2)危险物品的生产、经营、储存、装卸单位以及矿山、金属冶炼、建筑施工、运输单位的主要负责人和安全生产管理人员,应当由主管的负有安全生产监督管理职责的部门对其安全生产知识和管理能力考核合格。 (3)生产经营单位应当对从业人员进行安全生产教育和培训,保证从业人员具备必要的安全生产知识,熟悉有关的安全生产规章制度和安全操作规程,掌握本岗位的安全操作技能。未经安全生产教育和培训合格的从业人员,不得上岗作业。

续表

项目	具体内容
基本要求	（4）生产经营单位采用新工艺、新技术、新材料或者使用新设备，必须了解、掌握其安全技术特性，采取有效的安全防护措施，并对从业人员进行专门的安全教育和培训。 （5）生产经营单位的特种作业人员必须按照国家有关规定经专门的安全作业培训，取得相应资格，方可上岗作业，特种作业人员的范围由国务院应急管理部门会同国务院有关部门确定。 （6）生产经营单位应当教育和督促从业人员严格执行本单位的安全生产规章制度和安全操作规程；并向从业人员如实告知作业场所和工作岗位存在的危险因素、防范措施以及事故应急措施。 （7）从业人员应当接受安全生产教育和培训，掌握本职工作所需的安全生产知识，提高安全生产技能，增强事故预防和应急处理能力

考点 2　对单位主要负责人、安全生产管理人员及其他从业人员的培训、考核及认证

项目	具体内容
对单位主要负责人的培训要求	1.初次培训的主要内容 （1）国家安全生产方针、政策和有关安全生产的法律、法规、规章及标准。 （2）安全生产管理基本知识、安全生产技术、安全生产专业知识。 （3）重大危险源管理、重大事故防范、应急管理和救援组织以及事故调查处理的有关规定。 （4）职业危害及其预防措施。 （5）国内外先进的安全生产管理经验。 （6）典型事故和应急救援案例分析。 （7）其他需要培训的内容。 2.再培训内容 对已经取得上岗资格证书的有关领导，应定期进行再培训，再培训的主要内容： （1）新知识、新技术和新颁布的政策、法规。 （2）有关安全生产的法律、法规、规章、规程、标准和政策。 （3）安全生产的新技术、新知识。 （4）安全生产管理经验。 （5）典型事故案例。 3.培训时间 （1）危险物品的生产经营、储存单位以及矿山、烟花爆竹、建筑施工单位主要负责人安全资格培训时间不得少于 48 学时，每年再培训时间不得少于 16 学时。 （2）其他单位主要负责人安全生产管理培训时间不得少于 32 学时，每年再培训时间不得少于 12 学时

续表

项目	具体内容
对安全生产管理人员的培训要求	1. 安全培训的主要内容 (1)国家安全生产方针、政策和有关安全生产的法律、法规、规章及标准。 (2)安全生产管理、安全生产技术、职业卫生等知识。 (3)伤亡事故统计、报告及职业危害的调查处理方法。 (4)应急管理、应急预案编制以及应急处置的内容和要求。 (5)国内外先进的安全生产管理经验。 (6)典型事故和应急救援案例分析。 (7)其他需要培训的内容。 2. 培训时间 (1)危险物品的生产、经营、储存单位以及矿山、烟花爆竹、建筑施工单位安全生产管理人员安全资格培训时间不得少于 48 学时;每年再培训时间不得少于 16 学时。 (2)其他单位安全生产管理人员安全生产管理培训时间不得少于 32 学时;每年再培训时间不得少于 12 学时
特种作业人员的培训	(1)特种作业的范围:电工作业、焊接与热切割作业、高处作业、制冷与空调作业、煤矿安全作业、金属非金属矿山安全作业、石油天然气安全作业、冶金(有色)生产安全作业、危险化学品安全作业、烟花爆竹安全作业、安全监管总局(现改为应急管理部)认定的其他作业。 (2)特种作业人员的安全技术培训、考核、发证、复审工作实行统一监管、分级实施、教考分离的原则。 (3)特种作业人员应当接受与其所从事的特种作业相应的安全技术理论培训和实际操作培训。 (4)跨省、自治区、直辖市从业的特种作业人员,可以在户籍所在地或者从业所在地参加培训。 (5)特种作业操作证有效期为 6 年,在全国范围内有效。 (6)特种作业操作证由安全监管总局(现改为应急管理部)统一式样、标准及编号。 (7)特种作业操作证每 3 年复审 1 次。 (8)特种作业人员在特种作业操作证有效期内,连续从事本工种 10 年以上,严格遵守有关安全生产法律法规的,经原考核发证机关或者从业所在地考核发证机关同意,特种作业操作证的复审时间可以延长至每 6 年 1 次。 (9)特种作业操作证申请复审或者延期复审前,特种作业人员应当参加必要的安全培训并考试合格。 (10)安全培训时间不少于 8 个学时
其他从业人员的培训	(1)生产单位其他从业人员(简称从业人员)是指除主要负责人和安全生产管理人员以外,该单位从事生产经营活动的所有人员,包括其他负责人、管理人员、技术人员和各岗

项目	具体内容
其他从业人员的培训	位的工人,以及临时聘用的人员。 (2)单位对新从业人员,应进行厂(矿)、车间(工段、区、队)、班组三级安全生产教育培训。 厂(矿)级岗前安全培训内容: ①本单位安全生产情况及安全生产基本知识; ②本单位安全生产规章制度和劳动纪律; ③从业人员安全生产权利和义务; ④有关事故案例等; ⑤煤矿、非煤矿山、危险化学品、烟花爆竹、金属冶炼等生产经营单位厂(矿)级安全培训除包括上述内容外,应当增加事故应急救援、事故应急预案演练及防范措施等内容。 车间级安全生产教育培训是在从业人员工作岗位、工作内容基本确定后进行,由车间一级组织。 车间(工段、区、队)级岗前安全培训内容: ①工作环境及危险因素; ②所从事工种可能遭受的职业伤害和伤亡事故; ③所从事工种的安全职责、操作技能及强制性标准; ④自救互救、急救方法、疏散和现场紧急情况的处理; ⑤安全设备设施、个人防护用品的使用和维护; ⑥本车间(工段、区、队)安全生产状况及规章制度; ⑦预防事故和职业危害的措施及应注意的安全事项; ⑧有关事故案例; ⑨其他需要培训的内容。 班组安全教育培训的重点是岗位安全操作规程、岗位之间工作衔接配合、作业过程的安全风险分析方法和控制对策、事故案例等等。 班组级岗前安全培训内容: ①岗位安全操作规程; ②岗位之间工作衔接配合的安全与职业卫生事项; ③有关事故案例; ④其他需要培训的内容。 (3)生产经营单位新上岗的从业人员,岗前安全培训时间不得少于24学时。 (4)煤矿、非煤矿山、危险化学品、烟花爆竹、金属冶炼等生产经营单位新上岗的从业人员安全培训时间不得少于72学时,每年再培训的时间不得少于20学时。 (5)从业人员在本生产经营单位内调整工作岗位或离岗一年以上重新上岗时,应当重新接受车间(工段、区、队)和班组级的安全培训。 (6)调整工作岗位或离岗后重新上岗安全教育培训:培训工作原则上应由车间级组织。 (7)岗位安全教育培训是指连续在岗位工作的安全教育培训工作,主要包括:

续表

项目	具体内容
其他从业人员的培训	①日常安全教育培训; ②定期安全考试; ③专题安全教育培训。 (8)生产经营单位实施新工艺、新技术、新设备(新材料)时,组织相关岗位对从业人员进行有针对性的安全生产教育培训。 法律法规及规章制度培训是指国家颁布的有关安全生产法律法规,或生产经营单位制定新的有关安全生产规章制度后,组织开展的培训活动。 事故案例培训是指在生产经营单位发生生产安全事故或获得与本单位生产经营活动相关的事故案例信息后,开展的安全教育培训活动

第四节　安全文化

考点 1　安全文化的定义与内涵

项目	具体内容
现状	杜邦企业安全文化建设过程可以使用员工安全行为模型描述四个不同阶段:自然本能、严格监督、独立自主管理、团队互助管理
定义	(1)安全文化有广义和狭义之分。狭义的安全文化是指企业安全文化,一个单位的安全文化是个人和集体的价值观、态度、能力和行为方式的综合产物。 (2)安全文化分为三个层次:直观的表层文化,如企业的安全文明生产环境与秩序;企业安全管理体制的中层文化,包括企业内部的组织机构、管理网络、部门分工和安全生产法规与制度建设;安全意识形态的深层文化。 (3)企业安全文化是企业安全物质因素和安全精神因素的总和。 (4)《企业安全文化建设导则》给出了企业安全文化的定义:被企业组织的员工群体所共享的安全价值观、态度、道德和行为规范的统一体
内涵	(1)一个单位的安全文化是企业在长期安全生产和经营活动中逐步培育形成的、具有本企业特点、为全体员工认可遵循并不断创新的观念、行为、环境、物态条件的总和。 (2)企业安全文化包括保护员工在从事生产经营活动中的身心安全与健康,既包括无损、无害、不伤、不亡的物质条件和作业环境,也包括员工对安全的意识、信念、价值观、经营思想、道德规范、企业安全激励进取精神等安全的精神因素。 (3)企业安全文化是"以人为本"多层次的复合体,由安全物质文化、安全行为文化、安全制度文化、安全精神文化组成。企业文化是"以人为本",提倡对人的"爱"与"护",以"灵性管理"为中心,以员工安全文化素质为基础所形成的。

项目	具体内容
内涵	(4)安全文化教育,从法制、制度上保障员工受教育的权利,不断创造和保证提高员工安全技能和安全文化素质的机会
基本特征	(1)安全文化是指企业生产经营过程中,为保障企业安全生产,保护员工身心安全与健康所涉及的各种文化实践及活动。 (2)企业安全文化与企业文化目标是基本一致的,即"以人为本",以人的"灵性管理"为基础。 (3)企业安全文化更强调企业的安全形象、安全奋斗目标、安全激励精神、安全价值观和安全生产及产品安全质量、企业安全风貌及"商誉"效应等,是企业凝聚力的体现,对员工有很强的吸引力和无形的约束作用,能激发员工产生强烈的责任感。 (4)企业安全文化对员工有很强的潜移默化的作用,能影响人的思维,改善人们的心智模式,改变人的行为
主要功能	(1)导向功能。企业安全文化所提出的价值观为企业的安全管理决策活动提供了为企业大多数职工所认同的价值取向,它们能将价值观内化为个人的价值观,将企业目标"内化"为自己的行为目标,使个体的目标、价值观、理想与企业的目标、价值观、理想有了高度一致性和同一性。 (2)凝聚功能。当企业安全文化所提出的价值观被企业职工内化为个体的价值观和目标后就会产生一种积极而强大的群体意识,将每个职工紧密地联系在一起。这样就形成了一种强大的凝聚力和向心力。 (3)激励功能。①用企业的宏观理想和目标激励职工奋发向上。②为职工个体指明了成功的标准与标志,使其有了具体的奋斗目标。 (4)辐射和同化功能。企业安全文化一旦在一定的群体中形成,便会对周围群体产生强大的影响作用,迅速向周边辐射。而且,企业安全文化还会保持一个企业稳定的、独特的风格和活力,同化一批又一批新来者,使他们接受这种文化并继续保持与传播,使企业安全文化的生命力得以持久

考点2 安全文化建设的基本内容

项目	具体内容
总体要求	企业在安全文化建设过程中,应充分考虑自身内部和外部的文化特征,引导全体员工的安全态度和安全行为,实现在法律和政府监管要求基础上的安全自我约束,通过全员参与实现企业安全生产水平持续提高
基本要素	(1)安全承诺:企业应建立包括安全价值观、安全愿景、安全使命和安全目标等在内的安全承诺。

项目	具体内容
基本要素	企业安全承诺应做到： ①切合企业特点和实际，反映共同安全志向； ②明确安全问题在组织内部具有最高优先权； ③声明所有与企业安全有关的重要活动都追求卓越； ④含义清晰明了，并被全体员工及相关方所知晓和理解。 领导者应做到： ①提供安全工作的领导力，坚持保守决策，以有形的方式表达对安全的关注； ②在安全生产上真正投入时间和资源； ③制定安全发展的战略规划，以推动安全承诺的实施； ④接受培训，在与企业相关的安全事务上具有必要的能力； ⑤授权组织的各级管理者和员工参与安全生产工作，积极质疑安全问题； ⑥安排对安全实践或实施过程的定期审查； ⑦与相关方进行沟通和合作。 各级管理者应做到： ①清晰界定全体员工的岗位安全责任； ②确保所有与安全相关的活动均采用了安全的工作方法； ③确保全体员工充分理解并胜任所承担的工作； ④鼓励和肯定在安全方面的良好态度，注重从差错中学习和获益； ⑤在追求卓越的安全绩效、质疑安全问题方面以身作则； ⑥接受培训，在推进和辅导员工改进安全绩效上具有必要的能力； ⑦保持与相关方的交流合作，促进组织部门之间的沟通与协作。 每个员工应做到： ①在本职工作上始终采取安全的方法； ②对任何与安全相关的工作保持质疑的态度； ③对任何安全异常和事件保持警觉并主动报告； ④接受培训，在岗位工作中具有改进安全绩效的能力； ⑤与管理者和其他员工进行必要的沟通。 （2）行为规范与程序。 企业内部的行为规范是企业安全承诺的具体体现和安全文化建设的基础要求。行为规范的建立和执行应做到： ①体现企业的安全承诺； ②明确各级各岗位人员在安全生产工作中的职责与权限； ③细化有关安全生产的各项规章制度和操作程序； ④行为规范的执行者参与规范系统的建立，熟知自己在组织中的安全角色和责任； ⑤由正式文件予以发布。

续表

项目	具体内容
基本要素	⑥引导员工理解和接受建立行为规范的必要性,知晓由于不遵守规范所引发的潜在不利后果; ⑦通过各级管理者或被授权者观测员工行为,实施有效监控和缺陷纠正; ⑧广泛听取员工意见,建立持续改进机制。 　程序是行为规范的重要组成部分。程序的建立和执行应做到:①识别并说明主要的风险,简单易懂,便于操作;②程序的使用者(必要时包括承包商)参与程序的制定和改进过程,并应清楚理解不遵守程序可导致的潜在不利后果;③由正式文件予以发布;④通过强化培训,向员工阐明在程序中给出特殊要求的原因;⑤对程序的有效执行保持警觉,即使在生产经营压力很大时,也不能容忍走捷径和违反程序;⑥鼓励员工对程序的执行保持质疑的安全态度,必要时采取更加保守的行动并寻求帮助。 　(3)安全行为激励。 　(4)安全信息传播与沟通。 　沟通应满足: ①确认有关安全事项的信息已经发送,并被接收方所接收和理解。 ②涉及安全事件的沟通信息应真实、开放。 ③每个员工都应认识到沟通对安全的重要性,从他人处获取信息和向他人传递信息。 　(5)自主学习与改进。 　(6)安全事务参与。 　(7)审核与评估。 　企业应对自身安全文化建设情况进行定期的全面审核,审核内容包括: ①领导者应定期组织各级管理者评审企业安全文化建设过程的有效性和安全绩效结果。 ②领导者应根据审核结果确定并落实整改不符合、不安全实践和安全缺陷的优先次序,并识别新的改进机会。 ③必要时,应鼓励相关方实施这些优先次序和改进机会,以确保其安全绩效与企业协调一致
推进与保障	(1)规划与计划:由企业最高领导人组织制定推动本企业安全文化建设的长期规划和阶段性计划。 　(2)保障条件:①明确安全文化建设的领导职能,建立领导机制;②确定负责推动安全文化建设的组织机构与人员,落实其职能;③保证必需的建设资金投入;④配置适用的安全文化信息传播系统。 　(3)推动骨干的选拔和培养

考点3   安全文化建设的操作步骤

项目	具体内容
建立机构	(1)领导机构可以定为"安全文化建设委员会",必须由生产经营单位主要负责人亲自担任委员会主任,同时要确定一名生产经营单位高层领导人担任委员会的常务副主任。 (2)其他高层领导可以任副主任,有关管理部门负责人任委员。其下还必须建立一个安全文化办公室,办公室可以由生产(经营)、宣传、党群、团委、安全管理等部门的人员组成,负责日常工作
制定规划	(1)对本单位的安全生产观念、状态进行初始评估。 (2)对本单位的安全文化理念进行定格设计。 (3)制定出科学的时间表及推进计划
培训骨干	(1)培养骨干是推动企业安全文化建设不断更新、发展,非做不可的事情。 (2)训练内容可包括理论、事例、经验和本企业应该如何实施的方法等
宣传教育	宣传、教育、激励、感化是传播安全文化、促进精神文明的重要手段
努力实践	(1)安全文化建设是安全管理中高层次的工作,是实现零事故目标的必由之路,是超越传统安全管理来解决安全生产问题的根本途径。 (2)在安全文化建设过程中,紧紧围绕"安全—健康—文明—环保"的理念,通过采取管理控制、精神激励、环境感召、心理调适、习惯培养等一系列方法,既推进安全文化建设的深入发展,又丰富安全文化的内涵

考点4   企业安全文化建设评价

项目	具体内容
评价指标	1. 基础特征 (1)企业状态特征。 企业自身的成长、发展、经营、市场状态,主要从企业历史、企业规模、市场地位、盈利状况等方面进行评价。 (2)企业文化特征。 企业文化层面的突出特征,主要评估企业文化的开放程度、员工凝聚力的强弱、学习型组织的构建情况、员工执行力状况等。 (3)企业形象特征。 员工、社会公众对企业整体形象的认识和评价。 (4)企业员工特征。 充分明确员工的整体状况,总体教育水平、工作经验和操作技能、道德水平等。

续表

项目	具体内容
评价指标	（5）企业技术特征。 企业在工程技术方面的使用、改造情况,比如技术设备的先进程度、技术改造状况、工艺流程的先进性以及人机工程建设情况。 （6）监管环境。 企业所在地政府安监及相关部门的职能履行情况,包括监管人员的业务素质、监管力度、法律法规的公布及执行情况。 （7）经营环境。 主要反映企业所在地的经济发展、市场经营状况等商业环境,诸如人力资源供给程度、信息交流情况、地区整体经济实力等。 （8）文化环境。 反映企业所在地域的社会文化环境,主要包括民族传统、地域文化特征等。 2. 企业安全承诺 （1）安全承诺内容。 综合考量承诺内容的涉及范围,表述理念的先进性、时代性,与企业实际的契合程度。 （2）安全承诺表述。 企业安全承诺在阐述和表达上应完整准确,具有较强的普适性、独特性和感召力。 （3）安全承诺传播。 企业的安全承诺需要在内部及外部进行全面、及时、有效的传播,涉及不同的传播方式,选择适当的传播频度,达到良好的认知效果。 （4）安全承诺认同。 考察企业内部对企业安全承诺的共鸣程度,主要包括:安全承诺能否得到全体员工特别是基层员工的深刻理解和广泛认同,企业领导能否做到身体力行、率先垂范,全体员工能否切实把承诺内容应用于安全管理和安全生产的实践当中。 3. 企业安全管理 （1）安全权责。 企业的安全管理权责分配依据的原则、权责对应或背离程度以及在实际工作当中的执行效果。 （2）管理机构。 企业应设置专人专职专责的安全管理机构,并配备充足的、符合要求的人力、物力资源,保障其独立履职的管理效果。企业安全管理部门及人员应当具有明确的管理权力与责任,在权责的分配上应充分考虑企业安全工作实际,有效保证管理权责的匹配性、一致性和平衡性。 （3）制度执行。 企业安全管理的制度执行力度与障碍情况。 （4）管理效果。 结合企业实际,从安全绩效改善程度、应急机制完善程度、事故与事件管理水平等方

项目	具体内容
评价指标	面,客观评估企业安全管理工作在一定时期内的实施效果。 4. 企业安全环境 (1)安全指引。 企业应综合运用各种途径和方法,有效引导员工安全生产。主要从安全标识运用、安全操作指示、安全绩效引导、应激调适机制等方面进行评估。 (2)安全防护。 企业应依据生产作业环境特点,做好安全防护工作,安装有效的防护设施和设备,提供充足的个体防护用品。 (3)环境感受。 环境感受是员工对一般作业环境和特殊作业环境的综合感观和评价,是对作业环境的安全保障效果的主观性评估。主要从作业现场的清洁、安全、人性化等方面,考察员工的安全感、舒适感和满意度。 5. 企业安全培训与学习 (1)重要性体现。 企业各级人员对安全培训工作重要性的认识程度,直接体现在培训资源投入力度、培训工作的优先保证程度及企业用人制度等方面。 (2)充分性体现。 企业应向员工提供充足的培训机会,根据实际需要和长远目标规范培训内容,科学设置培训课时,竭力开发、运用员工喜闻乐见的有效培训方式。 (3)有效性体现。 科学判断企业安全培训的实施效果,主要从员工安全态度的端正程度、安全技能的提升幅度、安全行为和安全绩效的改善程度等方面进行评估。 6. 企业安全信息传播 (1)信息资源。 根据安全文化传播需要,企业应分别建立和完善安全管理信息库、安全技术信息库、安全事故信息库和安全知识信息库等各种安全信息库,储备大量的安全信息资源。 (2)信息系统。 企业围绕安全信息传播工作,设置专职操作机构,建立完备的管理机制,搭建稳定的信息传播与管理平台,创造完善齐全的信息传播载体。 (3)效能体现。 根据员工获取和交流企业安全信息的便捷程度,企业安全信息传播的有效到达率、知晓率和开放程度,综合衡量企业安全信息传播的实际效果。 7. 安全行为激励 (1)激励机制。 围绕安全发展这一激励目标,企业应建立一套理性化的管理制度以规范安全激励工作,实现安全激励制度化,保证安全绩效的优先权。

项目	具体内容
评价指标	（2）激励方式。 根据企业实际兼顾精神和物质两个层面，采取最可靠、最有效的安全激励方式。 （3）激励效果。 员工对企业安全激励机制、激励方式的响应体现为绩效改善与行为改善的正负效应。 8. 安全事务参与 （1）安全会议与活动。 企业应根据实际需要，定期举办以安全为主题的各种会议和活动，鼓励并邀请相关员工积极参与。 （2）安全报告。 企业应建立渠道通畅的各级安全报告制度，确保报告反馈的及时、高效，注重各种报告、处理等信息的公开、共享。 （3）安全建议。 企业应建立科学有效的安全建议制度，疏通各种安全建议渠道，以及时反馈、择优采纳等实际行动鼓励员工积极参与安全建议。 （4）沟通交流。 在企业内部和外部创造良好的安全信息沟通氛围，实现企业各层级员工有效的纵向沟通和横向交流，同时及时与企业不同层面的合作伙伴互通安全信息。 9. 决策层行为 （1）公开承诺。 企业决策层应适时亲自公布企业相关安全承诺与政策，参与安全责任体系的建立，做出重大安全决策。 （2）责任履行。 在企业人事政策、安全投入、员工培训等方面，企业决策层应充分履行自己的安全职责，确保安全在各工作环节的重要地位。 （3）自我完善。 企业决策层应接受充分的安全培训，加强与外部进行安全信息沟通交流，全面提高自身安全素质，做好遵章守制、安全生产的表率。 10. 管理层行为 （1）责任履行。 企业管理层应明确所担负的建立并完善制度、加强监督管理、改善安全绩效等重要安全责任，并严格履行职责。 （2）指导下属。 企业管理层应对员工进行资格审定，有效组织安全培训和现场指导。 （3）自我完善。 企业管理层应注重安全知识和技能的更新，积极完善自我，加强沟通交流。

项目	具体内容
评价指标	**11. 员工层行为** (1) 安全态度。 主要从安全责任意识、安全法律意识和安全行为意向等方面,判断员工对待安全的态度。 (2) 知识技能。 除熟练掌握岗位安全技能外,员工还应具备充分的辨识风险、应急处置等各种安全知识和操作能力。 (3) 行为习惯。 员工应养成良好的安全行为习惯,积极交流安全信息,主动参与各种安全培训和活动,严格遵守规章制度。 (4) 团队合作。 在安全生产过程中,同事之间要增进了解,彼此信任,加强互助合作,主动关心、保护同伴,共同促进团队安全绩效的提升
减分指标	**1. 死亡事故** 在进行安全评价的前1年内,如发生死亡事故,则视情况(事故性质、伤亡人数)扣减安全文化评价得分5~15分。 **2. 重伤事故** 在进行安全评价的前1年内,如发生重伤事故,则视情况扣减安全文化评价得分3~10分。 **3. 违章记录** 在进行安全评价的前1年内,根据企业的"违章指挥、违章操作、违反劳动纪律"记录情况,视程度扣减安全文化评价得分1~8分
评价程序	**1. 建立评价组织机构与评价实施机构** (1) 企业开展安全文化评价工作时,首先应成立评价组织机构,并由其确定评价工作的实施机构。 (2) 企业实施评价时,由评价组织机构负责确定评价工作人员并成立评价工作组。必要时可选聘有关咨询专家或咨询专家组。咨询专家(组)的工作任务和工作要求由评价组织机构明确。 评价工作人员应具备以下基本条件: ①熟悉企业安全文化评价相关业务,有较强的综合分析判断能力与沟通能力。 ②具有较丰富的企业安全文化建设与实施专业知识。 ③坚持原则、秉公办事。 (3) 评价项目负责人应有丰富的企业安全文化建设经验,熟悉评价指标及评价模型。

项目	具体内容
评价程序	2. 制定评价工作实施方案 评价实施机构应参照本标准制定《评价工作实施方案》。方案中应包括所用评价方法、评价样本、访谈提纲、测评问卷、实施计划等内容,并应报送评价组织机构批准。 3. 下达《评价通知书》 在实施评价前,由评价组织机构向选定的样本单位下达《评价通知书》。《评价通知书》中应当明确评价的目的、用途、要求、应提供的资料及对所提供资料应负的责任、其他需在《评价通知书》中明确的事项。 4. 调研、收集与核实基础资料 根据本标准设计评价的调研问卷,根据《评价工作方案》收集整理评价基础数据和基础资料。资料收集可以采取访谈、问卷调查、召开座谈会、专家现场观测、查阅有关资料和档案等形式进行。评价人员要对评价基础数据和基础资料进行认真检查、整理,确保评价基础资料的系统性和完整性。评价工作人员应对接触的资料内容履行保密义务。 5. 数据统计分析 对调研结果和基础数据核实无误后,可借助 EXCEL、SPSS、SAS 等统计软件进行数据统计,然后根据本标准建立的数学模型和实际选用的调研分析方法,对统计数据进行分析。 6. 撰写评价报告 统计分析完成后,评价工作组应按照规范的格式,撰写《企业安全文化建设评价报告》报告评价结果。 7. 反馈企业征求意见 评价报告提出后,应反馈企业征求意见并作必要修改。 8. 提交评价报告 评价工作组修改完成评价报告后,经评价项目负责人签字,报送评价组织机构审核确认。 9. 进行评价工作总结 评价项目完成后,评价工作组要进行评价工作总结,将工作背景、实施过程、存在的问题和建议等形成书面报告,报送评价组织机构。同时建立好评价工作档案

第五节 安全生产标准化

考点1 安全标准化建设的意义

项目	具体内容
意义	(1)安全生产标准化是指通过建立安全生产责任制,制订安全管理制度和操作规程,排查治理隐患和监控重大危险源,建立预防机制,规范生产行为,使各生产环节符合有

续表

项目	具体内容
意义	关安全生产法律法规和标准规范的要求,人、机、物、环境处于良好的生产状态,并持续改进,不断加强企业安全生产规范化建设。 (2)安全生产标准化建设就是用科学的方法和手段,提高人的安全意识,创造人的安全环境,规范人的安全行为,使人—机—环境达到最佳统一,从而实现最大限度地防止和减少伤亡事故的目的。 (3)安全生产标准化工作实行自主评定和外部评审的方式
等级评审	(1)生产经营单位根据有关评分准则,进行自主评定;自主评定后,申请外部评审定级。 (2)安全生产标准化评审分为:一级、二级、三级,一级为最高

考点2　开展安全生产标准化建设的重点内容

项目	具体内容
确定目标	(1)生产经营单位根据自身安全生产实际,制定总体和年度安全生产目标。 (2)按照所辖部门在生产经营中的职能,制定安全生产指标和考核办法
作业安全	1. 生产现场管理和生产过程控制 (1)对生产过程及物料、设备设施、器材、通道、作业环境等存在的隐患,应进行分析和控制。 (2)对动火作业、起重作业、受限空间作业、临时用电作业、高处作业等危险性较高的作业活动实施作业许可管理,严格履行审批手续。作业许可证应包含危害因素分析和安全措施等内容。 (3)对于吊装、爆破等危险作业,应当安排专人进行现场安全管理,确保安全规程的遵守和安全措施的落实。 2. 作业行为管理 3. 安全警示标志 (1)在有较大危险因素的作业场所和设备设施上,设置明显的安全警示标志,进行危险提示、警示,告知危险的种类、后果及应急措施等。 (2)在进行设备设施检维修、施工、吊装等作业现场设置警戒区和警示标志;在检维修现场的坑、井、洼、沟、陡坡等场所设置围栏和警示标志。 (3)安全色: ①传递安全信息含义的颜色,包括红、蓝、黄、绿四种颜色。 ②安全色适用于工矿企业、交通运输、建筑业以及仓库、医院、剧场等公共场所。但不包括灯光、荧光颜色和航空、航海、内河航运所用的颜色。 ③统一使用安全色,能使人们在紧急情况下,借助所熟悉的安全色含义,识别危险部

项目	具体内容
作业安全	位,尽快采取措施,提高自控能力,有助于防止发生事故。 ④安全色用途广泛,如用于安全标志牌、交通标志牌、防护栏杆及机器上不准乱动的部位等。安全色的应用必须是以表示安全为目的和有规定的颜色范围。 ⑤红色表示禁止、停止、消防和危险的意思。禁止、停止和有危险的器件设备或环境涂以红色的标记。如禁止标志、交通禁令标志、消防设备、停止按钮和停车、刹车装置的操纵把手、仪表刻度盘上的极限位置刻度、机器转动部件的裸露部分、液化石油气槽车的条带及文字、危险信号旗等。 ⑥黄色表示注意、警告的意思。需警告人们注意的器件、设备或环境涂以黄色标记。如警告标志、交通警告标志、道路交通路面标志、皮带轮及其防护罩的内壁、砂轮机罩的内壁、楼梯的第一级和最后一级的踏步前沿、防护栏杆及警告信号旗等。 ⑦蓝色表示指令,必须遵守的规定。如指令标志、交通指示标志等。 ⑧绿色表示通行、安全和提供信息的意思。可以通行或安全情况涂以绿色标记。如表示通行、机器启动按钮、安全信号旗等。 (4)对比色: ①是安全色更加醒目的反衬色。包括黑、白两种颜色。 ②主要用作上述各种安全色的背景色。例如安全标志牌上的底色一般采用白色或黑色。 4.相关方管理 (1)应执行承包商、供应商等相关方管理制度,对其资格预审、选择、服务前准备、作业过程、提供的产品、技术服务、表现评估、续用等进行管理。 (2)不得将项目委托给不具备相应资质或条件的相关方。 (3)生产经营单位和相关方的项目协议应明确规定双方的安全生产责任和义务,或签订专门的安全协议,明确双方的安全责任。 5.变更管理 生产经营单位应执行变更管理制度,履行审批及验收程序,并对变更过程及变更所产生的隐患进行分析和控制
隐患排查和治理	(1)法律法规、标准规范发生变更或有新的公布,以及操作条件或工艺改变,新建、改建、扩建项目建设,相关方进入、撤出或改变,对事故、事件或其他信息有新的认识,组织机构发生大的调整的,应及时组织隐患排查。 (2)隐患排查的范围应包括所有与生产经营相关的场所、环境、人员、设备设施和活动。 (3)根据隐患排查结果,制订隐患治理方案,对隐患及时进行治理。治理完成后,应对治理情况进行验证和效果评估。 (4)生产经营单位应根据生产经营状况及隐患排查治理情况,运用定量的安全生产预测预警技术,建立体现本单位安全生产状况及发展趋势的预警指数系统

续表

项目	具体内容
应急救援	1. 应急机构和队伍 (1)生产经营单位应建立安全生产应急管理机构,或指定专人负责安全生产应急管理工作。 (2)建立与本单位生产特点相适应的专兼职应急救援队伍,或指定专兼职应急救援人员,并组织训练。 (3)无须建立应急救援队伍的,可与附近具备专业资质的应急救援队伍签订服务协议。 2. 应急预案 生产经营单位应按规定制订生产安全事故应急预案,并针对重点作业岗位制订应急处置方案或措施,形成安全生产应急预案体系。 3. 应急设施、装备、物资 生产经营单位应按规定建立应急设施,配备应急装备,储备应急物资,并进行经常性的检查、维护、保养,确保其完好、可靠。 4. 应急演练 (1)生产经营单位应组织生产安全事故应急演练,并对演练效果进行评估。 (2)根据评估结果,修订、完善应急预案,改进应急管理工作。 5. 事故救援 发生事故后,应立即启动相关应急预案,积极开展事故救援

第六节　安全风险分级管控和隐患排查治理双重预防机制

考点 1　总体思路和工作目标

项目	具体内容
总体思路	准确把握安全生产的特点和规律,坚持风险预控、关口前移,全面推行安全风险分级管控,进一步强化隐患排查治理,推进事故预防工作科学化、信息化、标准化,实现把风险控制在隐患形成之前、把隐患消灭在事故前面
工作目标	尽快建立健全安全风险分级管控和隐患排查治理的工作制度和规范,完善技术工程支撑、智能化管控、第三方专业化服务的保障措施,实现企业安全风险自辨自控、隐患自查自治,形成政府领导有力、部门监管有效、企业责任落实、社会参与有序的工作格局,提升安全生产整体预控能力,夯实遏制重特大事故的坚强基础

考点 2　着力构建企业双重预防机制

项目	具体内容
着力构建企业双重预防机制	（1）全面开展安全风险辨识。 （2）科学评定安全风险等级。 （3）有效管控安全风险。 （4）实施安全风险公告警示。 （5）建立完善隐患排查治理体系

考点 3　健全完善双重预防机制的政府监管体系

项目	具体内容
健全完善双重预防机制的政府监管体系	（1）健全完善标准规范。 （2）实施分级分类安全监管。 （3）有效管控区域安全风险。 （4）加强安全风险源头管控

考点 4　强化政策引导和技术支撑

项目	具体内容
强化政策引导和技术支撑	（1）完善相关政策措施。 （2）深入推进企业安全生产标准化建设。 （3）充分发挥第三方服务机构作用。 （4）强化智能化、信息化技术的应用

考点 5　有关工作要求

项目	具体内容
有关工作要求	（1）强化组织领导。 （2）强化示范带动。 （3）强化舆论引导。 （4）强化督促检查

考点 6　风险分级及管控原则

项目	具体内容
基本原则	安全风险等级从高到低划分为 4 级： A 级：重大风险/红色风险，评估属不可容许的危险；必须建立管控档案，明确不可容许的危险内容及可能触发事故的因素，采取安全措施，并制定应急措施；当风险涉及正

项目	具体内容
基本原则	在进行中的作业时,应暂停作业。 B级:较大风险/橙色风险,评估属高度危险:必须建立管控档案,明确高度危险内容及可能触发事故的因素,采取安全措施;当风险涉及正在进行中的作业时,应采取应急措施。 C级:一般风险/黄色风险,评估属中度危险;必须明确中度危险内容及可能触发事故的因素,综合考虑伤害的可能性并采取安全措施,完成控制管理。 D级:低风险/蓝色风险,评估属轻度危险和可容许的危险;需要跟踪监控,综合考虑伤害的可能性并采取安全措施,完成控制管理
升级管控	涉及下列情形的B级、C级风险,应直接确定为A级: (1)构成危险化学品一级、二级重大危险源的场所和设施。 (2)涉及重点监管化工工艺的主要装置。 (3)危险化学品长输管道。 (4)同一作业单元内现场作业人员10人以上的。 涉及下列情形的C级风险,应直接确定为B级: (1)构成危险化学品三级、四级重大危险源的场所和设施。 (2)涉及剧毒化学品的场所和设施。 (3)化工企业开停车作业或者非正常工况操作。 (4)同一作业单元内现场作业人员3人以上的

第四章 安全生产与劳动防护

◆ 知识框架 ///

安全生产与劳动防护

- 劳动防护用品选用与配备
  - 按防护性能分类
  - 按劳动防护用品防护部位分类
  - 按劳动防护用品用途分类
  - 劳动防护用品的配置
  - 劳动防护用品的使用管理
  - 特种劳动防护用品安全标志管理
- 特种设备安全管理
- 特种作业安全管理
  - 特种作业的定义和种类
  - 特种作业人员的安全技术培训、考核、发证、复审
  - 监督管理
- 工伤保险
  - 工伤保险的相关内容
  - 工伤认定及相关规定
  - 劳动能力鉴定及相关规定
  - 工伤保险待遇
- 安全生产投入
  - 安全生产投入的基本要求
  - 安全生产费用的使用和管理
  - 安全生产责任保险

◆ 考点精讲 ///

第一节 劳动防护用品选用与配备

考点 1 按防护性能分类

项目	具体内容
特种劳动防护用品	头部护具类、呼吸护具类、眼(面)护具类、防护服类、防护鞋类、防坠落护具类

续表

项目	具体内容
一般劳动防护用品	未列入特种劳动防护用品目录的劳动防护用品为一般劳动防护用品

考点 2　按劳动防护用品防护部位分类

项目	具体内容
头部防护用品	头部防护用品指为防御头部不受外来物体打击、挤压伤害和其他因素危害配备的个体防护装备,如安全帽、防静电工作帽等
呼吸器官防护用品	呼吸器官防护用品指为防御有害气体、蒸气、粉尘、烟、雾由呼吸道吸入,或向使用者供氧或新鲜空气,保证尘、毒污染或缺氧环境中作业人员正常呼吸的个体防护装备,是预防尘肺病和职业中毒的重要护具,如长管呼吸器、动力送风过滤式呼吸器、自给闭路式压缩氧气呼吸器、自给闭路式压缩氧气逃生呼吸器、自给开路式压缩空气呼吸器、自给开路式压缩空气逃生呼吸器、自吸过滤式防毒面具、自吸过滤式防颗粒物呼吸器(又称防尘口罩)等
眼面部防护用品	眼面部防护用品指用于防护作业人员的眼睛及面部免受粉尘、颗粒物、金属火花、飞屑、烟气、电磁辐射、化学飞溅物等外界有害因素的个体防护装备,如焊接眼护具、激光防护镜、强光源防护镜、职业眼面部防护具等
听力防护用品	听力防护用品指能够防止过量的声能侵入外耳道,使人耳避免噪声的过度刺激,减少听力损失,预防由噪声对人身引起的不良影响的个体防护装备,如耳塞、耳罩等
手部防护用品	手部防护用品指保护手和手臂,供作业者劳动时戴用的个体防护装备,如带电作业用绝缘手套、防寒手套、防化学品手套、防静电手套、防热伤害手套、焊工防护手套、机械危害防护手套、电离辐射及放射性污染物防护手套等
足部防护用品	足部防护用品指防止生产过程中有害物质和能量损伤劳动者足部的护具,通常人们称劳动防护鞋,如安全鞋、防化学品鞋等
躯干防护用品	躯干防护用品即通常讲的防护服,如防电弧服、防静电服、职业用防雨服、高可视性警示服、隔热服、焊接服、化学防护服、抗油易去污防静电防护服、冷环境防护服、熔融金属飞溅防护服、微波辐射防护服、阻燃服等
坠落防护用品	坠落防护用品指防止高处作业坠落或高处落物伤害的个体防护装备,如安全带、安全绳、缓冲器、缓降装置、连接器、水平生命线装置、速差自控器、自锁器、安全网、登杆脚扣、挂点装置等
劳动护肤用品	劳动护肤用品指用于防止皮肤(主要是面、手等外露部分)免受化学、物理、生物等有害因素危害的个体防护用品,如防油型护肤剂、防水型护肤剂、遮光护肤剂、洗涤剂等

续表

项目	具体内容
其他个体 防护装备	（略）

考点3　按劳动防护用品用途分类

项目	具体内容
防止伤亡事故	防坠落用品、防冲击用品、防触电用品、防机械外伤用品、防酸碱用品、耐油用品、防水用品、防寒用品
预防职业病	防尘用品、防毒用品、防噪声用品、防振动用品、防辐射用品、防高低温用品等

考点4　劳动防护用品的配置

项目	具体内容
劳动防护用品 的配置要求	（1）生产经营单位应根据本单位安全生产和防止职业性危害的需要，按照工种、环境和作业者身体条件等，为作业人员配备相应的防护装备。个体防护装备的分类、分级及使用范围见《个体防护装备配备规范　第1部分：总则》（GB 39800.1—2020）。 （2）存在物体打击、机械伤害、高处坠落等可能对作业者头部产生碰撞伤害的作业场所，应为作业人员配备安全帽等头部防护装备。 （3）存在飞溅物体、化学性物质、非电离辐射等可能对作业者眼、面部产生伤害的作业场所，应配备眼、面部防护装备，如：安全眼镜，化学飞溅防护镜、面罩，焊接护目镜、面罩或防护面具等。 （4）在有噪声（暴露级 $L_{EX,8h} \geqslant 85$ dB）的作业场所，作业人员应佩戴护听器进行听力防护，如：耳塞、耳罩、防噪音头盔等。 （5）接触粉尘的作业人员应配备防尘口罩、防颗粒物呼吸器、防尘眼镜等面部防护装备。 （6）接触有毒、有害物质的作业人员应根据可能接触毒物的种类选择配备相应的防毒面具、空气呼吸器等呼吸防护装备。 （7）从事有可能被传动机械绞碾、夹卷伤害的作业人员应穿戴紧口式防护服，长发应佩戴防护帽，不能戴防护手套。 （8）从事接触腐蚀性化学品的作业人员应穿戴耐化学品防护服、耐化学品防护鞋、耐化学品防护手套等防护装备。 （9）水上作业人员应穿浸水服、救生衣等水上作业防护装备。 （10）在易燃、易爆场所的作业人员应穿戴具有防静电性能的防静电服、防静电鞋、防静电手套等防护装备。 （11）从事电气作业的作业人员应穿戴绝缘防护装备，从事高压带电作业应穿屏蔽服等防护装备。

项目	具体内容
劳动防护用品的配置要求	(12)从事高温、低温作业的作业人员应穿戴耐高温或防寒防护装备。 (13)作业场所存在极端温度、电伤害、腐蚀性化学物质、机械砸伤等可能对作业者足部产生伤害,应选配足部防护装备,如:保护足趾安全鞋、防刺穿鞋、电绝缘鞋、防静电鞋、耐油防护鞋、矿工安全鞋等。 (14)在距坠落高度基准面2 m及2 m以上,有发生坠落危险的作业场所应为作业人员配备安全带,并加装安全网等防护装备。 (15)同一工作地点存在不同种类的危险、有害因素的,应当为劳动者同时提供防御各类危害的劳动防护用品。需要同时配备的劳动防护用品,还应考虑其兼容性。 (16)劳动者在不同地点工作,并接触不同的危险、有害因素,或接触不同的危害程度的有害因素的,为其选配的劳动防护用品应满足不同工作地点的防护需求。劳动防护用品的选择还应当考虑其佩戴的合适性和基本舒适性,根据个人特点和需求选择适合号型、式样。 (17)用人单位应当在可能发生急性职业损伤的有毒、有害工作场所配备应急劳动防护用品,放置于现场临近位置并有醒目标识。应当为巡检等流动性作业的劳动者配备随身携带的个人应急防护用品
生产经营单位发放劳动防护用品的责任	(1)用人单位应根据工作场所中的职业危害因素及其危害程度,按照法律、法规、标准的规定,为从业人员免费提供符合国家规定的劳动防护用品。不得以货币或其他物品替代应当配备的护品。 (2)用人单位应到定点经营单位或生产企业购买特种劳动防护用品。特种劳动防护用品必须具有"三证"和"一标志",即生产许可证、产品合格证、安全鉴定证和安全标志。 (3)用人单位应教育从业人员,按照劳动防护用品的使用规则和防护要求正确使用劳动防护用品。使从业人员做到"三会":会检查护品的可靠性,会正确使用劳动防护用品,会正确维护保养劳动防护用品。用人单位应定期进行监督检查。 (4)用人单位应按照产品说明书的要求,及时更换、报废过期和失效的劳动防护用品。 (5)用人单位应建立健全劳动防护用品的购买、验收、保管、发放、使用、更换、报废等管理制度和使用档案,并进行必要的监督检查

考点5 劳动防护用品的使用管理

项目	具体内容
生产经营单位的管理	(1)采购验收:生产经营单位应统一进行劳动防护用品的采购,到货后应由安全管理部门组织相关人员按标准进行验收,一是验收"三证一标志"是否齐全有效;二是对相关劳动防护用品作外观检查,必要时应进行试验验收。 (2)使用前检查:从业人员每次使用劳动防护用品前应对其进行检查,生产经营单位可制定相应检查表,供从业人员检查使用,防止使用功能损坏的劳动防护用品。 (3)使用中检查:安全生产管理部门在组织开展安全检查时,应将劳动防护用品的检查列入检查表,进行经常性的检查。重点是必须在其性能范围内使用,不超极限使用等。

续表

项目	具体内容
生产经营单位的管理	(4)正确使用:从业人员应严格按照使用说明书正确使用劳动防护用品。生产经营单位的领导及安全生产管理人员应经常深入现场,检查指导从业人员正确使用劳动防护用品
政府有关部门的管理	(1)安全生产监督管理部门、煤矿安全监察机构对配发无安全标志的特种劳动防护用品的生产经营单位,有权依法进行查处。 (2)生产经营单位未按国家有关规定为从业人员提供符合国家标准或者行业标准的劳动防护用品,配发无安全标志的特种劳动防护用品的,安全生产监督管理部门或者煤矿安全监察机构有权责令限期改正;逾期未改正的,可责令停产停业整顿,可以并处5万元以下的罚款;对于造成严重后果,构成犯罪的,有权依法追究刑事责任。 (3)生产或者经营劳动防护用品的企业生产或经营假冒伪劣劳动防护用品和无安全标志的特种劳动防护用品的,安全生产监督管理部门或者煤矿安全监察机构责令停止违法行为,可以并处3万元以下的罚款。 (4)进口的一般劳动防护用品的安全防护性能不得低于我国相关标准,并向国家安全生产监督管理总局(现已并入应急管理部)指定的特种劳动防护用品安全标志管理机构申请办理准用手续;进口的特种劳动防护用品应当按照规定取得安全标志

考点6 特种劳动防护用品安全标志管理

项目	具体内容
特种劳动防护用品安全标志管理	(1)对特种劳动防护用品实行安全标志管理。特种劳动防护用品安全标志管理工作由国家安全生产监督管理总局(现已并入应急管理部)指定的特种劳动防护用品安全标志管理机构实施,受指定的特种劳动防护用品安全标志管理机构对其核发的安全标志负责。 (2)对生产经营单位的要求。①生产劳动防护用品的企业生产的特种劳动防护用品,必须取得特种劳动防护用品安全标志。②经营劳动防护用品的单位应有工商行政管理部门(现为市场监督管理部门)核发的营业执照、有满足需要的固定场所和了解相关防护用品知识的人员。经营劳动防护用品的单位不得经营假冒伪劣劳动防护用品和无安全标志的特种劳动防护用品。③生产经营单位不得采购和使用无安全标志的特种劳动防护用品;购买的特种劳动防护用品须经本单位的安全生产技术部门或者管理人员检查验收。 (3)监督检查:安全生产监督管理部门、煤矿安全监察机构依法对劳动防护用品使用情况和特种劳动防护用品安全标志进行监督检查,督促生产经营单位按照国家有关规定为从业人员配备符合国家标准或者行业标准的劳动防护用品
特种劳动防护用品目录	(1)头部护具类:安全帽。 (2)呼吸护具类:防尘口罩、过滤式防毒面具、自给式空气呼吸器、长管面具。 (3)眼(面)护具类:焊接眼面防护具、防冲击眼护具。 (4)防护服类:阻燃防护服、防酸工作服、防静电工作服。

项目	具体内容
特种劳动防护用品目录	(5)防护鞋类:保护足趾安全鞋、防静电鞋、导电鞋、防刺穿鞋、胶面防砸安全靴、电绝缘鞋、耐酸碱皮鞋、耐酸碱胶靴、耐酸碱塑料模压靴。 (6)防坠落护具类:安全带、安全网、密目式安全立网
特种劳动防护用品安全标志标识	1.特种劳动防护用品安全标志标识 (1)劳动防护用品生产企业所生产的特种劳动防护用品,必须取得特种劳动防护用品安全标志,否则不得生产和销售。使用特种劳动防护用品的生产经营单位也不得购买、配发和使用无安全标志的特种劳动防护用品。 (2)特种劳动防护用品安全标志是确认特种劳动防护用品安全防护性能符合国家标准、行业标准,准许生产经营单位配发和使用该劳动防护用品的凭证。 (3)特种劳动防护用品安全标志由特种劳动防护用品安全标志证书和特种劳动防护用品安全标志标识两部分组成。 (4)特种劳动防护用品安全标志证书由国家安全生产监督管理总局(现已并入应急管理部)监制,加盖特种劳动防护用品安全标志管理中心印章。 (5)取得特种劳动防护用品安全标志的产品应在产品的明显位置加施特种劳动防护用品安全标志标识,标识加施应牢固耐用。 (6)特种劳动防护用品安全标志标识由盾牌图形和特种劳动防护用品安全标志的编号组成。不同尺寸的图形用于不同类型的特种劳动防护用品。 2.特种劳动防护用品安全标志标识的说明 (1)本标识采用古代盾牌之形状,取"防护"之意。 (2)盾牌中间采用字母"LA"表示"劳动安全"之意。 (3)"××-××-×××××"是标识的编号。编号采用3层数字和字母组合编号方法编制。第一层的两位数字代表获得标识使用授权的年份;第二层的两位数字代表获得标识使用授权的生产企业所属的省级行政地区的区划代码(进口产品,第二层的代码则以两位英文字母缩写表示该进口产品产地的国家代码);第三层代码的前三位数字代表产品的名称代码,后三位数字代表获得标识使用授权的顺序。 (4)参照《安全色》的规定,标识边框、盾牌及"安全防护"为绿色,"LA"及背景为白色,标识编号为黑色。 (5)标识规格与适用范围。①焊接护目镜、焊接面罩、防冲击护眼具:18 mm(包括编号)×12 mm。②安全帽、防尘口罩、过滤式防毒面具面罩、过滤式防毒面具滤毒罐(盒)、自给式空气呼吸器、长管面具:27 mm(包括编号)×18 mm。③阻燃防护服、防酸工作服、防静电工作服、防静电鞋、导电鞋、保护足趾安全鞋、胶面防砸安全鞋、耐酸碱皮鞋、耐酸碱胶靴、耐酸碱塑料膜压靴、防穿刺鞋、电绝缘鞋:39 mm(包括编号)×26 mm。④安全带、安全网、密目式安全立网:69 mm(包括编号)×46 mm。 3.特种劳动防护用品安全标志的申请、受理、核发和日常管理 申请特种劳动防护用品安全标志的生产单位(以下简称申请单位)应具备下列条件: (1)具有工商行政管理部门(现为市场监督管理部门)核发的营业执照。

续表

项目	具体内容
特种劳动防护用品安全标志标识	(2)具有能满足生产需要的生产场所和技术力量。 (3)具有能保证产品安全防护性能的生产设备。 (4)具有能满足产品安全防护性能要求的检测检验设备。 (5)具有完善的质量保证体系。 (6)具有产品标准和相关技术文件。 (7)其产品符合国家标准或行业标准要求。 (8)法律、法规规定的其他条件

第二节 特种设备安全管理

考点 特种设备安全管理

项目	具体内容
锅炉压力容器使用安全管理	锅炉压力容器使用安全管理措施包括： (1)使用许可厂家合格产品。 (2)登记建档。 (3)专责管理。 (4)建立制度。 (5)持证上岗。 (6)照章运行。 (7)定期检验。在设备的设计使用期限内，每隔一定的时间对其承压部件和安全装置进行检测检查或做必要的试验是及早发现缺陷、消除隐患、保证设备安全运行的一项行之有效的措施。 (8)监控水质。 (9)报告事故
锅炉正常运行中的监督调节	1. 锅炉水位的监督调节 (1)锅炉水位保持在正常水位线处，允许在正常水位线上下50 mm内波动。 (2)水位的调节通常与气压、蒸发量的调节联系在一起。 (3)锅炉低负荷运行，水位稍高于正常水位。 (4)高负荷运行，则稍低于正常水位。 2. 锅炉气压的监督调节 (1)锅炉运行中，蒸汽压力应基本上保持稳定。 (2)负荷小于蒸发量，气压就上升。 (3)负荷大于蒸发量，气压就下降。 (4)根据负荷的变化，相应增减锅炉的燃料量、风量、给水量。

项目	具体内容
锅炉正常运行中的监督调节	(5)间断上水的锅炉,上水应均匀。 (6)上水间隔时间不宜过长,一次上水不宜过多。 (7)燃烧减弱时不宜上水,人工烧炉在投煤、扒渣时不宜上水。 3. 燃烧的监督调节 (1)使燃料燃烧供热适应负荷的要求,维持气压稳定。 (2)使燃烧完好正常,减少未完全燃烧损失,减轻金属腐蚀和大气污染。 (3)对负压燃烧锅炉,维持引风和鼓风的均衡,保持炉膛一定的负压,以保证操作安全和减少排烟损失。 4. 气温的调节 (1)锅炉负荷、燃料及给水温度的改变会造成过热气温的改变。 (2)过热器本身的传热特性不同,上述因素改变时气温变化规律不同。 5. 排污和吹灰 (1)排污:保持受热面内部清洁,避免锅水发生汽水共腾及蒸汽品质恶化。 (2)吹灰:避免积灰影响锅炉传热,降低锅炉效率,产生安全隐患
停炉	1. 正常停炉次序 (1)先停燃料供应,随之停止送风,减少引风。 (2)与此同时,逐渐降低锅炉负荷,相应地减少锅炉上水,但应维护锅炉水位稍高于正常水位,对燃气、燃油锅炉,炉膛停火后引风机至少要继续引风5 min以上。 (3)锅炉停止供汽后,应隔断与蒸汽母管的连接,排气降压,为保护过热器,防止其金属超温,可打开过热器出口集箱疏水阀适当放气。 2. 紧急停炉次序 (1)立即停止添加燃料和送风,减弱引风。 (2)与此同时,设法熄灭炉膛内的燃料,对于一般层燃炉可以用沙土或湿灰灭火,链条炉可以开快挡使炉排快速运转,把红火送入灰坑。 (3)灭火后即把炉门、灰门及烟道挡板打开,以加强通风冷却。 (4)锅内可以较快降压并更换锅水,锅水冷却至70 ℃左右允许排水,因缺水紧急停炉时,严禁给锅炉上水,并不得开启空气阀及安全阀快速降压。 3. 紧急停炉情况 锅炉水位低于水位表的下部可见边缘,不断加大向锅炉进水及采取其他措施,但水位仍继续下降,锅炉水位超过最高可见水位(满水),经放水仍不能见到水位,给水泵全部失效或给水系统故障,不能向锅炉进水,水位表或安全阀全部失效,设置在汽空间的压力表全部失效,锅炉元件损坏,危及操作人员安全,燃烧设备损坏、炉墙倒塌或锅炉构件被烧红等,其他异常情况危及锅炉安全运行。 4. 停炉保养 (1)主要指锅内保养,即汽水系统内部为避免或减轻腐蚀而进行的防护保养。 (2)常用的保养方式:①压力保养。②湿法保养。③干法保养。④充气保养

项目	具体内容
锅炉定期检验	（1）类别。外部检验；内部检验；水压试验。 （2）检验周期。①外部检验一般每年进行一次。②内部检验一般每两年进行一次。③水压试验一般每六年进行一次。 （3）检验内容。①锅炉管理检查、本体检验、安全附件、自控调节及保护装置检验、辅机和附件检验、水质管理和水处理设备检验等。②以宏观检验为主，配合对一些安全装置、设备的功能；确认水压试验：试验压力至少保持20 min。 （4）检验结论。①内部：允许运行、整改后运行、限制条件下运行、停止运行。②外部：允许运行、监督运行、停止运行。③水压试验：合格、不合格
压力容器定期检验	（1）压力容器一般于投用后3年内进行首次定期检验。以后的检验周期由检验机构根据压力容器的安全状况等级，按照以下要求确定：①安全状况等级为1、2级的，一般每6年检验一次。②安全状况等级为3级的，一般每3年至6年检验一次。③安全状况等级为4级的，监控使用，其检验周期由检验机构确定，累计监控使用时间不得超过3年，在监控使用期间，使用单位应当采取有效的监控措施。④安全状况等级为5级的，应当对缺陷进行处理，否则不得继续使用。 （2）有下列情况之一的压力容器，定期检验周期可以适当缩短：①介质对压力容器材料的腐蚀情况不明或者腐蚀情况异常的。②具有环境开裂倾向或者产生机械损伤现象，并且已经发现开裂的。③改变使用介质并且可能造成腐蚀现象恶化的。④材质劣化现象比较明显的。⑤使用单位没有按照规定进行年度检查的；⑥检验中对其他影响安全的因素有怀疑的。 （3）安全状况等级为1、2级的压力容器，符合下列条件之一的，定期检验周期可以适当延长：①介质腐蚀速率每年低于0.1 mm、有可靠的耐腐蚀金属衬里或者热喷涂金属涂层的压力容器，通过1次至2次定期检验，确认腐蚀轻微或者衬里完好的，其检验周期最长可以延长至12年。②装有催化剂的反应容器以及装有充填物的压力密器，其检验周期根据设计图样和实际使用情况，自使用单位和检验机构协商确定（必要时征求设计单位的意见），报办理《特种设备使用登记证》的质量技术监督部门备案

第三节　特种作业安全管理

考点1　特种作业的定义和种类

项目	具体内容
定义	特种作业，是指容易发生事故，对操作者本人、他人的安全健康及设备、设施的安全可能造成重大危害的作业

项目	具体内容
种类	1.电工作业 电工作业指对电气设备进行运行、维护、安装、检修、改造、施工、调试等作业(不含电力系统进网作业)。 (1)高压电工作业,指对1千伏(kV)及以上的高压电气设备进行运行、维护、安装、检修、改造、施工、调试、试验及绝缘工、器具进行试验的作业。 (2)低压电工作业,指对1千伏(kV)以下的低压电器设备进行安装、调试、运行操作、维护、检修、改造施工和试验的作业。 (3)防爆电气作业,指对各种防爆电气设备进行安装、检修、维护的作业。 适用于除煤矿井下以外的防爆电气作业。 2.焊接与热切割作业 焊接与热切割作业指运用焊接或者热切割方法对材料进行加工的作业(不含《特种设备安全监察条例》规定的有关作业)。 (1)熔化焊接与热切割作业,指使用局部加热的方法将连接处的金属或其他材料加热至熔化状态而完成焊接与切割的作业。适用于气焊与气割、焊条电弧焊与碳弧气刨、埋弧焊、气体保护焊、等离子弧焊、电渣焊、电子束焊、激光焊、氧熔剂切割、激光切割、等离子切割等作业。 (2)压力焊作业,指利用焊接时施加一定压力而完成的焊接作业。适用于电阻焊、气压焊、爆炸焊、摩擦焊、冷压焊、超声波焊、锻焊等作业。 (3)钎焊作业,指使用比母材熔点低的材料作钎料,将焊件和钎料加热到高于钎料熔点,但低于母材熔点的温度,利用液态钎料润湿母材,填充接头间隙并与母材相互扩散而实现连接焊件的作业。适用于火焰钎焊作业、电阻钎焊作业、感应钎焊作业、浸渍钎焊作业、炉中钎焊作业,不包括烙铁钎焊作业。 3.高处作业 高处作业指专门或经常在坠落高度基准面2米及以上有可能坠落的高处进行的作业。 (1)登高架设作业,指在高处从事脚手架、跨越架架设或拆除的作业。 (2)高处安装、维护、拆除作业,指在高处从事安装、维护、拆除的作业。适用于利用专用设备进行建筑物内外装饰、清洁、装修,电力、电信等线路架设,高处管道架设,小型空调高处安装、维修,各种设备设施与户外广告设施的安装、检修、维护以及在高处从事建筑物、设备设施拆除作业。 4.制冷与空调作业 制冷与空调作业指对大中型制冷与空调设备运行操作、安装与修理的作业。 (1)制冷与空调设备运行操作作业。指对各类生产经营企业和事业等单位的大中型制冷与空调设备运行操作的作业。适用于化工类(石化、化工、天然气液化、工艺性空调)生产企业,机械类(冷加工、冷处理、工艺性空调)生产企业,食品类(酿造、饮料、速冻或冷冻调理食品、工艺性空调)生产企业,农副产品加工类(屠宰及肉食品加工、水产加工、果蔬加工)生产企业,仓储类(冷库、速冻加工、制冰)生产经营企业,运输类(冷藏运输)

项目	具体内容
种类	经营企业,服务类(电信机房、体育场馆、建筑的集中空调)经营企业和事业等单位的大中型制冷与空调设备运行操作作业。 (2)制冷与空调设备安装修理作业,指对4.(1)所指制冷与空调设备整机、部件及相关系统进行安装、调试与维修的作业。 5.煤矿安全作业 (1)煤矿井下电气作业,指从事煤矿井下机电设备的安装、调试、巡检、维修和故障处理,保证本班机电设备安全运行的作业。适用于与煤共生、伴生的坑探、矿井建设、开采过程中的井下电钳等作业。 (2)煤矿井下爆破作业,指在煤矿井下进行爆破的作业。 (3)煤矿安全监测监控作业,指从事煤矿井下安全监测监控系统的安装、调试、巡检、维修,保证其安全运行的作业。适用于与煤共生、伴生的坑探、矿井建设、开采过程中的 (4)煤矿瓦斯检查作业,指从事煤矿井下瓦斯巡检工作,负责管辖范围内通风设施的完好及通风、瓦斯情况检查,按规定填写各种记录,及时处理或汇报发现的问题的作业。适用于与煤共生、伴生的矿井建设、开采过程中的煤矿井下瓦斯检查作业。 (5)煤矿安全检查作业,指从事煤矿安全监督检查,巡检生产作业场所的安全设施和安全生产状况,检查并督促处理相应事故隐患的作业。 (6)煤矿提升机操作作业,指操作煤矿的提升设备运送人员、矿石、矸石和物料,并负责巡检和运行记录的作业。适用于操作煤矿提升机,包括立井、暗立井提升机,斜井、暗斜井提升机以及露天矿山斜坡卷扬提升的提升机作业。 (7)煤矿采煤机(掘进机)操作作业,指在采煤工作面、掘进工作面操作采煤机、掘进机,从事落煤、装煤、掘进工作,负责采煤机、掘进机巡检和运行记录,保证采煤机、掘进机安全运行的作业。适用于煤矿开采、掘进过程中的采煤机、掘进机作业。 (8)煤矿瓦斯抽采作业,指从事煤矿井下瓦斯抽采钻孔施工、封孔、瓦斯流量测定及瓦斯抽采设备操作等,保证瓦斯抽采工作安全进行的作业。适用于煤矿、与煤共生和伴生的矿井建设、开采过程中的煤矿地面和井下瓦斯抽采作业。 (9)煤矿防突作业,指从事煤与瓦斯突出的预测预报、相关参数的收集与分析、防治突出措施的实施与检查、防突效果检验等,保证防突工作安全进行的作业。适用于煤矿、与煤共生和伴生的矿井建设、开采过程中的煤矿井下煤与瓦斯防突作业。 (10)煤矿探放水作业,指从事煤矿探放水的预测预报、相关参数的收集与分析、探放水措施的实施与检查、效果检验等,保证探放水工作安全进行的作业。适用于煤矿、与煤共生和伴生的矿井建设、开采过程中的煤矿井下探放水作业。 6.金属非金属矿山安全作业 (1)金属非金属矿井通风作业,指安装井下局部通风机,操作地面主要扇风机、井下局部通风机和辅助通风机,操作、维护矿井通风构筑物,进行井下防尘,使矿井通风系统正常运行,保证局部通风,以预防中毒窒息和除尘等的作业。 (2)尾矿作业,指从事尾矿库放矿、筑坝、巡坝、抽洪和排渗设施的作业。适用于金属非

项目	具体内容
种类	金属矿山的尾矿作业。 （3）金属非金属矿山安全检查作业，指从事金属非金属矿山安全监督检查，巡检生产作业场所的安全设施和安全生产状况，检查并督促处理相应事故隐患的作业。 （4）金属非金属矿山提升机操作作业，指操作金属非金属矿山的提升设备运送人员、矿石、矸石和物料，及负责巡检和运行记录的作业。适用于金属非金属矿山的提升机，包括竖井、盲竖井提升机，斜井、盲斜井提升机以及露天矿山斜坡卷扬提升的提升机作业。 （5）金属非金属矿山支柱作业，指在井下检查井巷和采场顶、帮的稳定性，撬浮石，进行支护的作业。 （6）金属非金属矿山井下电气作业，指从事金属非金属矿山井下机电设备的安装、调试、巡检、维修和故障处理，保证机电设备安全运行的作业 （7）金属非金属矿山排水作业，指从事金属非金属矿山排水设备日常使用、维护、巡检的作业。 （8）金属非金属矿山爆破作业，指在露天和井下进行爆破的作业。 **7.石油天然气安全作业** 司钻作业，指石油、天然气开采过程中操作钻机起升钻具的作业。适用于陆上石油、天然气司钻（含钻井司钻、作业司钻及勘探司钻）作业。 **8.冶金（有色）生产安全作业** 煤气作业，指冶金、有色企业内从事煤气生产、储存、输送、使用、维护检修的作业。 **9.危险化学品安全作业** 危险化学品安全作业指从事危险化工工艺过程操作及化工自动化控制仪表安装、维修、维护的作业。 （1）光气及光气化工艺作业，指光气合成以及厂内光气储存、输送和使用岗位的作业。 （2）氯碱电解工艺作业，指氯化钠和氯化钾电解、液氯储存和充装岗位的作业。适用于氯化钠（食盐）水溶液电解生产氯气、氢氧化钠、氢气，氯化钾水溶液电解生产氯气、氢氧化钾、氢气等工艺过程的操作作业。 （3）氯化工艺作业，指液氯储存、气化和氯化反应岗位的作业。适用于取代氯化，加成氯化，氧氯化等工艺过程的操作作业。 （4）硝化工艺作业，指硝化反应、精馏分离岗位的作业。适用于直接硝化法，间接硝化法，亚硝化法等工艺过程的操作作业。 （5）合成氨工艺作业，指压缩、氨合成反应、液氨储存岗位的作业。适用于节能氨五工艺法（AMV），德士古水煤浆加压气化法、凯洛格法，甲醇与合成氨联合生产的联醇法，纯碱与合成氨联合生产的联碱法，采用变换催化剂、氧化锌脱硫剂和甲烷催化剂的"三催化"气体净化法工艺过程的操作作业。 （6）裂解（裂化）工艺作业，指石油系的烃类原料裂解（裂化）岗位的作业。 （7）氟化工艺作业，指氟化反应岗位的作业。适用于直接氟化，金属氟化物或氟化氢气体氟化，置换氟化以及其他氟化物的制备等工艺过程的操作作业。

续表

项目	具体内容
种类	(8)加氢工艺作业,指加氢反应岗位的作业。 (9)重氮化工艺作业,指重氮化反应、重氮盐后处理岗位的作业。适用于顺法、反加法、亚硝酰硫酸法、硫酸铜触媒法以及盐析法等工艺过程的操作作业。 (10)氧化工艺作业,指氧化反应岗位的作业。 (11)过氧化工艺作业,指过氧化反应、过氧化物储存岗位的作业。 (12)胺基化工艺作业,指胺基化反应岗位的作业。 (13)磺化工艺作业,指磺化反应岗位的作业。 (14)聚合工艺作业,指聚合反应岗位的作业。 (15)烷基化工艺作业,指烷基化反应岗位的作业。 (16)化工自动化控制仪表作业,指化工自动化控制仪表系统安装、维修、维护的作业。 10. 烟花爆竹安全作业 烟花爆竹安全作业指从事烟花爆竹生产、储存中的药物混合、造粒、筛选、装药、筑药、压药、搬运等危险工序的作业。 (1)烟火药制造作业,指从事烟火药的粉碎、配药、混合、造粒、筛选、干燥、包装等作业。 (2)黑火药制造作业,指从事黑火药的潮药、浆硝、包片、碎片、油压、抛光和包浆等作业。 (3)引火线制造作业,指从事引火线的制引、浆引、漆引、切引等作业。 (4)烟花爆竹产品涉药作业,指从事烟花爆竹产品加工中的压药、装药、筑药、褙药剂、已装药的钻孔等作业。 (5)烟花爆竹储存作业,指从事烟花爆竹仓库保管、守护、搬运等作业。 除此之外,还包括安全监管总局认定的其他作业

考点 2　特种作业人员的安全技术培训、考核、发证、复审

项目	具体内容
原则	特种作业人员的安全技术培训、考核、发证、复审工作实行统一监管、分级实施、教考分离的原则
培训	(1)特种作业人员应当接受与其所从事的特种作业相应的安全技术理论培训和实际操作培训。 ①已经取得职业高中、技工学校及中专以上学历的毕业生从事与其所学专业相应的特种作业,持学历证明经考核发证机关同意,可以免除相关专业的培训。 ②跨省、自治区、直辖市从业的特种作业人员,可以在户籍所在地或者从业所在地参加培训。 (2)对特种作业人员的安全技术培训,具备安全培训条件的生产经营单位应当以自主培训为主,也可以委托具备安全培训条件的机构进行培训。

227

项目	具体内容
培训	①不具备安全培训条件的生产经营单位,应当委托具备安全培训条件的机构进行培训。 ②生产经营单位委托其他机构进行特种作业人员安全技术培训的,保证安全技术培训的责任仍由本单位负责。 ③从事特种作业人员安全技术培训的机构(以下统称培训机构),应当制定相应的培训计划、教学安排,并按照安全监管总局、煤矿安监局制定的特种作业人员培训大纲和煤矿特种作业人员培训大纲进行特种作业人员的安全技术培训
考核发证	(1)特种作业人员的考核包括考试和审核两部分。考试由考核发证机关或其委托的单位负责;审核由考核发证机关负责。①安全监管总局、煤矿安监局分别制定特种作业人员、煤矿特种作业人员的考核标准,并建立相应的考试题库。②考核发证机关或其委托的单位应当按照安全监管总局、煤矿安监局统一制定的考核标准进行考核。 (2)参加特种作业操作资格考试的人员,应当填写考试申请表,由申请人或者申请人的用人单位持学历证明或者培训机构出具的培训证明向申请人户籍所在地或者从业所在地的考核发证机关或其委托的单位提出申请。①考核发证机关或其委托的单位收到申请后,应当在60日内组织考试。②特种作业操作资格考试包括安全技术理论考试和实际操作考试两部分。考试不及格的,允许补考1次。经补考仍不及格的,重新参加相应的安全技术培训。 (3)考核发证机关委托承担特种作业操作资格考试的单位应当具备相应的场所、设施、设备等条件,建立相应的管理制度,并公布收费标准等信息。 (4)考核发证机关或其委托承担特种作业操作资格考试的单位,应当在考试结束后10个工作日内公布考试成绩。 (5)符合本规定第四条规定并经考试合格的特种作业人员,应当向其户籍所在地或者从业所在地的考核发证机关申请办理特种作业操作证,并提交身份证复印件、学历证书复印件、体检证明、考试合格证明等材料。 (6)收到申请的考核发证机关应当在5个工作日内完成对特种作业人员所提交申请材料的审查,作出受理或者不予受理的决定。能够当场作出受理决定的,应当当场作出受理决定;申请材料不齐全或者不符合要求的,应当当场或者在5个工作日内一次告知申请人需要补正的全部内容,逾期不告知的,视为自收到申请材料之日起即已被受理。 (7)对已经受理的申请,考核发证机关应当在20个工作日内完成审核工作。符合条件的,颁发特种作业操作证;不符合条件的,应当说明理由。 (8)特种作业操作证有效期为6年,在全国范围内有效。 特种作业操作证由安全监管总局统一式样、标准及编号。 (9)特种作业操作证遗失的,应当向原考核发证机关提出书面申请,经原考核发证机关审查同意后,予以补发。 特种作业操作证所记载的信息发生变化或者损毁的,应当向原考核发证机关提出书面申请,经原考核发证机关审查确认后,予以更换或者更新

项目	具体内容
复审	(1)特种作业操作证每3年复审1次。特种作业人员在特种作业操作证有效期内,连续从事本工种10年以上,严格遵守有关安全生产法律法规的,经原考核发证机关或者从业所在地考核发证机关同意,特种作业操作证的复审时间可以延长至每6年1次。 (2)特种作业操作证需要复审的,应当在期满前60日内,由申请人或者申请人的用人单位向原考核发证机关或者从业所在地考核发证机关提出申请,并提交下列材料:①社区或者县级以上医疗机构出具的健康证明;②从事特种作业的情况;③安全培训考试合格记录。特种作业操作证有效期届满需要延期换证的,应当按照前款的规定申请延期复审。 (3)特种作业操作证申请复审或者延期复审前,特种作业人员应当参加必要的安全培训并考试合格。安全培训时间不少于8个学时,主要培训法律、法规、标准、事故案例和有关新工艺、新技术、新装备等知识。 (4)申请复审的,考核发证机关应当在收到申请之日起20个工作日内完成复审工作。复审合格的,由考核发证机关签章、登记,予以确认;不合格的,说明理由。 　申请延期复审的,经复审合格后,由考核发证机关重新颁发特种作业操作证。 (5)特种作业人员有下列情形之一的,复审或者延期复审不予通过:①健康体检不合格的。②违章操作造成严重后果或者有2次以上违章行为,并经查证确实的。③有安全生产违法行为,并给予行政处罚的。④拒绝、阻碍安全生产监管监察部门监督检查的。⑤未按规定参加安全培训,或者考试不合格的。 (6)申请人对复审或者延期复审有异议的,可以依法申请行政复议或者提起行政诉讼

考点3　监督管理

项目	具体内容
监督管理	(1)考核发证机关或其委托的单位及其工作人员应当忠于职守、坚持原则、廉洁自律,按照法律、法规、规章的规定进行特种作业人员的考核、发证、复审工作,接受社会的监督。 (2)考核发证机关应当加强对特种作业人员的监督检查,发现其具有下述(3)规定情形的,及时撤销特种作业操作证;对依法应当给予行政处罚的安全生产违法行为,按照有关规定依法对生产经营单位及其特种作业人员实施行政处罚。 　考核发证机关应当建立特种作业人员管理信息系统,方便用人单位和社会公众查询;对于注销特种作业操作证的特种作业人员,应当及时向社会公告。 (3)有下列情形之一的,考核发证机关应当撤销特种作业操作证:①超过特种作业操作证有效期未延期复审的。②特种作业人员的身体条件已不适合继续从事特种作业的。③对发生生产安全事故负有责任的。④特种作业操作证记载虚假信息的。⑤以欺骗、贿赂等不正当手段取得特种作业操作证的。 　特种作业人员违反上述第④项、第⑤项规定的,3年内不得再次申请特种作业操作证。

续表

项目	具体内容
监督管理	(4)有下列情形之一的,考核发证机关应当注销特种作业操作证:①特种作业人员死亡的。②特种作业人员提出注销申请的。③特种作业操作证被依法撤销的。 (5)离开特种作业岗位6个月以上的特种作业人员,应当重新进行实际操作考试,经确认合格后方可上岗作业。 (6)省、自治区、直辖市人民政府安全生产监督管理部门和负责煤矿特种作业人员考核发证工作的部门或者指定的机构应当每年分别向安全监管总局、煤矿安监局报告特种作业人员的考核发证情况。 (7)生产经营单位应当加强对本单位特种作业人员的管理,建立健全特种作业人员培训、复审档案,做好申报、培训、考核、复审的组织工作和日常的检查工作。 (8)特种作业人员在劳动合同期满后变动工作单位的,原工作单位不得以任何理由扣押其特种作业操作证。 跨省、自治区、直辖市从业的特种作业人员应当接受从业所在地考核发证机关的监督管理。 (9)生产经营单位不得印制、伪造、倒卖特种作业操作证,或者使用非法印制、伪造、倒卖的特种作业操作证。 特种作业人员不得伪造、涂改、转借、转让、冒用特种作业操作证或者使用伪造的特种作业操作证

第四节　工伤保险

考点1　工伤保险的相关内容

项目	具体内容
工伤保险的定义	(1)工伤保险,是指劳动者在工作中或在规定的特殊情况下,遭受意外伤害或患职业病导致暂时或永久丧失劳动能力以及死亡时,劳动者或其遗属从国家和社会获得物质帮助的一种社会保险制度。 (2)工伤保险,又称职业伤害保险。 (3)工伤保险是通过社会统筹的办法,集中用人单位缴纳的工伤保险费,建立工伤保险基金,对劳动者在生产经营活动中遭受意外伤害或职业病,并由此造成死亡、暂时或永久丧失劳动能力时,给予劳动者及其实用性法定的医疗救治以及必要的经济补偿的一种社会保障制度。这种补偿既包括医疗、康复所需费用,也包括保障基本生活的费用
工伤保险的特点	(1)工伤保险对象的范围是在生产劳动过程中的劳动者。由于职业危害无所不在,无时不在,任何人都不能完全避免职业伤害。因此工伤保险作为抵御职业危害的保险制度适用于所有职工,任何职工发生工伤事故或遭受职业疾病,都应毫无例外地获得工伤保险待遇。

项目	具体内容
工伤保险的特点	（2）工伤保险的责任具有赔偿性。也就是说劳动者的生命健康权、生存权和劳动权受到影响、损害甚至被剥夺了。因此工伤保险是基于对工伤职工的赔偿责任而设立的一种社会保险制度，其他社会保险是基于对职工生活困难的帮助和补偿责任而设立的。统一专属工伤保险方案与社保完全对接，补充了一次性伤残就业补助金的赔偿。 （3）工伤保险实行无过错责任原则。无论工伤事故的责任归于用人单位还是职工个人或第三者，用人单位均应承担保险责任。 （4）工伤保险不同于养老保险等险种，劳动者不缴纳保险费，全部费用由用人单位负担。即工伤保险的投保人为用人单位。 （5）工伤保险待遇相对优厚，标准较高，但因工伤事故的不同而有所差别。 （6）工伤保险作为社会福利，其保障内容比商业意外保险要丰富。除了在工作时的意外伤害，也包括职业病的报销、急性病猝死保险金、丧葬补助（工伤身故）
工伤保险的原则	工伤保险遵循以下十个原则： （1）无责任补偿（无过失补偿）原则。 （2）国家立法、强制实施原则。 （3）风险分担、互助互济原则。 （4）个人不缴费原则。 （5）区别因工与非因工原则。 （6）经济赔偿与事故预防、职业病防治相结合原则。 （7）一次性补偿与长期补偿相结合原则。 （8）确定伤残和职业病等级原则。 （9）区别直接经济损失与间接经济损失原则。 （10）集中管理原则

考点2　工伤认定及相关规定

项目	具体内容
工伤认定	根据《工伤保险条例》第十四条规定，职工有下列情形之一的，应当认定为工伤： （1）在工作时间和工作场所内，因工作原因受到事故伤害的。 （2）工作时间前后在工作场所内，从事与工作有关的预备性或者收尾性工作受到事故伤害的。 （3）在工作时间和工作场所内，因履行工作职责受到暴力等意外伤害的。 （4）患职业病的。 （5）因工外出期间，由于工作原因受到伤害或者发生事故下落不明的。 （6）在上下班途中，受到非本人主要责任的交通事故或者城市轨道交通、客运轮渡、火车事故伤害的。 （7）法律、行政法规规定应当认定为工伤的其他情形。

续表

项目	具体内容
工伤认定	同时,根据《工伤保险条例》第十五条的规定,职工有下列情形之一的,视同工伤: (1)在工作时间和工作岗位,突发疾病死亡或者在48小时之内经抢救无效死亡的。 (2)在抢险救灾等维护国家利益、公共利益活动中受到伤害的。 (3)职工原在军队服役,因战、因公负伤致残,已取得革命伤残军人证,到用人单位后旧伤复发的。 职工有前款第(1)项、第(2)项情形的,按照本条例的有关规定享受工伤保险待遇;职工有前款第(3)项情形的,按照本条例的有关规定享受除一次性伤残补助金以外的工伤保险待遇。 职工符合《工伤保险条例》第十四条、第十五条的规定,但是有下列情形之一的,不得认定为工伤或者视同工伤: (1)故意犯罪的。 (2)醉酒或者吸毒的。 (3)自残或者自杀的
工伤认定申请	提出工伤认定申请应当提交下列材料: (1)工伤认定申请表。 (2)与用人单位存在劳动关系(包括事实劳动关系)的证明材料。 (3)医疗诊断证明或者职业病诊断证明书(或者职业病诊断鉴定书)。 工伤认定申请表应当包括事故发生的时间、地点、原因以及职工伤害程度等基本情况。 工伤认定申请人提供材料不完整的,社会保险行政部门应当一次性书面告知工伤认定申请人需要补正的全部材料。申请人按照书面告知要求补正材料后,社会保险行政部门应当受理
相关规定	(1)社会保险行政部门受理工伤认定申请后,根据审核需要可以对事故伤害进行调查核实,用人单位、职工、工会组织、医疗机构以及有关部门应当予以协助。职业病诊断和诊断争议的鉴定,依照职业病防治法的有关规定执行。对依法取得职业病诊断证明书或者职业病诊断鉴定书的,社会保险行政部门不再进行调查核实。 职工或者其近亲属认为是工伤,用人单位不认为是工伤的,由用人单位承担举证责任。 (2)社会保险行政部门应当自受理工伤认定申请之日起60日内作出工伤认定的决定,并书面通知申请工伤认定的职工或者其近亲属和该职工所在单位。 (3)社会保险行政部门对受理的事实清楚、权利义务明确的工伤认定申请,应当在15日内作出工伤认定的决定。 (4)作出工伤认定决定需要以司法机关或者有关行政主管部门的结论为依据的,在司法机关或者有关行政主管部门尚未作出结论期间,作出工伤认定决定的时限中止。 (5)社会保险行政部门工作人员与工伤认定申请人有利害关系的,应当回避

考点3 劳动能力鉴定及相关规定

项目	具体内容
定义	劳动能力鉴定是指劳动功能障碍程度和生活自理障碍程度的等级鉴定。 （1）劳动功能障碍分为十个伤残等级，最重的为一级，最轻的为十级。 （2）生活自理障碍分为三个等级：生活完全不能自理、生活大部分不能自理和生活部分不能自理
相关规定	（1）劳动能力鉴定标准由国务院社会保险行政部门会同国务院卫生行政部门等部门制定。 （2）劳动能力鉴定由用人单位、工伤职工或者其近亲属向设区的市级劳动能力鉴定委员会提出申请，并提供工伤认定决定和职工工伤医疗的有关资料。 （3）省、自治区、直辖市劳动能力鉴定委员会和设区的市级劳动能力鉴定委员会分别由省、自治区、直辖市和设区的市级社会保险行政部门、卫生行政部门、工会组织、经办机构代表以及用人单位代表组成。 （4）设区的市级劳动能力鉴定委员会收到劳动能力鉴定申请后，应当从其建立的医疗卫生专家库中随机抽取3名或者5名相关专家组成专家组，由专家组提出鉴定意见。设区的市级劳动能力鉴定委员会根据专家组的鉴定意见作出工伤职工劳动能力鉴定结论；必要时，可以委托具备资格的医疗机构协助进行有关的诊断。 （5）设区的市级劳动能力鉴定委员会应当自收到劳动能力鉴定申请之日起60日内作出劳动能力鉴定结论，必要时，作出劳动能力鉴定结论的期限可以延长30日。劳动能力鉴定结论应当及时送达申请鉴定的单位和个人。 （6）申请鉴定的单位或者个人对设区的市级劳动能力鉴定委员会作出的鉴定结论不服的，可以在收到该鉴定结论之日起15日内向省、自治区、直辖市劳动能力鉴定委员会提出再次鉴定申请。省、自治区、直辖市劳动能力鉴定委员会作出的劳动能力鉴定结论为最终结论。 （7）劳动能力鉴定工作应当客观、公正。劳动能力鉴定委员会组成人员或者参加鉴定的专家与当事人有利害关系的，应当回避。 （8）自劳动能力鉴定结论作出之日起1年后，工伤职工或者其近亲属、所在单位或者经办机构认为伤残情况发生变化的，可以申请劳动能力复查鉴定

考点4 工伤保险待遇

项目	具体内容
工伤保险待遇	职工因工致残被鉴定为一级至四级伤残的，保留劳动关系，退出工作岗位，享受以下待遇： （1）从工伤保险基金按伤残等级支付一次性伤残补助金，标准为：一级伤残为27个月的本人工资，二级伤残为25个月的本人工资，三级伤残为23个月的本人工资，四级伤残为21个月的本人工资。 （2）从工伤保险基金按月支付伤残津贴，标准为：一级伤残为本人工资的90%，二级伤残为本人工资的85%，三级伤残为本人工资的80%，四级伤残为本人工资的75%。伤残津贴实际金额低于当地最低工资标准的，由工伤保险基金补足差额。 （3）工伤职工达到退休年龄并办理退休手续后，停发伤残津贴，按照国家规定享受基本养老保险待遇，基本养老保险待遇低于伤残津贴的由工伤保险基金补足差额。

项目	具体内容
工伤保险待遇	职工因工致残被鉴定为一级至四级伤残的,由用人单位和职工个人以伤残津贴为基数,缴纳基本医疗保险费。 职工因工致残被鉴定为五级、六级伤残的,享受以下待遇: (1)从工伤保险基金按伤残等级支付一次性伤残补助金,标准为:五级伤残为 18 个月的本人工资,六级伤残为 16 个月的本人工资。 (2)保留与用人单位的劳动关系,由用人单位安排适当工作。难以安排工作的,由用人单位按月发给伤残津贴,标准为:五级伤残为本人工资的 70%,六级伤残为本人工资的 60%,并由用人单位按照规定为其缴纳应缴纳的各项社会保险费。伤残津贴实际金额低于当地最低工资标准的,由用人单位补足差额。 经工伤职工本人提出,该职工可以与用人单位解除或者终止劳动关系,由工伤保险基金支付一次性工伤医疗补助金,由用人单位支付一次性伤残就业补助金。一次性工伤医疗补助金和一次性伤残就业补助金的具体标准由省、自治区、直辖市人民政府规定。 职工因工致残被鉴定为七级至十级伤残的,享受以下待遇: (1)从工伤保险基金按伤残等级支付一次性伤残补助金,标准为:七级伤残为 13 个月的本人工资,八级伤残为 11 个月的本人工资,九级伤残为 9 个月的本人工资,十级伤残为 7 个月的本人工资。 (2)劳动、聘用合同期满终止,或者职工本人提出解除劳动、聘用合同的,由工伤保险基金支付一次性工伤医疗补助金,由用人单位支付一次性伤残就业补助金。一次性工伤医疗补助金和一次性伤残就业补助金的具体标准由省、自治区、直辖市人民政府规定

第五节　安全生产投入

考点 1　安全生产投入的基本要求

项目	具体内容
基本要求	(1)《安全生产法》规定:生产经营单位应当具备的安全生产条件所必需的资金投入,由生产经营单位的决策机构、主要负责人或者个人经营的投资人予以保证,并对由于安全生产所必需的资金投入不足导致的后果承担责任。 (2)《国务院关于进一步加强安全生产工作的决定》规定:建立企业提取安全费用制度。为保证安全生产所需资金投入,形成企业安全生产投入的长效机制,借鉴煤矿提取安全费用的经验,在条件成熟后,逐步建立对高危行业生产企业提取安全费用制度。企业安全费用的提取,要根据地区和行业的特点,分别确定提取标准,由企业自行提取,专户储存,专项用于安全生产。 (3)生产经营单位是安全生产的责任主体,也是安全生产费用提取、使用和管理的主体

考点2　安全生产费用的使用和管理

项目	具体内容
责任主体	（1）保证必要的安全生产投入是实现安全生产的重要基础。 （2）安全生产投入资金具体由谁来保证，应根据企业的性质而定。一般说来，股份制企业、合资企业等安全生产投入资金由董事会予以保证；一般国有企业由厂长或者经理予以保证；个体工商户等个体经济组织由投资人予以保证。 （3）上述保证人承担由于安全生产所必需的资金投入不足而导致事故后果的法律责任
安全生产费用的使用	（1）完善、改造和维护安全防护设备、设施的支出。其中：①矿山企业安全设备设施是指矿山综合防尘、地质监控、防灭火、防治水、危险气体监测、通风系统，支护及防治片帮滑坡设备、机电设备、供配电系统、运输（提升）系统以及尾矿库（坝）等。②危险品生产企业安全设备设施是指车间、库房等作业场所的监控、监测、通风、防晒、调温、防火、灭火、防爆、泄压、防毒、消毒、中和、防潮、防雷、防静电、防腐、防渗漏、防护围堤或者隔离操作等设施设备。③道路交通运输企业安全设备设施是指运输工具安全状况检测及维护系统、运输工具附属安全设备等。 （2）配备必要的应急救援器材、设备和现场作业人员安全防护物品支出。 （3）安全生产检查与评价支出。 （4）重大危险源、重大事故隐患的评估、整改、监控支出。 （5）安全技能培训及进行应急救援演练支出。 （6）其他与安全生产直接相关的支出
安全生产费用的管理	（1）生产经营单位应制定安全生产投入的管理制度，明确具体的使用范围、管理程序、监督程序，每年完成后应及时总结项目和费用的完成情况。 （2）在年度财务会计报告中，生产经营单位应当披露安全费用提取和使用的具体情况，接受安全生产监督管理部门和财政部门的监督。 （3）生产经营单位违规提取和使用安全费用的，政府安全生产监督管理部门应当会同财政部门责令其限期改正，予以警告。 （4）逾期不改正的，由安全生产监督管理部门按照相关法规进行处理

考点3　安全生产责任保险

项目	具体内容
安全生产责任保险概述	安全生产责任保险是生产经营单位在发生生产安全事故以后对死亡、伤残者履行赔偿责任的保险，对维护社会安定和谐具有重要作用。对于高危行业分布广泛、伤亡事故时有发生的地区，发展安全生产责任保险，用责任保险等经济手段加强和改善安全生产管理，是强化安全事故风险管控的重要措施。安全生产责任保险有利于增强安全生产意识，防范事故发生，促进地区安全生产形势稳定好转；有利于预防和化解社会矛盾，减

项目	具体内容
安全生产责任保险概述	轻各级政府在事故发生后的救助负担;有利于维护人民群众根本利益,促进经济健康运行,保持社会稳定。 针对高危行业开办的险别,不仅可承保因企业在生产经营过程中,发生生产安全事故所造成的伤亡或者下落不明,还可对应附加医疗费用、第三者责任及事故应急救援和善后处理费用。 保险费根据被保险人营业性质及参保人数对应选择不同的赔偿限额计收。 1. 主险责任 在保险期间,被保险人的工作人员在中华人民共和国境内因下列情形导致伤残或死亡依法应由被保险人承担的经济赔偿责任,保险人应按照保险合同的约定负责赔偿: (1)在工作时间和工作场所内,因工作原因受到安全生产事故伤害。 (2)工作时间前后在工作场所内,从事与履行其工作职责有关的预备性或者收尾性工作受到安全生产事故伤害。 (3)在工作时间和工作场所内,因履行工作职责受到暴力等意外伤害。 (4)因工外出期间,由于工作原因受到伤害或者发生事故下落不明。 (5)在上下班途中,受到交通及意外事故伤害。 (6)在工作时间和工作岗位,突发疾病死亡或者在48 h之内经抢救无效死亡。 (7)根据法律、行政法规规定应当认定为安全生产事故的其他情形。 2. 附加第三者责任 在保险期间,被保险人合法聘用的工作人员在被保险人的工作场所内,受雇从事保险单明细表所载明的被保险人的业务过程中,发生安全生产事故,造成第三者死亡,依法应由被保险人承担的经济赔偿责任,保险人按照附加险合同和主险合同的约定负责赔偿。 3. 附加施救及事故善后处理费用保险责任 在保险期间,被保险人的工作人员因主险条款所列情形导致的伤残或死亡,被保险人因采取必要、合理的施救及事故善后处理措施而支出的下列费用,保险人按照附加险合同和主险合同的约定负责赔偿: (1)现场施救费用。 (2)参与事故处理人员的加班费、住宿费、交通费、餐费以及生活补助费。 4. 附加医疗费用保险责任 在保险期间,被保险人的工作人员因主险条款所列情形导致的伤残或死亡,依照中华人民共和国法律应由被保险人承担的医疗费用,保险人按照附加险合同和主险合同的约定负责赔偿
《安全生产责任保险实施办法》的相关规定	2017年12月12日,《关于印发〈安全生产责任保险实施办法〉的通知》(安监总办〔2017〕140号)明确规定,根据《中共中央 国务院关于推进安全生产领域改革发展的意见》关于建立健全安全生产责任保险制度的要求,为进一步规范安全生产责任保险工

项目	具体内容
《安全生产责任保险实施办法》的相关规定	作,切实发挥保险机构参与风险评估管控和事故预防功能,国家安全监管总局(现已并入应急管理部)、保监会(现已改为国家金融监督管理总局)、财政部制定了《安全生产责任保险实施办法》。 第一章　总则 第一条　为了规范安全生产责任保险工作,强化事故预防,切实保障投保的生产经营单位及有关人员的合法权益,根据相关法律法规和规定,制定《安全生产责任保险实施办法》。 第二条　安全生产责任保险是指保险机构对投保的生产经营单位发生的生产安全事故造成的人员伤亡和有关经济损失等予以赔偿,并且为投保的生产经营单位提供生产安全事故预防服务的商业保险。 第三条　按照《安全生产责任保险实施办法》请求的经济赔偿,不影响参保的生产经营单位从业人员(含劳务派遣人员,下同)依法请求工伤保险赔偿的权利。 第四条　坚持风险防控、费率合理、理赔及时的原则,按照政策引导、政府推动、市场运作的方式推行安全生产责任保险工作。 第五条　安全生产责任保险的保费由生产经营单位缴纳,不得以任何方式摊派给从业人员个人。 第六条　煤矿、非煤矿山、危险化学品、烟花爆竹、交通运输、建筑施工、民用爆炸物品、金属冶炼、渔业生产等高危行业领域的生产经营单位应当投保安全生产责任保险。鼓励其他行业领域生产经营单位投保安全生产责任保险。各地区可针对本地区安全生产特点,明确应当投保的生产经营单位。对存在高危粉尘作业、高毒作业或其他严重职业病危害的生产经营单位,可以投保职业病相关保险。对生产经营单位已投保的与安全生产相关的其他险种,应当增加或将其调整为安全生产责任保险,增强事故预防功能。 第二章　承保与投保 第七条　承保安全生产责任保险的保险机构应当具有相应的专业资质和能力,主要包含以下方面: (1)商业信誉情况。 (2)偿付能力水平。 (3)开展责任保险的业绩和规模。 (4)拥有风险管理专业人员的数量和相应专业资格情况。 (5)为生产经营单位提供事故预防服务情况。 第八条　根据实际需要,鼓励保险机构采取共保方式开展安全生产责任保险工作。 第九条　安全生产责任保险的保险责任包括投保的生产经营单位的从业人员人身伤亡赔偿,第三者人身伤亡和财产损失赔偿,事故抢险救援、医疗救护、事故鉴定、法律诉讼等费用。保险机构可以开发适应各类生产经营单位安全生产保障需求的个性化保险产品。

续表

项目	具体内容
《安全生产责任保险实施办法》的相关规定	第十条　除被依法关闭取缔、完全停止生产经营活动外,应当投保安全生产责任保险的生产经营单位不得延迟续保、退保。 第十一条　制定各行业领域安全生产责任保险基准指导费率,实行差别费率和浮动费率。建立费率动态调整机制,费率调整根据以下因素综合确定: (1)事故记录和等级。费率调整根据生产经营单位是否发生事故、事故次数和等级确定,可以根据发生人员伤亡的一般事故、较大事故、重大及以上事故次数进行调整。 (2)其他。投保生产经营单位的安全风险程度、安全生产标准化等级、隐患排查治理情况、安全生产诚信等级、是否被纳入安全生产领域联合惩戒"黑名单"、赔付率等。 各地区可以参考以上因素,根据不同行业领域实际情况进一步确定具体的费率浮动。 第十二条　生产经营单位投保安全生产责任保险的保障范围应当覆盖全体从业人员。 第三章　事故预防与理赔 第十三条　保险机构应当建立生产安全事故预防服务制度,协助投保的生产经营单位开展以下工作: (1)安全生产和职业病防治宣传教育培训。 (2)安全风险辨识、评估和安全评价。 (3)安全生产标准化建设。 (4)生产安全事故隐患排查。 (5)安全生产应急预案编制和应急救援演练。 (6)安全生产科技推广应用。 (7)其他有关事故预防工作。 第十四条　保险机构应当按照上述规定的服务范围,在安全生产责任保险合同中约定具体服务项目及频次。保险机构开展安全风险评估、生产安全事故隐患排查等服务工作时,投保的生产经营单位应当予以配合,并对评估发现的生产安全事故隐患进行整改;对拒不整改重大事故隐患的,保险机构可在下一投保年度上浮保险费率,并报告安全生产监督管理部门和相关部门。 第十五条　保险机构应当严格按照合同约定及时赔偿保险金;建立快速理赔机制,在事故发生后按照法律规定或者合同约定先行支付确定的赔偿保险金。生产经营单位应当及时将赔偿保险金支付给受伤人员或者死亡人员的受益人(以下统称受害人),或者请求保险机构直接向受害人赔付。生产经营单位怠于请求的,受害人有权就其应获赔偿部分直接向保险机构请求赔付。 第十六条　同一生产经营单位的从业人员获取的保险金额应当实行同一标准,不得因用工方式、工作岗位等差别对待。 第十七条　各地区根据实际情况确定安全生产责任保险中涉及人员死亡的最低赔偿金额,每死亡1人按不低于30万元赔偿,并按本地区城镇居民上一年度人均可支配收入的变化进行调整。对未造成人员死亡事故的赔偿保险金额度在保险合同中约定。

项目	具体内容
《安全生产责任保险实施办法》的相关规定	第四章 激励与保障 第十八条 安全生产监督管理部门和有关部门应当将安全生产责任保险投保情况作为生产经营单位安全生产标准化、安全生产诚信等级等评定的必要条件，作为安全生产与职业健康风险分类监管，以及取得安全生产许可证的重要参考。安全生产和职业病预防相关法律法规另有规定的，从其规定。 第十九条 各地区应当在安全生产相关财政资金投入、信贷融资、项目立项、进入工业园区以及相关产业扶持政策等方面，在同等条件下优先考虑投保安全生产责任保险的生产经营单位。 第二十条 对赔付及时、事故预防成效显著的保险机构，纳入安全生产诚信管理体系，实行联合激励。 第二十一条 各地区将推行安全生产责任保险情况，纳入对本级政府有关部门和下级人民政府安全生产工作巡查和考核内容。 第二十二条 鼓励安全生产社会化服务机构为保险机构开展生产安全事故预防提供技术支撑。 第五章 监督与管理 第二十三条 建立安全生产监督管理部门和保险监督管理机构信息共享机制。安全生产监督管理部门和有关部门应当建立安全生产责任保险信息管理平台，并与安全生产监管信息平台对接，对保险机构开展生产安全事故预防服务及服务费用支出使用情况定期进行分析评估。安全生产监督管理部门可以引入第三方机构对安全生产责任保险信息管理平台进行建设维护及对保险机构开展预防服务情况开展评估，并依法保守有关商业秘密。 第二十四条 支持投保的生产经营单位、保险机构和相关社会组织建立协商机制，加强自主管理。 第二十五条 安全生产监督管理部门、保险监督管理机构和有关部门应当依据工作职责依法加强对生产经营单位和保险机构的监督管理，对实施安全生产责任保险情况开展监督检查。 第二十六条 对生产经营单位应当投保但未按规定投保或续保、将保费以各种形式摊派给从业人员个人、未及时将赔偿保险金支付给受害人的，保险机构预防费用投入不足、未履行事故预防责任、委托不合法的社会化服务机构开展事故预防工作的，安全生产监督管理部门、保险监督管理机构及有关部门应当提出整改要求；对拒不整改的，应当将其纳入安全生产领域联合惩戒"黑名单"管理，对违反相关法律法规规定的，依法追究其法律责任。 第二十七条 相关部门及其工作人员在对安全生产责任保险的监督管理中收取贿赂、滥用职权、玩忽职守、徇私舞弊的，依法依规对相关责任人严肃追责；涉嫌犯罪的，移交司法机关依法处理

第五章　应急管理

◆ 知识框架

应急管理 ┬ 应急管理体系建设 ┬ 事故应急救援的基本任务和特点
　　　　　│　　　　　　　　　└ 事故应急救援体系的基本构建
　　　　　│
　　　　　│ 应急预案制定和演练 ┬ 事故应急预案的作用
　　　　　│　　　　　　　　　　├ 事故应急预案的基本要求
　　　　　│　　　　　　　　　　├ 事故应急预案的主要内容
　　　　　│　　　　　　　　　　├ 应急演练的定义、目的与原则
　　　　　│　　　　　　　　　　└ 应急演练的类型
　　　　　│
　　　　　└ 应急准备与响应

考点精讲

第一节　应急管理体系建设

考点 1　事故应急救援的基本任务和特点

项目	具体内容
基本任务	1.总目标 　总目标是通过有效的应急救援行动,尽可能地降低事故的后果,包括人员伤亡、财产损失和环境破坏等。 2.基本任务 　(1)立即组织营救受害人员,组织撤离或者采取其他措施保护危害区域内的其他人员。抢救受害人员是应急救援的首要任务。 　(2)迅速控制事态,并对事故造成的危害进行检测、监测,测定事故的危害区域、危害性质及危害程度。 　(3)消除危害后果,做好现场恢复。 　(4)查清事故原因,评估危害程度

续表

项目	具体内容
特点	(1)不确定性和突发性。 (2)应急活动的复杂性。 (3)后果影响易猝变、激化和放大

考点2 事故应急救援体系的基本构建

项目	具体内容
相关法规要求	1.《中华人民共和国安全生产法》规定 (1)生产经营单位的主要负责人具有组织制定并实施本单位的生产安全事故应急救援预案的职责。 (2)生产经营单位对重大危险源应当登记建档,进行定期检测、评估、监控,并制定应急预案,告知从业人员和相关人员在紧急情况下应当采取的应急措施。 2.《危险化学品安全管理条例》规定 (1)县级以上地方人民政府安监部门应当会同工信、环保、公安、卫生、交通、铁路、质检等部门,根据本地区实际情况,制定危险化学品事故应急预案,报本级人民政府批准。 (2)危险化学品单位应当制定本单位危险化学品事故应急预案,配备应急救援人员和必要的应急救援器材、设备,并定期组织应急救援演练。危险化学品单位应当将其危险化学品事故应急预案报所在地设区的市级人民政府安监部门备案。 3.国务院《特种设备安全监察条例》规定 特种设备使用单位应当制定特种设备的事故应急专项预案,并定期进行事故应急演练。 4.国务院《关于特大安全事故行政责任追究的规定》规定 市(地、州)、县(市、区)人民政府必须制定本地区特大安全事故应急处理预案
事故应急管理理论框架	应急管理是一个动态的过程,包括预防、准备、响应和恢复4个阶段。 自然灾害、事故灾难或者公共卫生事件发生后,履行统一领导职责的人民政府可以采取下列一项或者多项应急处置措施: (1)组织营救和救治受害人员,疏散、撤离并妥善安置受到威胁的人员以及采取其他救助措施。 (2)迅速控制危险源,标明危险区域,封锁危险场所,划定警戒区,实行交通管制以及其他控制措施。 (3)立即抢修被损坏的交通、通信、供水、排水、供电、供气、供热等公共设施,向受到危害的人员提供避难场所和生活必需品,实施医疗救护和卫生防疫以及其他保障措施。 (4)禁止或者限制使用有关设备、设施,关闭或者限制使用有关场所,中止人员密集的活动或者可能导致危害扩大的生产经营活动以及采取其他保护措施。

续表

项目	具体内容	
事故应急管理理论框架	(5)启用本级人民政府设置的财政预备费和储备的应急救援物资,必要时调用其他急需物资、设备、设施、工具。 (6)组织公民参加应急救援和处置工作,要求具有特定专长的人员提供服务。 (7)保障食品、饮用水、燃料等基本生活必需品的供应。 (8)依法从严惩处囤积居奇、哄抬物价、制假售假等扰乱市场秩序的行为,稳定市场价格,维护市场秩序。 (9)依法从严惩处哄抢财物、干扰破坏应急处置工作等扰乱社会秩序的行为,维护社会治安。 (10)采取防止发生次生、衍生事件的必要措施	
事故应急响应机制	一级紧急情况	(1)一级紧急情况是指必须利用所有有关部门及一切资源的紧急情况,或者需要各个部门同外部机构联合处理的各种紧急情况,通常要宣布进入紧急状态。 (2)在该级别中,作出主要决定的机构是紧急事务管理部门。 (3)现场指挥部可在现场作出保护生命和财产以及控制事态所必需的各种决定
	二级紧急情况	(1)二级紧急情况是指需要两个或更多个部门响应的紧急情况。 (2)该事故的救援需要有关部门的协作,并且提供人员、设备或其他资源。 (3)该级响应需要成立现场指挥部来统一指挥现场的应急救援行动
	三级紧急情况	(1)三级紧急情况是指能被一个部门正常可利用的资源处理的紧急情况。 (2)正常可利用的资源指在该部门权力范围内通常可以利用的应急资源,包括人力和物力等。 (3)必要时,该部门可以建立一个现场指挥部,所需的后勤支持、人员或其他资源增援由本部门负责解决
	事故应急救援响应程序	(1)接警。 (2)警情判断及响应级别。 (3)应急启动。 (4)救援行动。 (5)事态控制。 (6)应急恢复。 (7)应急结束(关闭)

第二节 应急预案制定和演练

考点 1 事故应急预案的作用

项目	具体内容
事故应急预案的作用	(1)确定了应急救援的范围和体系,使应急管理不再无据可依、无章可循。 (2)有利于做出及时的应急响应,降低事故后果。 (3)是各类突发重大事故的应急基础。 (4)建立了与上级单位和部门应急救援体系的衔接。 (5)有利于提高风险防范意识

考点 2 事故应急预案的基本要求

项目	具体内容
事故应急预案的基本要求	(1)符合有关法律、法规、规章和标准的规定。 (2)结合本地区、本部门、本单位的安全生产实际情况。 (3)结合本地区、本部门、本单位的危险性分析情况。 (4)应急组织和人员的职责分工明确,并有具体的落实措施。 (5)有明确、具体的应急程序和处置措施,并与其应急能力相适应。 (6)有明确的应急保障措施,并能满足本地区、本部门、本单位的应急工作要求。 (7)预案基本要素齐全、完整,预案附件提供的信息准确。 (8)预案内容与相关应急预案相互衔接

考点 3 事故应急预案的主要内容

项目		具体内容
概况		主要描述生产经营单位概况以及危险特性状况等,同时对紧急情况下应急事件、适用范围和方针原则等提供简述并作必要说明
事故预防		预防程序是对潜在事故、可能的次生与衍生事故进行分析并说明所采取的预防和控制事故的措施
	危险分析	(1)危险识别。 (2)脆弱性分析。 (3)风险分析
	资源分析	(1)针对危险分析所确定的主要危险,明确应急救援所需的资源,列出可用的应急力量和资源。 (2)包括:①各类应急力量的组成及分布情况。②各种重要应急设备、物资的准备情况。③上级救援机构或周边可用的应急资源

243

续表

项目		具体内容
事故预防	法律法规要求	编制预案前,应调研国家和地方有关应急预案、事故预防、应急准备、应急响应和恢复相关的法律法规文件,以作为预案编制的依据和授权
准备程序		(1)机构与职责。 ①应急机构组织体系包括城市应急管理的领导机构、应急响应中心以及各有关机构部门等。 ②对应急救援中承担任务的所有应急组织,应明确相应的职责、负责人、候补人及联络方式。 (2)应急资源。 应急资源的准备包括合理组建专业和社会救援力量,配备应急救援中所需的各种救援机械和装备、监测仪器、堵漏和清消材料、交通工具、个体防护装备、医疗器械和药品、生活保障物资等,并定期检查、维护与更新,保证始终处于完好状态。 (3)教育、培训与演习。 提高公众意识和自我保护能力、应急演习等方面。 (4)互助协议
应急程序		(1)在应急救援过程中,存在一些必需的核心功能和任务,如接警与通知、指挥与控制、警报和紧急公告、通信、事态监测与评估、警戒与治安、人群疏散与安置、医疗与卫生、公共关系、应急人员安全、消防和抢险、泄漏物控制等,无论何种应急过程都必须围绕上述功能和任务开展。 (2)应急程序主要指实施上述核心功能和任务的程序和步骤
现场恢复		(1)也可称为紧急恢复,是指事故被控制住后所进行的短期恢复。 (2)该部分主要内容应包括:①宣布应急结束的程序。②撤离和交接程序。③恢复正常状态的程序。④现场清理和受影响区域的连续检测。⑤事故调查与后果评价等
预案管理与评审改进		(1)应急预案是应急救援工作的指导文件。 (2)应当对预案的制定、修改、更新、批准和发布做出明确的管理规定,保证定期或在应急演习、应急救援后对应急预案进行评审和改进,针对各种实际情况的变化以及预案应用中所暴露出的缺陷,持续地改进,以不断地完善应急预案体系

考点4　应急演练的定义、目的与原则

项目	具体内容
定义	各级政府部门、企事业单位、社会团体,组织相关应急人员与群众,针对特定的突发事件假想情景,按照应急预案所规定的职责和程序,在特定的时间和地域,执行应急响应任务的训练活动
目的	检验预案、完善准备、锻炼队伍、磨合机制、科普宣教
地位	是应急管理的重要环节,在应急管理工作中有着十分重要的作用

续表

项目	具体内容
原则	(1)结合实际、合理定位。 (2)着眼实战、讲求实效。 (3)精心组织、确保安全。 (4)统筹规划、厉行节约
作用	(1)实现评估应急准备状态,发现并及时修改应急预案、执行程序等相关工作的缺陷和不足。 (2)评估突发公共事件应急能力,识别资源需求,澄清相关机构、组织和人员的职责,改善不同机构、组织和人员之间的协调问题。 (3)通过演练手段,检验应急响应人员对应急预案、执行程序的具体了解程度和实际操作技能,评估人员的应急培训效果,分析培训需求。 (4)作为一种培训手段,通过调整演练难度,可以进一步提高应急响应人员的业务素质和能力。 (5)促进公众、媒体对应急预案的理解,争取他们对应急工作的支持

考点5 应急演练的类型

项目		具体内容
按照组织方式及目标重点的不同分类	桌面演练	(1)桌面演练是一种圆桌讨论或演习活动。 (2)其目的是使各级应急部门、组织和个人在较轻松的环境下,明确和熟悉应急预案中所规定的职责和程序,提高协调配合及解决问题的能力。 (3)桌面演练的情景和问题通常以口头或书面叙述的方式呈现,也可以使用地图、沙盘、计算机模拟、视频会议等辅助手段,有时被分别称为图上演练、沙盘演练、计算机模拟演练、视频会议演练等
	现场演练	(1)现场演练是以现场实战操作的形式开展的演练活动。 (2)参演人员在贴近实际状况和高度紧张的环境下,根据演练情景的要求,通过实际操作完成应急响应任务,以检验和提高相关应急人员的组织指挥、应急处置以及后勤保障等综合应急能力
按演练内容分类	单项演练	(1)单项演练是指只涉及应急预案中特定应急响应功能或现场处置方案中一系列应急响应功能的演练活动。 (2)注重针对一个或少数几个参与单位(岗位)的特定环节和功能进行检验
	综合演练	(1)综合演练是指涉及应急预案中多项或全部应急响应功能的演练活动。 (2)注重对多个环节和功能进行检验,特别是对不同单位之间应急机制和联合应对能力的检验

项目		具体内容
按演练目的和作用分类	检验性演练	检验性演练是指为了检验应急预案的可行性及应急准备的充分性而组织的演练
	示范性演练	示范性演练是指为了向参观、学习人员提供示范,为普及宣传应急知识而组织的观摩性演练
	研究性演练	研究性演练是为了研究突发事件应急处置的有效方法,试验应急技术、设施和设备,探索存在问题的解决方案等而组织的演练

第三节　应急准备与响应

考点　应急准备与响应

项目	具体内容
演练前检查	(1)演练实施当天,演练组织机构的相关人员应在演练开始前提前到达现场,对演练所用的设备设施等的情况进行检查,确保其正常工作。 (2)按照演练安全保障工作安排,对进入演练场所的人员进行登记和身份核查,防止无关人员进入
演练前情况说明和动员	(1)导演组完成事故应急演练准备,以及对演练方案、演练场地、演练设施、演练保障措施的最后调整后,应在演练前夕分别召开控制人员、评估人员、演练人员的情况介绍会,确保所有演练参与人员了解演练现场规则以及演练情景和演练计划中与各自工作相关的内容。 (2)演练模拟人员和观摩人员一般参加控制人员情况介绍会。 (3)导演组可向演练人员分发演练人员手册,说明演练适用范围、演练大致日期(不说明具体时间)、参与演练的应急组织、演练目标的大致情况、演练现场规则、采取模拟方式进行演练的行动等信息。 (4)演练过程中,如果某些应急组织的应急行为由控制人员或模拟人员以模拟方式进行演示,则演练人员应了解这些情况,并掌握相关控制人员或模拟人员的通讯联系方式,以免演练时与实际应急组织发生联系
演练启动	(1)示范性演练一般由演练总指挥或演练组织机构相关成员宣布演练开始并启动演练活动。 (2)检验性和研究性演练,一般在到达演练时间节点,演练场景出现后,自行启动
演练执行	1.现场演练 应急演练活动一般始于报警消息,在此过程中,参演应急组织和人员应尽可能按实际紧急事件发生时的响应要求进行演示,即"自由演示",由参演应急组织和人员根据自己

项目	具体内容
演练执行	关于最佳解决办法的理解,对情景事件做出响应行动。 2. 桌面演练 桌面演练的执行通常是五个环节的循环往复: (1)演练信息注入。 (2)问题提出。 (3)决策分析。 (4)决策结果表达。 (5)点评。 3. 演练解说 (1)在演练实施过程中,演练组织单位可以安排专人对演练过程进行解说。 (2)解说内容一般包括演练背景描述、进程讲解、案例介绍、环境渲染等。 (3)对于有演练脚本的大型综合性示范演练,可按照脚本中的解说词进行讲解。 4. 演练记录 演练实施过程中,一般要安排专门人员,采用文字、照片和音像等手段记录演练过程。 5. 演练宣传报道 (1)演练宣传组按照演练宣传方案做好演练宣传报道工作。 (2)认真做好信息采集、媒体组织、广播电视节目现场采编和播报等工作,扩大演练的宣传教育效果。 (3)对涉密应急演练要做好相关保密工作
演练结束与意外终止	(1)演练完毕,由总策划发出结束信号,演练总指挥或总策划宣布演练结束。 (2)演练结束后所有人员停止演练活动,按预定方案集合进行现场总结讲评或者组织疏散。 (3)保障部负责组织人员对演练场地进行清理和恢复。 (4)演练实施过程中出现下列情况,经演练领导小组决定,由演练总指挥或总策划按照事先规定的程序和指令终止演练:①出现真实突发事件,需要参演人员参与应急处置时,要终止演练,使参演人员迅速回归其工作岗位,履行应急处置职责。②出现特殊或意外情况,短时间内不能妥善处理或解决时,可提前终止演练
现场点评会	(1)演练组织单位演练活动结束后,应组织针对本次演练现场点评会。 (2)包括专家点评、领导点评、演练参与人员的现场信息反馈等
文件归档与备案	(1)演练组织单位在演练结束后应将演练计划、演练方案、各种演练记录(包括各种音像资料)、演练评估报告、演练总结报告等资料归档保存。 (2)对于由上级有关部门布置或参与组织的演练,或者法律、法规、规章要求备案的演练,演练组织单位应当将相关资料报有关部门备案

第六章 生产安全事故与安全生产统计分析

◆ 知识框架 ///

生产安全事故与安全生产统计分析 {
　生产安全事故报告、调查、处理 {
　　生产安全事故报告
　　生产安全事故调查
　　生产安全事故处理
　}
　安全生产统计分析 {
　　事故统计的范围和内容
　　经济损失的统计与计算方法
　}
}

◆ 考点精讲 ///

第一节 生产安全事故报告、调查、处理

考点 1 生产安全事故报告

项目	具体内容
事故上报的时限和部门	(1)生产安全事故发生后,事故现场有关人员应当立即向本单位负责人报告。 (2)单位负责人接到报告后,应当于 1 小时内向事故发生地县级以上人民政府安全生产监督管理部门和负有安全生产监督管理职责的有关部门报告。 (3)情况紧急时,事故现场有关人员可以直接向事故发生地县级以上人民政府安全生产监督管理部门和负有安全生产监督管理职责的有关部门报告。 (4)如果,现场条件特别复杂,难以准确判定事故等级,情况十分危急,上一级部门没有足够能力开展应急救援工作,或者事故性质特殊、社会影响特别重大时,就应当允许越级上报事故。 (5)安全生产监督管理部门和负有安全生产监督管理职责的有关部门逐级上报事故情况,每级上报的时间不得超过 2 小时。 (6)所谓"2 小时"起点是指接到下级部门报告的时间,以特别重大事故的报告为例,按照报告时限要求的最大值计算,从单位负责人报告县级管理部门,再由县级管理部门报告市级管理部门、市级管理部门报告省级管理部门、省级管理部门报告国务院管理部门,直至最后报至国务院,总共所需时间为 9 小时

项目	具体内容
事故的补报	事故报告后出现新情况的,应当及时补报: (1)自事故发生之日起 30 日内,事故造成的伤亡人数发生变化的,应当及时补报。 (2)道路交通事故、火灾事故自发生之日起 7 日内,事故造成的伤亡人数发生变化的,应当及时补报。 (3)上报事故的首要原则是及时
不同级别事故上报单位	安全生产监督管理部门和负有安全生产监督管理职责的有关部门接到事故报告后,应当依照下列规定上报事故情况,并通知公安机关、劳动保障行政部门、工会和人民检察院。 (1)特别重大事故、重大事故逐级报至国务院安监部门和有关部门。 (2)较大事故逐级报至省级安监部门和有关部门。 (3)一般事故报至设区的市级安监部门和有关部门
事故上报内容	(1)事故发生单位概况。 (2)事故发生的时间、地点以及事故现场情况。 (3)事故的简要经过。 (4)事故已经造成或者可能造成的伤亡人数(包括下落不明的人数)和初步估计的直接经济损失。 (5)已经采取的措施。 (6)其他应当报告的情况

考点 2　生产安全事故调查

项目	具体内容
事故调查工作的要求	(1)事故调查处理应当坚持实事求是、尊重科学的原则,及时准确地查清事故经过、事故原因和事故损失,查明事故性质,认定事故责任,总结事故教训。提出整改措施并对事故责任者依法追究责任。 (2)县级以上人民政府应当依照《生产安全事故报告和调查处理条例》的规定,严格履行职责,及时、准确地完成事故调查处理工作。 (3)事故发生地有关地方人民政府应当支持、配合上级人民政府或者有关部门的事故调查处理工作,并提供必要的便利条件。 (4)参加事故调查处理的部门和单位应当互相配合,提高事故调查处理工作的效率。 (5)工会依法参加事故调查处理,有权向有关部门提出处理意见。 (6)任何单位和个人不得阻挠和干涉对事故的报告和依法调查处理
组织原则与影响	(1)事故调查工作实行"政府领导、分级负责"的原则。 (2)特别重大事故由国务院,或者国务院授权有关部门组织事故调查组进行调查。 (3)重大事故、较大事故、一般事故分别由事故发生地省级人民政府、设区的市级人民政府、县级人民政府负责调查。

续表

项目	具体内容
组织原则与影响	（4）下列情况下，上级人民政府可以调查由下级人民政府负责调查的事故：①事故性质恶劣、社会影响较大的；②同一地区连续频繁发生同类事故的；③事故发生地不重视安全生产工作、不能真正吸取事故教训的；④社会和群众对下级政府调查的事故反响十分强烈的；⑤事故调查难以做到客观、公正的。 （5）自事故发生之日起30日内（道路交通事故、火灾事故自发生之日起7日内），因事故伤亡人数变化导致事故等级发生变化，应当由上级人民政府负责调查的，上级人民政府可以另行组织事故调查组进行调查。 （6）特别重大事故以下等级事故，事故发生地与事故发生单位不在同一个县级以上行政区域的，由事故发生地人民政府负责调查，事故发生单位所在地人民政府应当派人参加

考点3　生产安全事故处理

项目	具体内容
生产安全事故处理相关规定	（1）重大事故、较大事故、一般事故，负责事故调查的人民政府应当自收到事故调查报告之日起15日内做出批复；特别重大事故，30日内做出批复，特殊情况下，批复时间可以适当延长，但延长的时间最长不超过30日。 （2）有关机关应当按照人民政府的批复，依照法律、行政法规规定的权限和程序，对事故发生单位和有关人员进行行政处罚，对负有事故责任的国家工作人员进行处分。 （3）事故发生单位应当按照负责事故调查的人民政府的批复，对本单位负有事故责任的人员进行处理。 （4）负有事故责任的人员涉嫌犯罪的，依法追究刑事责任。 （5）事故发生单位应当认真吸取事故教训，落实防范和整改措施，防止事故再次发生。防范和整改措施的落实情况应当接受工会和职工的监督。 （6）安全生产监督管理部门和负有安全生产监督管理职责的有关部门应当对事故发生单位落实防范和整改措施的情况进行监督检查。 （7）事故处理的情况由负责事故调查的人民政府或者其授权的有关部门、机构向社会公布，依法应当保密的除外

第二节　安全生产统计分析

考点1　事故统计的范围和内容

项目	具体内容
事故统计的范围和内容	（1）伤亡事故统计的范围：中华人民共和国领域内从事生产经营活动的单位。 （2）统计内容：①企业的基本情况；②各类事故发生的起数；③伤亡人数；④伤亡程度；⑤事故类别；⑥事故原因；⑦直接经济损失

考点 2　经济损失的统计与计算方法

项目	具体内容	
直接经济损失的统计	(1)人身伤亡后所支出的费用:①医疗费用(含护理费用);②丧葬及抚恤费用;③补助及救济费用;④歇工工资。 (2)善后处理费用:①处理事故的事务性费用;②现场抢救费用;③清理现场费用;④事故罚款和赔偿费用。 (3)财产损失价值:固定资产损失价值和流动资产损失价值。 ①固定资产损失价值按下列情况计算:报废的固定资产,以固定资产净值减去残值计算;损坏的固定资产,以修复费用计算。 ②流动资产损失价值按下列情况计算:原材料、燃料、辅助材料等均按账面值减去残值计算;成品、半成品、在制品等均以企业实际成本减去残值计算	
间接经济损失的统计	(1)停产、减产损失价值。 (2)工作损失价值。 (3)资源损失价值。 (4)处理环境污染的费用。 (5)补充新职工的培训费用。 (6)其他损失费用	
计算方法	经济损失计算	$$E = E_d + E_i$$ 式中:E——经济损失,万元; 　　　E_d——直接经济损失,万元; 　　　E_i——间接经济损失,万元
	工作损失价值计算	$$V_w = D_L M / (SD)$$ 式中:V_w——工作损失价值,万元; 　　　D_L——一起事故的总损失工作日数,死亡一名职工按6 000个工作日计算,受伤职工视伤害情况按《企业职工伤亡事故分类标准》(GB 6441—1986)的附表确定,日; 　　　M——企业上年税利(税金加利润),万元; 　　　S——企业上年平均职工人数,人; 　　　D——企业上年法定工作日数,日
	固定资产损失价值计算	(1)报废的固定资产,以固定资产净值减去残值计算。 (2)损坏的固定资产,以修复费用计算
	流动资产损失价值计算	(1)原材料、燃料、辅助材料等均按账面值减去残值计算。 (2)成品、半成品、在制品等均以企业实际成本减去残值计算

项目	具体内容	
经济损失的评价指标	千人经济损失率	$$R_S(‰) = E/S \times 1\,000$$ 式中：R_S——千人经济损失率； E——全年内经济损失，万元； S——企业平均职工人数，人
	百万元产值经济损失率	$$R_V(‰) = E/V \times 100$$ 式中：R_V——百万元产值经济损失率； E——全年内经济损失，万元； V——企业总产值，万元

第七章 经典案例

案例 1

某年8月26日2时31分,A市驾驶人甲驾驶一卧铺大客车,沿实际高速公路由北向南行驶至484 km+95 m处,与B市驾驶人乙驾驶的重型罐式半挂汽车列车发生追尾碰撞,导致罐式半挂车内甲醇泄漏并起火,造成大客车内36人当场死亡,3人受伤。

根据车载GPS卫星定位装置记录,在此次事故中,甲连续驾驶时间达4小时22分,中途未停车休息,造成其驾驶时精力不集中,反应和判断能力下降,未及时发现前方汽车列车从匝道违法驶入高速公路且在高速公路上违法低速行驶的险情,未能采取安全、有效的避让措施,导致事故发生。

根据以上场景,回答下列问题:

1. 下列选项中,最可能属于客运驾驶人疲劳驾驶的是( )。

A. 夜间连续驾驶2小时后,停车休息

B. 夜间连续驾驶1小时,未停车休息

C. 日间连续驾驶3小时22分,未停车休息

D. 日间连续驾驶4小时22分后,停车休息

E. 24小时累计驾驶7小时

2. 通过车载GPS卫星定位装置,对驾驶人甲的行为应给予的处理是( )。

A. 通知和说明　　　　　　　B. 警告和纠正

C. 短信方式的停车命令　　　D. 电话方式的停车命令

E. 语音方式的停车命令

3. 由背景中汽车列车"在高速公路上违法低速行驶"可知,其最高行驶速度不超过( )。

A. 60 km/h　　B. 80 km/h　　C. 100 km/h　　D. 120 km/h

E. 140 km/h

4. 若对驾驶人甲进行驾驶适宜性单项检测,则需检测项目包括( )。

A. 速度估计　　B. 静体视力　　C. 深度知觉　　D. 选择反应

E. 暗适应

5. 关于货物运输过程中发生甲醇泄漏的应急处置,下列说法中正确的有( )。

A. 撤离泄漏污染区人员,消除所有点火源

B. 用砂土或其他不燃材料吸收小量泄漏物

C.用抗溶性泡沫覆盖或喷水雾以减少泄漏物蒸发

D.用泵将泄漏物转移至槽车或专用收集器内

E.喷水驱散蒸气、稀释液体泄漏物

参考答案及解析

1. D 【解析】《关于加强道路交通安全工作的意见》规定,运输企业要积极创造条件,严格落实长途客运驾驶人停车换人、落地休息制度,确保客运驾驶人24小时累计驾驶时间原则上不超过8小时,日间连续驾驶不超过4小时,夜间连续驾驶不超过2小时,每次停车休息时间不少于20分钟。有关部门要加强监督检查,对违反规定超时、超速驾驶的驾驶人及相关企业依法严格处罚。

2. B 【解析】通过GPS平台监控,对车辆异常停车、超速行驶、疲劳驾驶、逆向行驶、不按规定线路行驶等违法、违规行为,及时给予警告和纠正。对上线违章车辆,通过违章行为短信方式发送警告命令,对盲区违章,通过违章行为电话方式发送警告命令予以纠正,并事后进行处理。

3. A 【解析】高速公路设计行车速度,在野外大多按地形的不同,分为80 km/h、100 km/h、120 km/h和140 km/h四个等级;通过城市大多采用60 km/h和80 km/h两个等级。

4. ACDE 【解析】驾驶适宜性,是指从事道路运输驾驶工作应该具备的生理、心理素质特征。驾驶适宜性检测项目主要包括:速度估计、选择反应、深度知觉、动体视力、暗适应、处置判断、夜间视力、紧急或连续紧急反应、周边风险感知。

5. ABC 【解析】在货物运输过程中,发生甲醇泄漏,应采取以下应急处置措施迅速撤离泄漏污染区人员至安全区,并进行隔离,严格限制出入。消除所有点火源。建议应急处理人员佩戴正压自给式空气呼吸器,穿防毒、防静电服。禁止接触或跨越泄漏物。尽可能切断泄漏源。防止泄漏物进入水体、下水道、地下室或密闭性空间。小量泄漏时,用砂土或其他不燃材料吸收;使用洁净的无火花工具收集吸收材料。大量泄漏时,构筑围堤或挖坑收容;用抗溶性泡沫覆盖,减少蒸发;喷水雾能减少蒸发,但不能降低泄漏物在受限制空间内的易燃性;用移至槽车或专用收集器内。喷雾状水驱撒蒸气、稀释液体泄漏物。

案例 2

F集团拥有长距离轻质原油输运管道(简称Ⅱ号管道),公司下属的H分公司负责Ⅱ号管道日常巡检维护,公司下属的I分公司负责Ⅱ号管道现场抢险堵漏及其他应急处置。

Ⅱ号管道经由G市的海港居民生活区(简称海港区)。2013年12月2日19时,Ⅱ号管道在海港区的港大十字路口附近发生原油泄漏。原油泄漏到港大路路面,再从港大路的污水井流入港海下水道。

港海下水道是G市生活污水排水系统的一部分,负责将生活污水输运至G市的第二污水处理厂。

当日21时许,H分公司向G市海港区安全生产监督管理局、F集团公司安全生产管理部门报告了Ⅱ号管道在海港区的原油泄漏情况。同时,H分公司开展泄漏点分析、泄漏量估算和泄漏原油流淌范围的勘察。初步确认,泄漏点在港海下水道与Ⅱ号管道交叉点的上方,泄漏原油已沿港大路流淌约70 m,并有大量原油流入港海下水道。

为控制原油泄漏,H分公司通知Ⅰ分公司进行现场抢险堵漏。Ⅰ分公司抢险人员和装备于3日5时到达泄漏现场,并组成现场抢修组,由甲任组长。甲带领技术人员乙、丙进行了现场勘查,发现Ⅱ号管道泄漏部位上方有0.4 m厚的水泥盖板,必须用工程机械先将水泥盖板凿碎、拖离,才能确认泄漏点,并进行后续抢修堵漏。甲调来液压破碎锤,准备进场施工。

海港区的部分晨练居民闻到油气味,不知发生了什么事情,部分人员到抢修地点围观。一些通过港大十字路口的行人,发现抢修现场交通受阻,也挤到现场观望。

3日7时30分,甲下令工程破碎机械进入抢修点作业,液压破碎锤开始敲砸水泥盖板,施工5分钟后突然发生爆炸,随后施工点周围港海下水道内多处发生爆炸。事故造成重大人员伤亡和极其恶劣的社会影响。经事故调查组确认,此次爆炸事故第一起爆点在液压破碎锤周边0.5 m范围内。

根据以上场景,回答下列问题:

1. 分析第一起爆点的可能点火源和港海下水道内参与爆炸的物质。
2. 指出此次事故在应急响应和应急处置方面存在的问题。
3. 指出此次事故事后处置应开展的工作。
4. 简要说明F集团公司为确保Ⅱ号管道运行应采取的安全措施。

参考答案及解析

1. 第一起爆点的可能点火源是液压破碎锤在击打水泥盖板时出现的火花。港海下水道内参与爆炸的物质是原油。

2. 此次事故在应急响应和应急处置方面存在以下问题:(1)H公司发现原油泄漏后没有立即停止输送石油;(2)事故上报时未向当地消防部门、环保部门和公安部门报告;(3)在实施抢修管道时,没有对周边人员进行疏散;(4)现场抢险人员没有穿防化服佩戴空气呼吸器;(5)H公司发现原油泄漏后未及时上报;(6)没有使用防爆工具;(7)事故发生后主要负责人未到现场组织实施抢救。

3. 此次事故事后处置应开展以下工作:(1)该石油输送管道立即停止输送石油;(2)向消防部门、环保部门、公安部门、安监部门(现为应急管理部门)报告;(3)疏散影响区域附近所有人员,向上风向转移,防止吸入接触有毒气体;(4)按照应急预案,组织机构到位,成立现场应急指挥小组;(5)抢修人员应佩戴好防化服和空气呼吸器,采用防爆工具等进行堵漏处理;(6)泄漏的油污,可用吸附材料收集和吸附;(7)事故现场恢复。

注意事项:处置过程中,杜绝一切明火;现场处置人员,穿防静电工作服;使用不产生火花的防爆工具或设备设施;修复完毕后,清理现场油污。

4.F集团公司为确保Ⅱ号管道运行应采取的安全措施主要有:(1)提高输油气管道防腐技术,防止管道腐蚀产生的原油泄漏;(2)加强隐患排查,严格定期检测,确保管道运行安全;(3)进一步加强集团公司全体员工的安全教育,建立健全生产安全事故应急救援预案。加强各类专项预案的演练,确保各类事故防范有效、应急到位;(4)增加安全投入,建立健全职业危害防治系统。

案例 3

近年来,卧铺客车内部设计存在缺陷的弊端和交通安全问题日渐显露出来,如内部环境恶劣,空间狭窄,安全措施不全,人员疏散、逃生困难等。由于车体过高,在车辆运行中重心不稳的问题特别突出,导致问题多发。同时,长途奔波潜在不安全因素多,驾驶员生理、心理都需要承受较大压力,车辆各系统、各部件长时间满负荷工作,磨损加剧,同时车辆运行易受高热、高寒、复杂天气、复杂路况的影响,行车安全隐患大。2013年3月11日8时20分,甲市运输公司驾驶员姚某驾驶卧铺大型客车(核载43人),乘载43人,由A省乙市驶往B省甲市,行至C219线K26+215 m处时,车辆驶出路面,坠入126 m深的山沟中,造成16人死亡、27人受伤。肇事驾驶员姚某准驾车型为A2(准驾的车辆为重型、中型全挂、半挂汽车列车),为肇事大客车副驾驶,系肇事车主临时雇用,事发时第一次在该线路从事客车营运。在事故发生前,驾驶员没有疲劳驾驶和酒后驾驶等违章行为,对面方向无来车干扰,但存在超速行为。肇事车辆为挂靠车辆,事故发生时车辆处于报停期。按照规定,省级客运班线应当经两省交通运管部门共同批准,但肇事车辆只获得A省批准,长期在B省甲市私自揽客和站外发车从事非法经营活动。该肇事车辆已超过检验有效期近6个月,也未按规定进行二次维保。事发路段为弯道下坡,转弯半径仅15 m,坡度7%,为等外道路,不具备省际客运班车安全通行条件。

根据以上场景,回答下列问题:

1.试分析此次事故发生的直接原因。

2.试分析此次事故发生的间接原因。

3.提出现阶段加强长途卧铺客车安全的措施。

4.结合该案例,简述机械设备可靠性设计要点。

参考答案及解析

1.事故发生的直接原因:驾驶员姚某准驾车型与驾驶车辆不符,在行经山区道路弯道转弯下坡时超速行驶,采取措施不当。

2.事故发生的间接原因:(1)肇事车辆所属公司对挂靠车辆在报停期间违规聘用驾驶执照不符的驾驶人和非法营运情况失察;(2)A省乙市交通运输管理部门对肇事车辆所属公司缺乏有效监督管理,对肇事车辆违法营运行为查处不力;对不具备安全通行条件的道路违规批准省级客运班线。B省甲市交通运输管理部门对肇事车辆违法营运行为查处不力;(3)A省乙市车辆管理部门对肇事车辆超过检验有效期问题缺乏有效监管。

3.现阶段加强长途卧铺客车安全的措施:(1)修订卧铺客车安全技术标准,提高车辆安全性;(2)加强行业管理,切实做好运输企业及客运站对卧铺客车的安全监管,杜绝进出站不安检或安检不严等现象;(3)加路执法,杜绝卧铺客车违法载客、长时间营运、夜间行驶等突出问题;(4)实施长途客运接运输,杜绝疲劳驾驶现象。

4.机械设备可靠性设计要点:(1)确定零件合理的安全系数;(2)冗余设计;(3)耐环境设计;(4)简单化和标准化设计;(5)提高结合部的可靠性;(6)结构安全设计;(7)设置齐全的安全装置;(8)人机界面设计。

案例 4

某年8月28日上午10时许,某超大运输集团有限责任公司一辆营运客车在途经某高速时发生翻车事故,造成包括驾驶员在内2人遇难,9人受伤。

根据运输公司所在地政府29日上午召开的事故通报会中现场情况的还原回放,事发前2~3分钟客车驾驶员甲出现明显的呼吸急促及呼吸困难等症状并随后陷入昏迷,失去驾驶与操控客车的能力。尽管当时车上有关人员对司机进行紧急施救,却最终未控制情况,客车仍然失控,侧翻后冲出护栏、翻入路边边沟。

经初步核查,事故车辆运行过程情况如下:

(1)案发时,事故客车从所在市城东客运中心出车,车上当时无乘客。事故发生时车上实载乘客为42人(核载40人)。据初步调查了解,客车途中经过沿途几个地方均无进站配客的记录。车上乘客几乎均为沿途上车。

(2)事故发生前,客车所属运输企业的车辆动态监控系统显示该车车载卫星定位终端工作完全正常,所记录该车的行驶轨迹也属完整。客车内配置有4路视频监控设备也属正常工作状态。该事件经初步核查,系该企业监控平台服务商的服务器出了问题,遭受大量网络攻击,致使该事故客车车辆的相关动态数据未能上传。

(3)事故发生后,据回放事故的车载视频监控录像显示,当客车驾驶员出现异常现象时车内所有乘客站起来观察车头情况并施救。直至事故发生时,车上大部分乘客都已解开安全带,从而导致该事故伤亡量较大,损失较严重。

根据以上场景,回答下列问题:

1.简述客运企业对驾驶人员的管理应包括的内容。结合背景,指出驾驶员甲所在的公司在驾驶人员的管理中最可能遗漏的内容。

2.情况(1)中,车辆未进站及沿途允许乘客上车的做法是否正确? 简述原因。

3.简述客车所属的运输企业对于事故客车的动态监控应承担的责任。针对背景中客车的动态监控问题,说明该运输企业的正确做法。

4.结合背景,简述乘客在事故发生时应采取的正确的应急行为。

参考答案及解析

1. 客运企业对驾驶人员的管理应包括：建立聘用制度、岗前培训和合格上岗制度、安全教育培训和考核制度、定期考核制度、信息案管理制度、调离和辞退制度，以及安全告诫制度和定期体检等。最可能遗漏的内容是安全告诫制度和定期体检。

2. 不正确。原因：班线客车应当严格按照许可的或经备案的线路、班次、站点运行，在规定的停靠站点上下旅客，不得随意在站外上客或揽客。

3. 客车所属的运输企业对于事故客车的动态监控应承担主体责任。客车所属运输企业的正确做法：应当确保卫星定位置及监控平台的正常使用，定期检查并及时排除卫星定位装置及监控平台存在的故障，保持车辆运行时在线。卫星定位置出现故障、不能保持在线的客运车辆，客运企业不得安排其承担道路旅客运经营任务。

4. 乘客应保持冷静，系好安全带坐在自己的位置上。具备驾驶能力的协助人员或乘客可有组织地对车辆进行控制，具有急救能力的协助人员或乘客可对客车驾驶员进行急救。车辆得到控制后在相关人员的组织下有序下车。

案例 5

某年 9 月 6 日 15 时，驾驶员 A 单独驾驶装满液氯的槽罐车驶入某高速公路的 X 段。

17 时，槽罐车与驾驶员 B 驾驶的货车相撞，导致槽罐车破裂，液氯泄露导致除驾驶员 A 以外的两车其他人员死亡。撞车事故发生后，液氯已开始外泄，驾驶员 A 不顾槽罐车的严重损坏，没有报警也没有采取任何措施，迅速逃离事故现场。由于延误了最佳应急救援时机，泄漏的液氯迅速气化扩散，形成了大范围污染，造成了该高速公路 X 段附近村民 30 人直接中毒死亡，285 人住院治疗，近万人紧急疏散。在住院人员中又有 3 人于 9 月 6 日 23 时死亡，而后未再出现人员死亡。

根据以上场景，回答下列问题：

1. 背景中，装满液氯的槽罐车所配备的行车人员是否符合规定？若不符合，请说明至少还应配备的人员有哪些。

2. 根据《生产安全事故报告和调查处理条例》，该事故属于哪个等级的事故？简述判断依据。

3. 简述撞车事故发生后，驾驶员 A 应采取的正确做法。针对背景中驾驶员 A 的做法，说明驾驶员 A 可能要承担的责任。

4. 事后，相关人员对该事故进行事故报告，简述在事故报告中应列述的内容。

参考答案及解析

1. 符合规定、至少还应配备押运人员。

2. 该事故属于特别重大事故。判断依据:特别重大事故是指造成30人以上(含30人)死亡,或者100人以上(含100人)重伤,或者1亿元以上(含1亿元)直接经济损失的事故。

3. 驾驶员A应当立即向本单位负责人报告,也可以直接向事故发生地县级以上人民政府应急管理部门和负有安全生产监督管理职责的有关部门报告。驾驶员A的做法可能承担的责任:处上一年年收入60%至100%的罚款,并依法追究相关的刑事责任。

4. 在事故报告中应列述的内容包括:

(1)事故发生单位概况:驾驶员A驾驶的槽罐车、驾驶员B驾驶的货车所属的单位或个人概况;液氯、货物的托运单位或人员概况。

(2)事故发生时间:某年9月6日15时。

(3)事故发生地点:某高速公路的X段附近村落。

(4)事故现场情况:两车相撞,导致槽车破裂,液氯泄露,未采取紧急控制措施。

(5)事故人员伤亡:除驾驶员A以外的两车其他人员死亡。

(6)已经采取的措施:未报警也没有采取任何措施。

(7)其他应报告内容。

参考文献

[1]道路运输安全管理政策法规标准汇编编写组.道路运输安全管理政策法规标准汇编[M].北京:人民交通出版社股份有限公司,2018.

[2]交通运输部.道路旅客运输企业安全管理规范[S].北京:人民交通出版社股份有限公司,2018.

[3]危险货物道路运输安全管理手册编写组.危险货物道路运输安全管理手册[M].北京:人民交通出版社股份有限公司,2018.

[4]孟祥海.道路交通安全技术与实践案例[M].北京:人民交通出版社股份有限公司,2017.

[5]董仁,徐志辉,何民.道路运输应急保障机制理论与实务[M].北京:人民交通出版社股份有限公司,2017.

[6]武警交通指挥部应急救援工程技术研究所.道路交通应急抢险抢通技术指南[M].北京:人民交通出版社股份有限公司,2017.

[7]公安部道路交通安全研究中心.危险货物道路运输驾驶人和押运员安全行车手册[M].北京:人民交通出版社,2015.

[8]道路普通货物运输企业安全生产标准化考评实施细则编写组.交通运输企业安全生产标准化考评实施细则丛书:道路普通货物运输企业安全生产标准化考评实施细则[M].北京:人民交通出版社,2014.

[9]李颖宏,张永忠,王力.道路交通信息检测技术及应用[M].北京:机械工业出版社,2014.

[10]交通管理局.道路交通管理法规汇编[M].北京:中国人民公安大学出版社,2014.

[11]吴宗之,任常兴,多英全.危险品道路运输事故风险评价方法[M].北京:化学工业出版社,2014.

[12]道路危险货物运输企业安全生产标准化考评实施细则编写组.道路危险货物运输企业安全生产标准化考评实施细则[M].北京:人民交通出版社,2013.

[13]交通运输部公路科学研究院.道路运输事故典型案例评析[M].北京:人民交通出版社,2013.